高等职业教育系列教材

ELECTRONIC AND INFORMATION

电子产品装配与调试项目教程 第2版

牛百齐 曹秀海 主 编
马妍霞 孙 萌 周传运 副主编
梁海霞 周 燕 许 斌 参 编

本书以项目为单元，工作任务为引领，操作技能为主线，采用“学中做，做中学，学做一体化”模式，将理论知识与技能训练结合，将电子产品生产环节分解为诸多工作任务，通过针对性的任务操作训练，逐步掌握每个小的技能点，从而实现对整个项目单元知识、技能模块的全面掌握。

本书紧密结合电子产品的生产实际，以电子产品整机生产为主线，共分 7 个项目，系统讲述了电子元器件的识别、检测和焊接，印制电路板的设计与制作，电子产品的焊接工艺，整机的装配、调试工艺。最后，通过电子产品制作训练巩固所学知识和技能。

本书可作为高等职业院校电子信息类、机电类及相关专业的教材使用，也可作为电子产品生产、调试和维修等岗位的培训教材，还可供电子爱好者及有关工程技术人员参考。

本书配有微课视频，扫描二维码即可观看。另外，本书配有电子课件，需要的教师可登录机械工业出版社教育服务网（www.cmpedu.com）免费注册，审核通过后下载，或联系编辑索取（微信：13261377872。电话：010-88379739）。

图书在版编目（CIP）数据

电子产品装配与调试项目教程 / 牛百齐，曹秀海主编. —2 版. —北京：机械工业出版社，2023.7（2024.8 重印）

高等职业教育系列教材

ISBN 978-7-111-72948-8

Ⅰ. ①电… Ⅱ. ①牛… ②曹… Ⅲ. ①电子产品-生产工艺-高等职业教育-教材 ②电子产品-装配（机械）-高等职业教育-教材 ③电子产品-调试方法-高等职业教育-教材 Ⅳ. ①TN05②TN605

中国国家版本馆 CIP 数据核字（2023）第 057442 号

机械工业出版社（北京市百万庄大街 22 号 邮政编码 100037）

策划编辑：和庆娣　　责任编辑：和庆娣

责任校对：丁梦卓　张　薇　　责任印制：单爱军

北京虎彩文化传播有限公司印刷

2024 年 8 月第 2 版第 3 次印刷

184mm×260mm · 15.25 印张 · 395 千字

标准书号：ISBN 978-7-111-72948-8

定价：65.00 元

电话服务　　网络服务

客服电话：010-88361066　　机　工　官　网：www.cmpbook.com

010-88379833　　机　工　官　博：weibo.com/cmp1952

010-68326294　　金　　书　　网：www.golden-book.com

机工教育服务网：www.cmpedu.com

Preface

前　言

为了更好地满足以电子产品装配工，测试、维修技术员等为主要职业岗位的社会及教学需要，贯彻项目驱动教学理念，培养学生的综合职业能力和职业素养，在总结近年来教学改革实践中成功经验的基础上，对《电子产品装配与调试项目教程》一书进行修订。

此次修订保持了第 1 版简明扼要、通俗易懂的特色，对新技术和新工艺进行了充实和补充，结合电子产品设计及制作技能大赛的要求，从近年来大赛考题及备赛选题中精选有代表性的制作实例更换原书中的制作实例，同时，为推进党的二十大精神进教材、进课堂、进头脑，在每章增加了素养目标的内容，旨在培养学生的探索和创新精神，提高动手实践能力，养成良好的职业素养。本书修订后作为教材，内容较原书更加丰富，结构更加合理，不同学校专业都可以根据需要选择不同内容组织教学。主要特点如下。

1）紧密结合电子产品的生产实际。以电子产品整机生产为主线，系统讲述了电子元器件的识别、检测和焊接，印制电路板的设计、制作，电子产品的焊接工艺，整机的装配、调试工艺。

2）以项目任务来构建完整的教学组织形式。本书以项目为单元，工作任务为引领，操作为主线，技能为核心，项目编排由易到难，循序渐进，符合认知规律。

3）采用“学中做，做中学，学做一体化”模式，将理论学习与技能训练相结合，将电子产品生产环节分解为诸多工作任务，通过针对性的任务操作训练，逐步掌握每个小的技能点，从而实现对整个项目单元知识、技能模块的全面掌握。

4）理论知识叙述通俗易懂、简明扼要。对理论知识，以实用为目的，书中选用了大量的实物及操作图片，使知识和技能直观化、真实化，方便教学。

5）体现新知识、新技术、新工艺和新方法。介绍了贴片元器件、SMT、PCB 的设计、波峰焊和再流焊等内容，力求反映本领域的最新发展。

全书共分 7 个项目，分别是常用电子元器件的识别与检测、电子元器件的焊接、印制电路板的设计与制作、表面组装元器件的识别与焊接、电子产品的整机装配、电子产品的调试和电子产品制作训练。

建议教学学时为 60～90 学时，教学时可结合具体专业实际，对教学内容和学时数进行适当调整。

本书由济宁职业技术学院牛百齐、曹秀海担任主编，马妍霞、孙萌和周传运担任副主编，参加编写及资料整理工作的还有梁海霞、周燕和许斌等。全书由牛百齐统稿。

在本书的编写过程中，参考了大量的著作和资料，得到了许多专家和学者的支持，在此对他们表示衷心的感谢。

由于编者水平有限，书中不妥或疏漏之处在所难免，恳请读者批评指正，并提出宝贵的意见和建议。

编　者

二维码资源清单

目　录 Contents

项目 1 常用电子元器件的识别与检测

学习目标

1）熟悉常用电子元器件的分类、性能及特点。
2）掌握常用电子元器件的主要参数及标志方法。
3）掌握常用电子元器件的识别、使用及检测方法。

素养目标

1）培养学生的探索、创新精神，具备识别、检测常用电子元器件的能力。
2）培养学生的安全意识，养成遵守纪律、按照操作规程训练的习惯。
3）培养学生的敬业精神、团队意识和创新意识等，养成良好的职业素养。

任何一个简单或复杂的电子产品，都是由各种作用不同的电子元器件组成的，电子元器件的性能和质量直接影响电子产品的质量。因此了解和掌握各个电子元器件的特性、技术参数、规格型号、识别及检测方法，对于电子产品的组装、调试和维修具有非常重要的意义。

任务 1.1 电阻器的识别与检测

1.1.1 电阻器的基础知识

1.1.1
电阻器的基础知识

当电流流过导体时，导体对电流呈现的阻碍作用称为电阻。在电路中具有电阻性能的实体元件称为电阻器。电阻器用符号 R 表示，单位为欧[姆]（Ω）。常用单位还有千欧（kΩ）和兆欧（MΩ），其换算关系为：$1k\Omega=10^3\Omega$，$1M\Omega=10^3k\Omega=10^6\Omega$。

电阻器是电路中最常用的电子元器件之一，常用来稳定和调节电流、电压，组成分流器和分压器，在电路中起到限流、降压、去耦、偏置、负载、匹配及取样等作用，其质量好坏对电路工作的稳定性有很大影响。几种常用电阻器的外形如图 1-1 所示。

1．电阻器的种类

电阻器种类繁多，按材料种类可分为：碳膜电阻、金属膜电阻、金属氧化膜电阻和线绕电阻等。按用途可分为：高频电阻、高压电阻、大功率电阻及熔断电阻等。按阻值特性可分为：固定电阻、可变电阻（电位器）和敏感电阻。

固定电阻器是指阻值固定不变的电阻器，主要用于阻值固定而不需要调节变动的电路中；

阻值可以调节的电阻器称为可变电阻器（又称为变阻器或电位器），其又分为可变和半可变电阻器，半可变（或微调）电阻器主要用在阻值不经常变动的电路中。敏感电阻器是指其阻值对某些物理量表现敏感的电阻元件，常用的敏感电阻有热敏、光敏、压敏、湿敏、磁敏、气敏和力敏电阻器等。它们是利用某种半导体材料对某个物理量敏感的性质而制成的，也称为半导体电阻器。

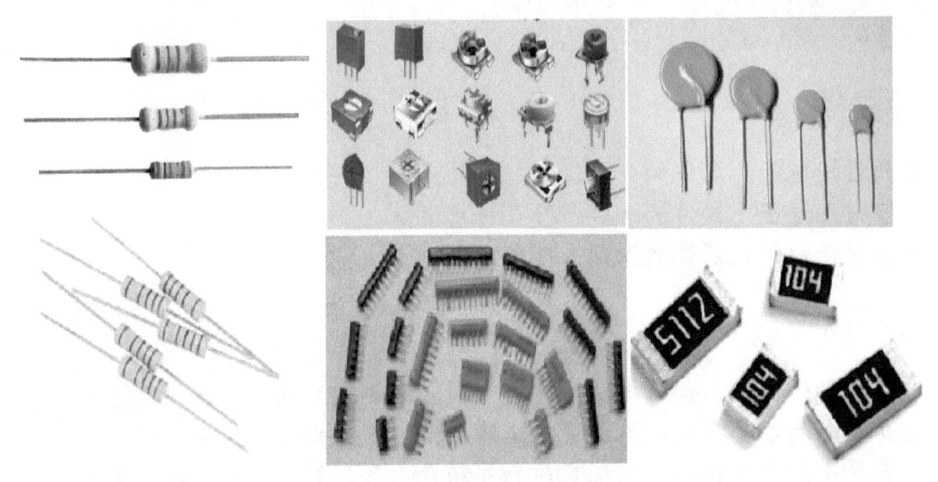

图 1-1　几种常用电阻器的外形

常用电阻器的电路符号如图 1-2 所示。

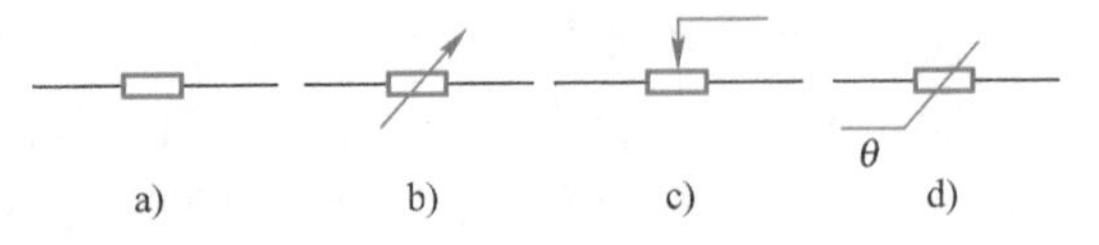

图 1-2　常用电阻器的电路符号

a) 固定电阻　b) 可变电阻　c) 电位器　d) 热敏电阻

2．电阻器的主要技术参数

（1）标称阻值

电阻器上所标示的名义阻值称为标称阻值。为了满足使用者的需要，电子工业生产了不同阻值的各种电阻器。显然，不可能做到要什么阻值就有什么样的阻值。为了达到既满足使用者对规格的各种要求，又便于大量生产，使规格品种简化到最低程度，国家规定按一系列标准化的阻值生产，这一系列阻值叫作电阻器的标称阻值系列。常用的标称阻值系列有 E6、E12 和 E24 等，其中 E24 系列最全。表 1-1 为通用电阻器的标称阻值系列和允许误差。

表 1-1　通用电阻器的标称阻值系列和允许误差

系　列	允许误差	标称阻值
E24	Ⅰ级（±5%）	1.0，1.1，1.2，1.3，1.5，1.6，1.8，2.0，2.2，2.4，2.7，3.0，3.3，3.6，3.9，4.3，4.7，5.1，5.6，6.2，6.8，7.5，8.2，9.1
E12	Ⅱ级（±10%）	1.0，1.2，1.5，1.8，2.2，2.7，3.3，3.9，4.7，5.6，6.8，8.2
E6	Ⅲ级（±20%）	1.0，1.5，2.2，3.3，4.7，6.8

电阻的标称阻值为表中所列数值的 10^n 倍。以 E12 系列中的标称值 1.5 为例，它所对应的电阻标称阻值为 1.5Ω、15Ω、150Ω、1.5kΩ、15kΩ、150kΩ和 1.5MΩ等，其他系列依此类推。

在电路图上，为了简便起见，阻值在 1kΩ以下的电阻，可不标“Ω”的符号；阻值在 1kΩ以上、1MΩ以下的电阻，其阻值只需加“k”；1MΩ以上阻值的电阻，其值后只需加“M”。

（2）允许误差

在电阻的实际生产中，由于所用材料、设备及工艺等方面的原因，电阻的标称阻值往往与实际阻值有一定的偏差，这个偏差与标称阻值的百分比称为电阻器的相对误差，允许相对误差的范围叫作允许误差。普通电阻的允许误差可分三级：Ⅰ级（±5%）、Ⅱ级（±10%）、Ⅲ级（±20%）。精密电阻的允许误差可分为±2%、±1%、…、±0.001%十多个等级。电阻的精度等级可以用符号标明，允许误差常用符号见表 1-2。误差越小，电阻器的精度越高。

表 1-2　允许误差常用符号

符　号	W	B	C	D	F	G	J	K	M	N	R	S	Z
允许误差（%）	±0.05	±0.1	±0.2	±0.5	±1	±2	±5	±10	±20	±30	+100 -10	+50 -20	+80 -20

（3）额定功率

额定功率是指电阻器在产品标准规定的大气压和额定温度下，电阻长时间安全工作所允许消耗的最大功率。一般常用的有（1/8）W、（1/4）W、（1/2）W、1W、2W 及 5W 等多种规格。在使用过程中，电阻的实际消耗功率不能超过其额定功率，否则会造成电阻器过热而烧坏。在电路图中，电阻器额定功率采用不同符号表示，如图 1-3 所示。

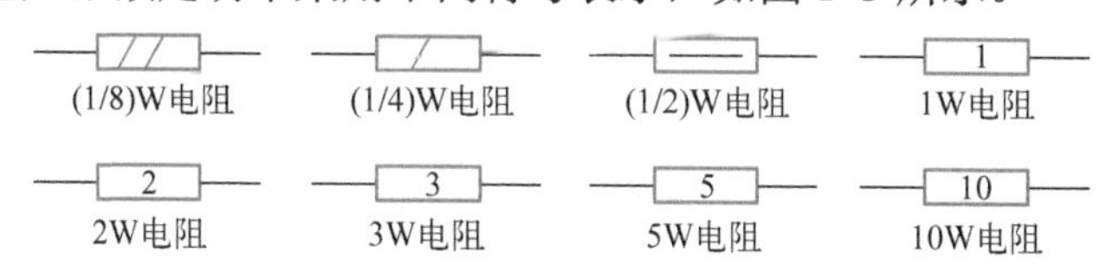

图 1-3　电阻器额定功率的符号表示

（4）温度系数

温度每变化 1℃时，引起电阻阻值的相对变化量称为电阻的温度系数，用 α 表示。

$$\alpha = \frac{R_2 - R_1}{R_1(t_2 - t_1)}$$

上式中，R_1、R_2 分别为温度 t_1、t_2 时的阻值。

温度系数可正可负，温度升高，电阻值增大，称该电阻具有正的温度系数；温度升高，电阻值减小，称该电阻具有负的温度系数。温度系数的绝对值越小，电阻的温度稳定度越高。

除上述参数外，电阻器还有静噪声、频率特性及稳定度等参数。对于要求较高的电路，如低噪声放大器和超高频电路等，要求静噪低，电阻器的分布电容和分布电感应尽量小，电阻值不应随频率的升高而变化等，对电阻器应提出静噪声和频率特性等要求。

3. 电阻器的命名

我国电阻器的命名由 4 部分组成，如图 1-4 所示。

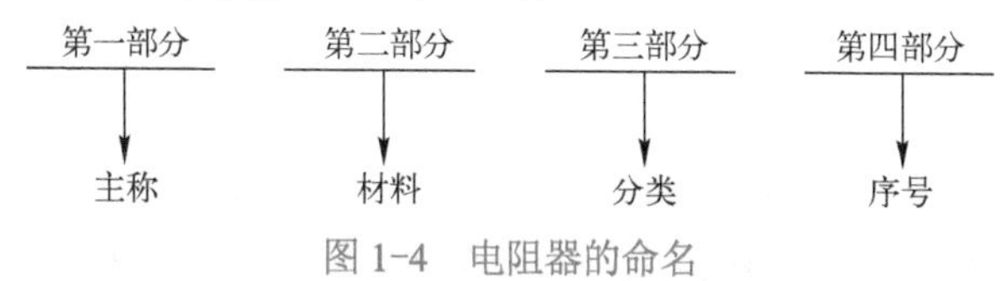

图 1-4　电阻器的命名

第一部分是产品的主称，用字母 R 表示一般电阻器，用 W 表示电位器，用 M 表示敏感电阻器。

第二部分是产品的主要材料，用一个字母表示。

第三部分是产品的分类，用一个数字或字母表示。

第四部分是生产序号，一般用数字表示。

电阻器的型号命名中字母和数字的意义见表1-3。

表1-3 电阻器的型号命名中字母和数字的意义

第一部分		第二部分		第三部分		第四部分
用字母表示产品的主称		用字母表示材料		用数字或字母表示分类		用数字表示序号
符号	意义	符号	意义	符号	意义	意义
R	电阻器	T	碳膜	1	普通	包括额定功率、阻值、允许误差和精度等级
W	电位器	H	合成膜	2	普通	
M	敏感电阻器	P	硼碳膜	3	超高频	
		U	硅碳膜	4	高阻	
		C	沉积膜	5	高温	
		I	玻璃釉膜	7	精密	
		J	金属膜	8	电阻器-高压	
		Y	氧化膜	9	电位器-特殊	
		S	有机实心	G	高功率	
		N	无机实心	T	可调	
		X	线绕	X	小型	
				L	测量用	
				W	微调	
				D	多圈	

例如，有一电阻为RJ71-0.25-4.7kⅠ型，其表示含义如下：

R—主称为电阻；J—材料为金属膜；7—分类为精密型；1—序号为1；0.25—额定功率为（1/4）W；4.7k—标称阻值为4.7kΩ；Ⅰ—允许误差等级为±5%。

WSW-1-0.5-4.7k±10%型，其表示含义如下：

W—主称为电位器；S—材料为有机实心；W—分类为微调型；1—序号为1；0.5—额定功率为（1/2）W；4.7k—标称阻值为4.7kΩ；允许误差等级为±10%。

4. 电阻器的选用

（1）按用途选择电阻器的种类

电路中使用什么种类的电阻器，应按其用途进行选择。如果电路对电阻器的性能要求不高，可选用碳膜电阻；如果电路对电阻器的工作稳定性、可靠性要求较高，可选用金属膜电阻；对于要求电阻器功率大、耐热性好和频率不高的电路，可选线绕电阻；精密仪器及特殊要求的电路中选用精密电阻器。

（2）电阻器额定功率的选用

在电路设计和使用中，选用电阻器的功率不能过大也不能过小。如选用功率过大，势必增大电阻的体积，选用过小，就不能保证电阻器安全可靠地工作。一般选用电阻的额定功率值，应是电阻在电路工作中实际消耗功率值的1.5～2倍。

（3）电阻器的阻值和误差的选择

在选择电阻器时，要求参数符合电路的使用条件，所选电阻器的阻值应接近电路设计的阻值，优先选用标准系列的电阻器。一般电路使用的电阻器允许误差为±（5%～10%）。在特殊电路中根据要求选用。

另外，选用电阻时还要考虑工作环境与可靠性，首先要了解电子产品整机工作环境条件，然后与电阻器技术性能中所列的工作环境条件相对照，从中选用条件相一致的电阻器；还要了解电子产品整机工作状态，从技术性能上满足电路技术要求，保证整机正常工作。

1.1.2　固定电阻器的识别与检测

固定电阻器是最为常用的电阻器，主要作用是为电路提供电压或者电流通路，常用于阻值固定而不需要调节变动的电路中。

1. 电阻器的标志方法

（1）直标法

直标法主要用在体积较大（功率大）的电阻器上，它将标称阻值和允许误差直接用数字标在电阻器上。例如，在图 1-5 中电阻器采用直标法标出其阻值为 2.7kΩ，允许误差为 5%。

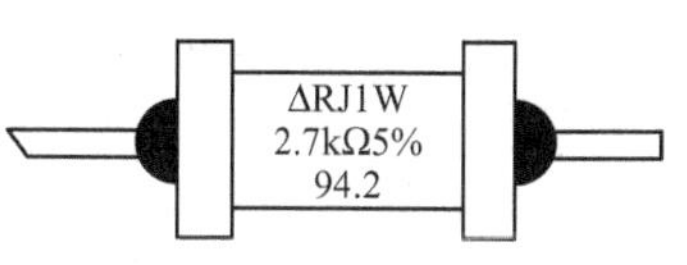

图 1-5　电阻器的直标法

（2）文字符号法

用文字符号和数字有规律地组合，在电阻上标示出主要参数的方法。具体方法为：用文字符号表示电阻的单位（R 或Ω表示Ω，k 表示 kΩ，M 表示 MΩ），电阻值（用阿拉伯数字表示）的整数部分写在阻值单位前面，电阻值的小数部分写在阻值单位的后面。用特定字母表示电阻的允许误差，可参考表 1-2。例如 R12 表示 0.12Ω，1R2 或 1Ω2 表示 1.2Ω，1k2 表示 1.2kΩ。

电阻器的文字符号法如图 1-6 所示。电阻器采用文字符号法标出 8R2J 表示阻值为 8.2Ω，允许误差为±5%。

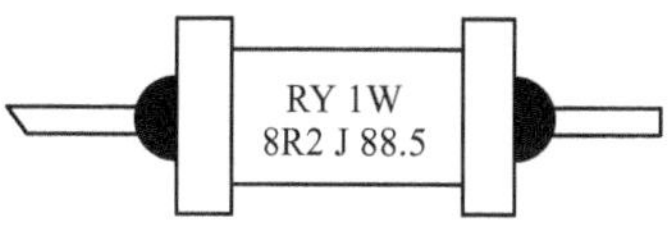

图 1-6　电阻器的文字符号法

（3）数码法

电阻值的数码表示法有 3 位和 4 位两种表示方法，如图 1-7 所示。

图 1-7　电阻值的数码表示法

用 3 位数码来表示电阻值的识别方法时，从左到右第 1、2 位为有效数字，第 3 位为倍乘数（即零的个数），单位为Ω，常用于贴片元件。例如：103，“10”表示为两位有效数字，“3”表示倍乘为 10^3，103 表示阻值标称值为 10kΩ。

电阻值的 4 位数码表示法中，前 3 位表示有效数字，第 4 位表示倍乘数，单位是Ω，例如 1502 表示 $150\times10^2\Omega$=15kΩ。

（4）色环标志法

用不同颜色的色环表示电阻器的阻值和误差，简称为色标法。色标法的电阻器有四色环标志和五色环标志两种，前者用于普通电阻器，后者用于精密电阻器。

电阻器四色环标志时，四色环所代表的意义为：从左到右第一、二色环表示有效值，第三色环表示倍乘数（即零的个数），第四色环表示允许偏差，单位为Ω。其表示方法如图1-8a所示。

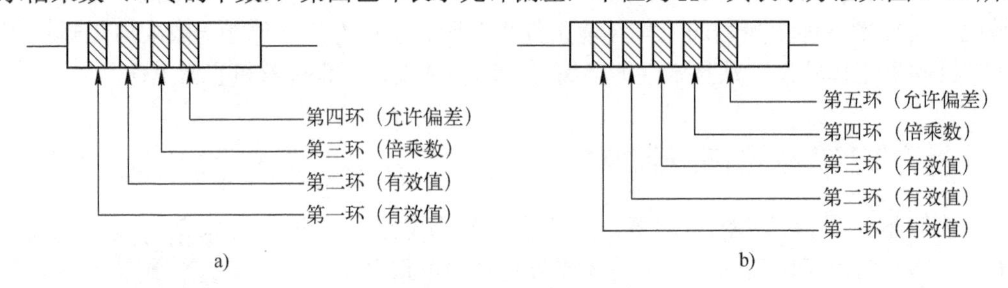

图1-8 电阻器的色环标志法

a) 四环色标志 b) 五环色标志

电阻器五色环标志时，五色环所代表的意义为：从左到右第一、二、三色环表示有效值，第四色环表示倍乘数（即零的个数），第五色环表示允许偏差，单位为Ω。其表示方法如图1-8b所示。色标符号规定见表1-4。

表1-4 色标符号规定

	棕	红	橙	黄	绿	蓝	紫	灰	白	黑	金	银	无
有效值	1	2	3	4	5	6	7	8	9	0	/	/	/
倍乘数	10^1	10^2	10^3	10^4	10^5	10^6	10^7	10^8	10^9	10^0	10^{-1}	10^{-2}	/
允许偏差（%）	±1	±2	/	/	±0.5	±0.25	±0.1	/	±(20～50)	/	±5	±10	±20

色环顺序的识读：从色环到电阻引线的距离看，离引线较近的一环是第一环；从色环间的距离看，间距最远的一环是最后一环即允许偏差环；金、银色只能出现在色环的第三、四位的位置上，而不能出现在色环的第一、二位上；若均无以上特征，且能读出两个电阻值，可根据电阻的标称系列标准，若在其内者，则识读顺序正确；若两者都在其中，则只能借助于万用表来加以识别。

如：红、红、红、银四环表示的阻值为 $22\times10^2\Omega=2200\Omega$，允许偏差为±10%；棕、黑、绿、棕、棕五环表示的阻值为 $105\times10^1\Omega=1050\Omega=1.05k\Omega$，允许偏差为±1%。

2．常用固定电阻器

（1）碳膜电阻器

碳膜电阻器有良好的稳定性，负温度系数小，能在70℃的温度下长期工作，高频特性好，受电压频率影响较小，噪声电动势较小，脉冲负荷稳定，阻值范围宽，一般为1Ω～10MΩ，额定功率有（1/8）W、（1/4）W、（1/2）W、1W、2W、5W及10W等，其制作容易，生产成本低，广泛应用在电视机、音响等家用电器产品中。碳膜电阻器实物外形如图1-9所示。

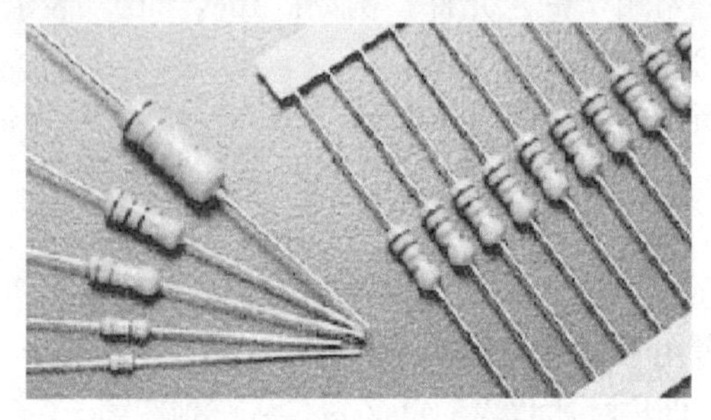

图1-9 碳膜电阻器实物外形

（2）金属膜电阻器

金属膜电阻器除具有碳膜电阻器的特点外，还具有比较好的耐高温特性（能在 125℃的高温下长期工作），当环境温度升高后，其阻值随温度的变化很小，工作频率较宽，高频特性好，精度高，但成本稍高、温度系数小，在精密仪表和要求较高的电子系统中使用。金属膜电阻器实物外形如图 1-10 所示。

（3）金属氧化膜电阻

金属氧化膜电阻与金属膜电阻性能和形状基本相同，而且具有更高的耐压、耐热性能。金属氧化物的化学稳定性好，具有较好的机械性能，硬度大，耐磨，不易损伤；金属氧化膜电阻功率大，可高达数百千瓦，电阻阻值范围窄，温度系数比金属膜电阻大，稳定性高。金属氧化膜电阻实物外形如图 1-11 所示。

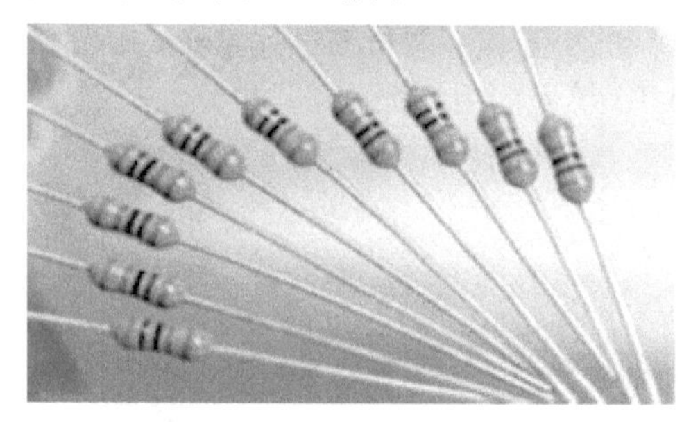

图 1-10 金属膜电阻器实物外形

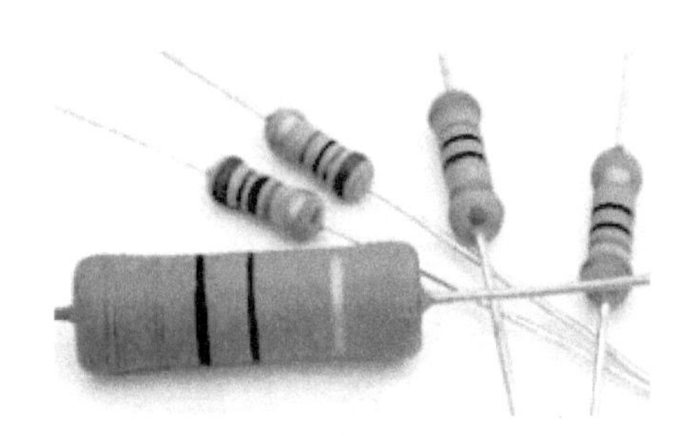

图 1-11 金属氧化膜电阻实物外形

（4）线绕电阻器

线绕电阻器是用康铜、锰铜等特殊的合金制成细丝绕在绝缘管上，外面有一层保护层，保护层有一般釉质和防潮釉质两种。这种电阻的优点是阻值精确，有良好的电气性能、工作可靠、稳定，温度系数小，耐热性好，功率较大。缺点是阻值不大，成本较高。线绕电阻器适用于功率要求较大的电路之中，有的可用于要求精密电阻的地方。但因存在电感，不宜用于高频电路。线绕电阻器实物外形如图 1-12 所示。

（5）水泥电阻

水泥电阻是将电阻线绕在耐热瓷片上，用特殊不燃性耐热水泥填充密封而成。其特点是散热大，功率大，具有优良的绝缘性能，绝缘电阻可达 100MΩ；具有优良的阻燃、防爆特性；在负荷短路的情况下，可迅速在压接处熔断，进行电路保护。水泥电阻具有多种外形和安装方式，可直接安装在印制电路板上，也可利用金属支架独立安装焊接。水泥电阻实物外形如图 1-13 所示。

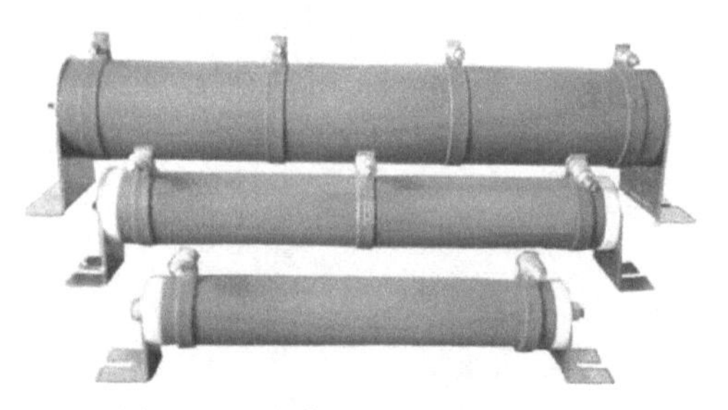

图 1-12 线绕电阻器实物外形

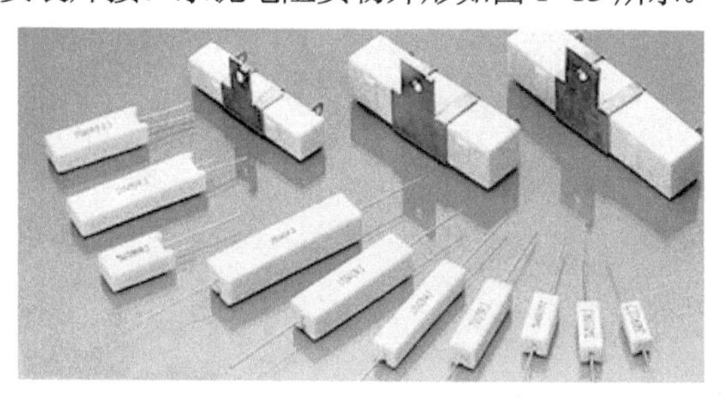

图 1-13 水泥电阻实物外形

（6）熔断电阻器

熔断电阻器也称为保险电阻器，是一种双功能元件，它既有普通电阻的电气特性，又有熔丝的熔断特性，因而被广泛应用于各种电子产品中，它的主要作用是限流和过负荷熔断开路，以保护其他电子元器件不受或少受损坏。当被保护电路正常工作时，熔断电阻器呈普通电阻的特性，而一旦电路工作失常，如电源变化或某元器件失效而导致负荷过重时，熔断电阻器就因过负荷使表面温度急剧升高而熔断，从而保护电路中其他元器件，使其免受损坏。

熔断电阻器的外形与普通电阻器基本相同，只是熔断电阻器的外形比普通电阻器略微粗、长一些。熔断电阻器实物外形如图 1-14 所示，它的阻值比较小，一般是几欧到 100Ω。由于熔断电阻器是一种双功能元件，所以选择和使用时要考虑其双重性能，既要保证能在正常条件下长期稳定工作，又要保证过负荷时能快速熔断。

（7）贴片电阻

贴片电阻又称片状电阻、表面安装电阻等，贴片电阻主要有矩形和圆柱形两种形状，其实物外形如图 1-15 所示。常用的贴片电阻为黑色扁平的小方块，两边的引脚焊片呈银白色。贴片电阻的优点是体积小，节约空间，例如：手机、MP3 等里面用的都是贴片电阻。

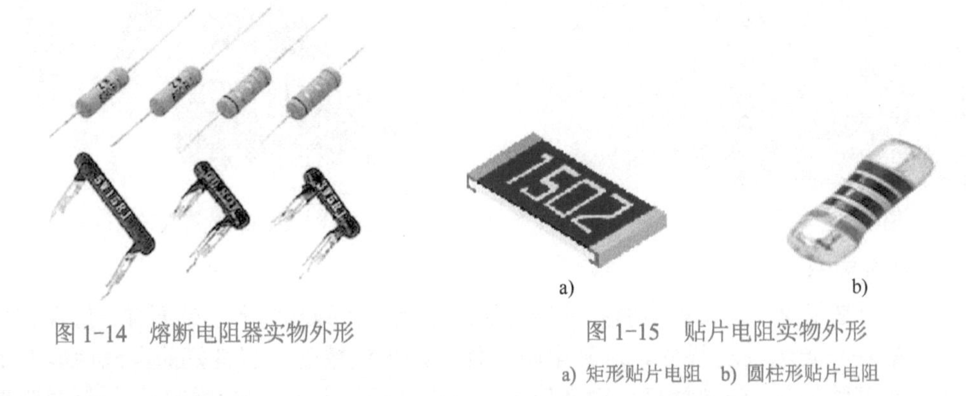

图 1-14　熔断电阻器实物外形

图 1-15　贴片电阻实物外形

a) 矩形贴片电阻　b) 圆柱形贴片电阻

（8）排电阻器

排电阻器也称为集成电阻器或网络电阻器，它是一种按一定规律排列，集成多只分立电阻于一体的组合式电阻器。常见的排电阻器分为单列式（SIP）和双列直插式（DIP）两种外形结构，此外还有贴片式排电阻（SMD）。排电阻器实物外形如图 1-16 所示。排电阻内部电路结构有多种形式，常见排电阻器的内部电路如图 1-17 所示。排电阻具有体积小、安装方便和阻值一致性好等优点，广泛应用在各类电子产品中。

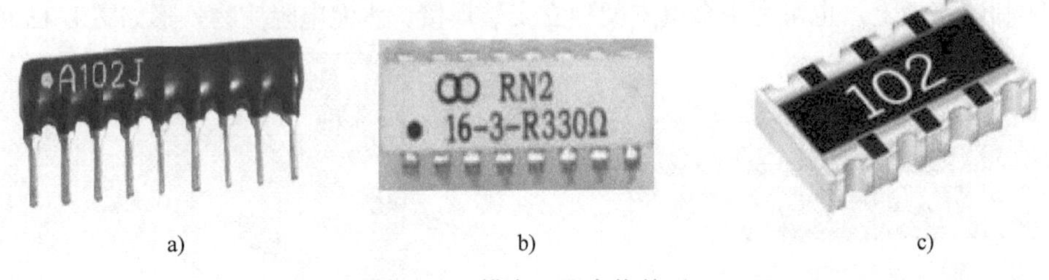

图 1-16　排电阻器实物外形

a) 单列式排电阻　b) 双列直插式排电阻　c) 贴片式排电阻

3. 固定电阻器的检测

1.1.2-3
固定电阻的检测

电阻器的阻值一般用万用表进行检测，万用表有指针式万用表和数字式万用表，检测方法有开路测试法和在线测试法。开路测试法就是对单独电阻器的检测，电阻器的在线测试就是对印制电路板上的电阻器进行检测。

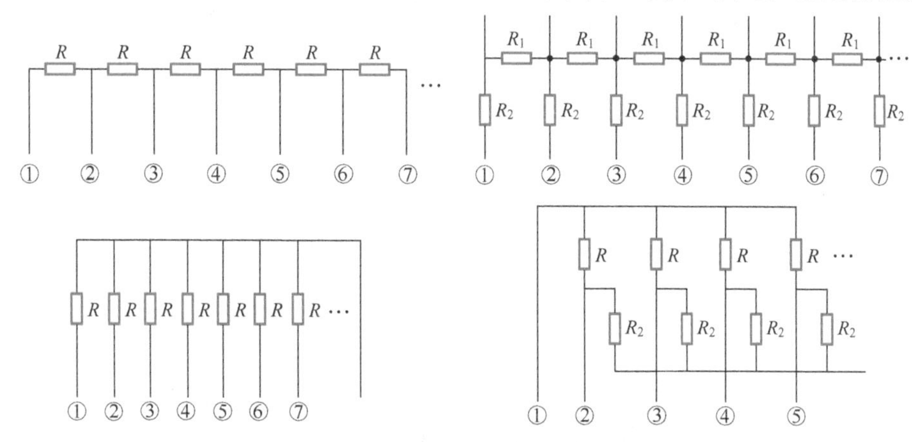

图 1-17　常见排电阻器的内部电路

（1）电阻器的开路测试

用指针式万用表测量电阻的过程如下。

1）选择量程。测量电阻前，首先选择适当的量程。电阻量程分为×1Ω、×10Ω、×100Ω、×1kΩ、×10kΩ。为了提高测量准确度，应使指针尽可能靠近标度尺的中心位置。

2）调零。选择好量程后，对表针进行欧姆调零，方法是将两表笔搭接，调节欧姆调零旋钮，使指针在第一条欧姆刻度的零位上，如图 1-18a 所示。如调不到零，说明万用表的电池电量不足，需更换电池。注意每次变换量程之后都要进行一次欧姆调零操作。

3）测量电阻。两表笔接入待测电阻，如图 1-18b 所示。按第一条刻度读数，并乘以量程所指的倍数，即为待测电阻值。如用 $R\times10\Omega$量程进行测量，指针指示为 18，则被测电阻 $R_X=18\times10\Omega=180\Omega$。

注意：

1）测量时，将万用表两表笔分别与被测电阻两端相连，不要用双手捏住表笔的金属部分和被测电阻，否则人体本身的电阻会影响测量结果。

2）严禁在被测电路带电的情况下测量电阻，如果电路中有电容，应先将其放电后再进行测量。

3）在测量中每次变换量程都需要重新调零。

用数字式万用表测试电阻器时无须调零，根据电阻器的标称值将数字式万用表档位旋转到适当的“Ω”档位。测量时，黑表笔插在“COM”插孔，红表笔插在“VΩ”插孔，两表笔分别接被测电阻器的两端，显示屏显示被测电阻器的阻值。如果显示“000”，则表示电阻器已经短路，如果仅最高位显示“1”，则说明电阻器开路。如果显示值与电阻器标称值相差很大，超过允许误差，说明该电阻器质量不合格。数字式万用表测量电阻如图 1-19 所示。

（2）电阻器的在线测试

在线测试印制电路板上电阻器的阻值时，印制电路板不得带电（称为断电测试），而且还需对电容器等储能元件进行放电。通常，需对电路进行详细分析，估计某一电阻器有可能损坏时，才能进行测试。此方法常用于维修中。

例如，怀疑印制电路板上的某一只阻值为 10kΩ的电阻器烧坏时，用万用表红、黑表笔并联在 10kΩ的电阻器的两个焊接点上，如指针指示值接近（由于电路存在总的等效电阻，通常是略低一点）10kΩ时，则排除该电阻器出现故障的可能性；若测试后的阻值与 10kΩ相差较大时，则该电阻器可能已经损坏。进一步确定时，可将这个电阻器的一个引脚从焊盘上脱焊，再进行开路测试，以判断其好坏。

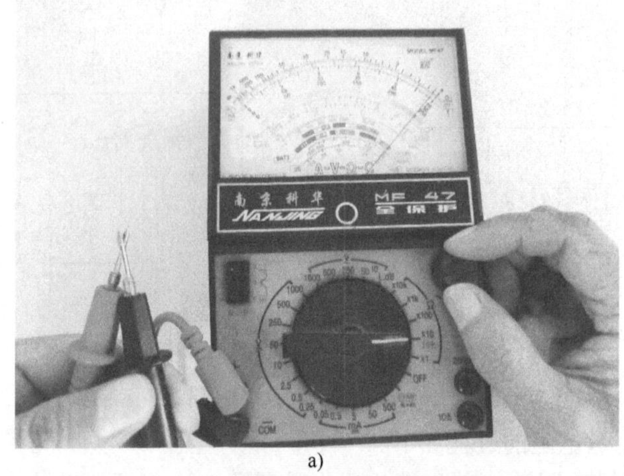

a)

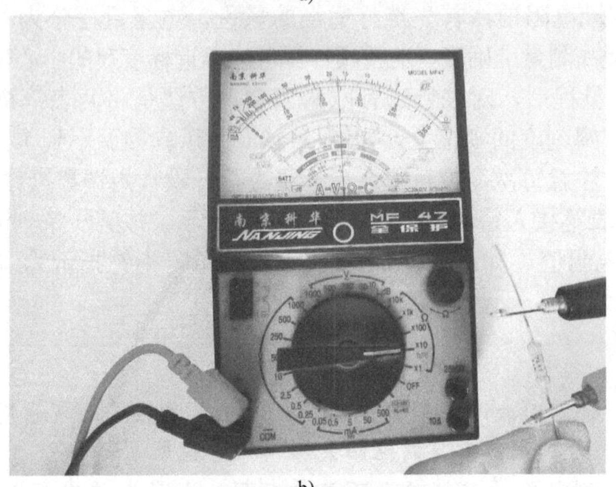

b)

图 1-18 指针式万用表测量电阻

a) 欧姆调零 b) 测量电阻

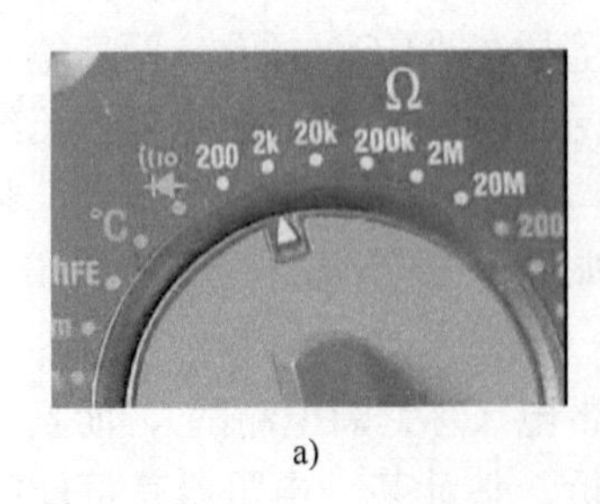

a)

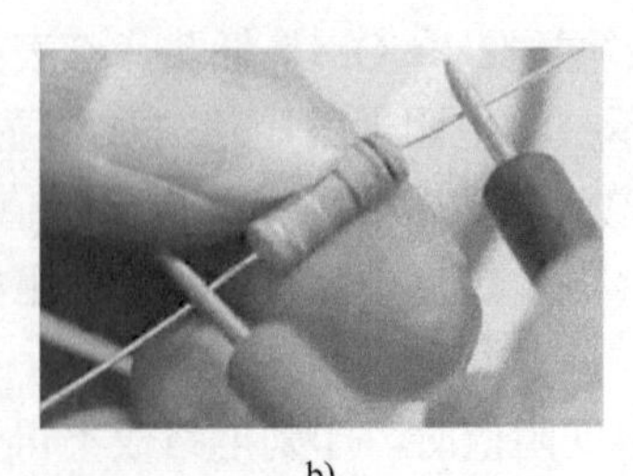

b)

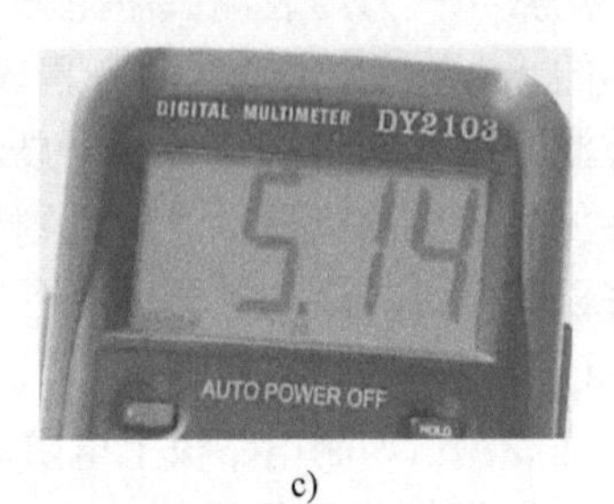

c)

图 1-19 数字式万用表测量电阻

a) 选择合适量程 b) 两表笔分别接被测电阻器的两端 c) 阻值数据显示

1.1.3　电位器的识别与检测

电位器是一种阻值连续可调的电阻器，在电子产品中，经常用它进行阻值、电位的调节。电位器对外有三个引出端，其中两个为固定端，一个为滑动端（也称为滑动触头）。滑动端在两个固定端之间的电阻体上做机械运动，使其与固定端之间的电阻发生变化。图 1-20 为碳膜电位器，转动电位器的转柄时，动片在电阻体上滑动，动片到两定片之间的阻值大小发生改变。当动片到一个定片的阻值增大时，动片到另一个定片的阻值减小。

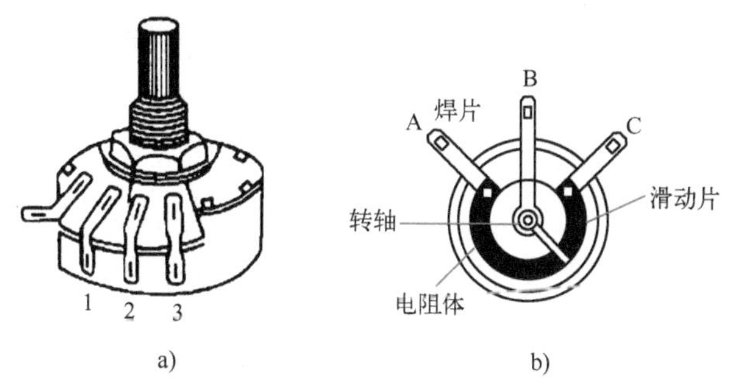

图 1-20　碳膜电位器
a) 外形　b) 内部结构

1. 电位器的种类

电位器的种类很多，按材料不同分为碳膜电位器、线绕电位器、金属膜电位器、碳质实心电位器及玻璃釉电位器等；按结构不同分为单圈式和多圈式电位器、单联式和双联式电位器；按调节方式分为旋转式（或转轴式）和直滑式电位器；按有无开关分为开关电位器和无开关电位器。

2. 电位器的主要技术参数

1）标称值。标称阻值是标注在电位器表面上的阻值，即电位器两个固定端之间的电阻值。

2）额定功率。额定功率是指电位器两个固定端上允许消耗的最大功率。

3）滑动噪声。指当电位器的滑动端在电阻体上滑动时，滑动端触点与电阻体滑动接触时所产生的噪声。滑动噪声要求越小越好。

4）分辨率。分辨率是指电位器对输出量可实现的最精细的调节能力，一般线绕电位器的分辨率较差。

5）阻值变化规律。电位器的阻值变化规律有按线性变化、指数变化或者对数变化等形式。

3. 常用电位器

（1）碳膜电位器

碳膜电位器是用经过研磨的炭黑、石墨和石英等材料涂敷于基体表面而成，其制作工艺简单，是目前应用最广泛的电位器。特点是分辨率高、耐磨性好，寿命较长；阻值范围宽，为 100Ω～4.7MΩ；功率一般低于 2W，有 0.125W、0.5W、1W 及 2W 等，若达到 3W，会显得很大。缺点是电流噪声大、非线性，耐潮性以及阻值稳定性差，精度较差，一般为±20%。碳膜电位器实物外形如图 1-21 所示。

（2）线绕电位器

线绕电位器是由康铜丝或镍铬合金丝作为电阻体，并把它绕在绝缘骨架上制成。其优点是接触电阻小，精度高，温度系数小。主要用作分压器、变阻器、仪器中调零和工作点等。其缺点是分辨力较差，阻值偏低，高频特性差，可靠性差，不适用于高频电路。线绕电位器实物外形如图 1-22 所示。

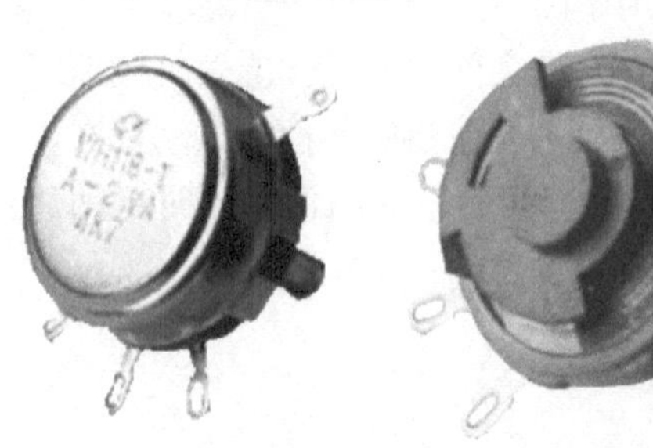

图 1-21 碳膜电位器实物外形

图 1-22 线绕电位器实物外形

（3）带开关的电位器

带开关的电位器在收音机中经常使用。该电位器上的开关用于电源的切断和导通，电位器用于音量控制，电位器动触点的位置改变与开关的导通与切断用同一个轴进行控制。有旋转式开关电位器、推拉式开关电位器，其外形有多种。带开关的电位器实物外形如图 1-23 所示。

a) b)

图 1-23 带开关的电位器实物外形

a) 旋转式开关电位器 b) 推拉式开关电位器

（4）直滑式电位器

直滑式电位器的形状一般为长方体，电阻体一般为板条形，通过滑动触头来改变电阻值。直滑式电位器多用于收录机、电视机等家用电子产品中。它的功率小，阻值范围一般为 470Ω～2.2MΩ。直滑式电位器实物外形如图 1-24 所示。

图 1-24 直滑式电位器实物外形

（5）微调电位器

微调电位器又称半可变电位器或半可变电阻，主要用在不需要经常调节的电路中，如开关电源中电压调整用的电位器。微调电位器有三个引脚，中间的引脚通常为滑动端，上面通常有一个调整孔，将螺丝刀插入调整孔并旋转即可调整阻值。微调电位器又分为单圈微调电位器和多圈微调电位器，多圈微调电位器调节的旋钮为“一”字，单圈微调电位器上面有一个“十”字可调旋钮，出厂时放在一个固定位置上，不在两端。常用微调电位器实物外形如图 1-25 所示。

图 1-25　常用微调电位器实物外形

微调电位器主要用来补偿固定电阻器的误差，电子装置中，如需要很精确的电阻值时，可用微调电位器进行调整，以达到所需要的阻值。

1.1.3-4
电位器的检测

4. 电位器的检测

（1）检测电位器的标称阻值

根据电位器标称阻值的大小，将万用表置于适当的“Ω”档位，用红、黑表笔与电位器的两固定引脚相接触，观察万用表指示的阻值是否与电位器外壳上的标称值一致。电位器标称阻值的测量如图 1-26 所示。

（2）检测电位器的滑动端与电阻体接触是否良好

将万用表的一个表笔与电位器的滑动端相接，另一表笔与任一个定端相接，然后，慢慢地将转轴从一个极端位置旋转至另一个极端位置，被测电位器的阻值应从零（或标称值）连续变化到标称值（或零）。电位器滑动端的检测如图 1-27 所示。

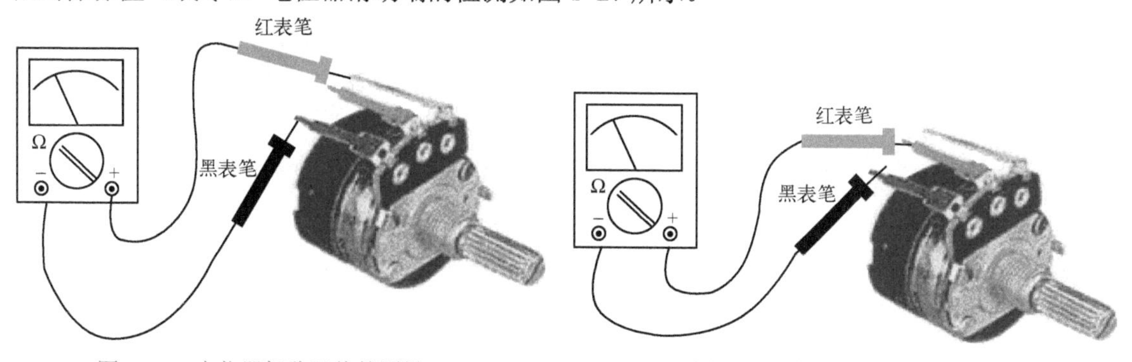

图 1-26　电位器标称阻值的测量　　图 1-27　电位器滑动端的检测

在旋转旋钮的过程中，若指针式万用表的指针平稳移动，或用数字式万用表测量的数字连续变化，则说明被测电位器是正常的；若指针式万用表的指针抖动（左右跳动），或数字式万用表的显示数值中间有不变或显示“1”的情况，则说明被测电位器有接触不良现象。

1.1.4　敏感电阻器的识别与检测

1.1.4
敏感电阻器的识别

敏感电阻器是指其阻值对某些物理量表现敏感的电阻元件。常用的敏感电阻有热敏、光敏、压敏、湿敏、磁敏、气敏和力敏电阻器。它们是利用某种半导体材料对这些物理量的敏感性而制成的，也称为半导体电阻器。敏感电阻器常用于自动化控制系统、遥测遥感系统中。敏感电阻器的电路符号如图 1-28 所示。

1. 热敏电阻器

热敏电阻器大多由单晶或多晶半导体材料制成，它的阻值会随温度的变化而变化。热敏电阻器在电路中的文字符号用“R”或“RT”表示。

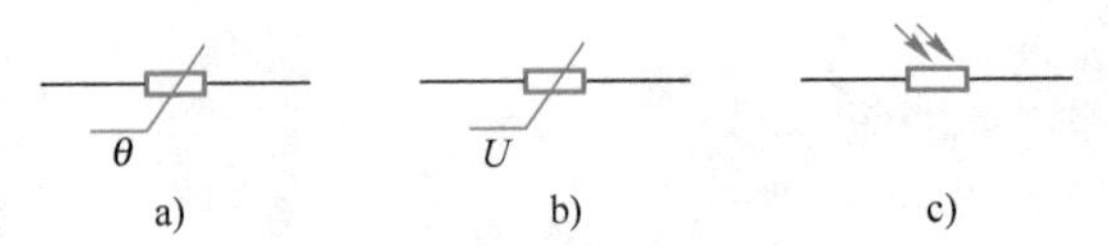

图 1-28 敏感电阻器的电路符号

a) 热敏电阻 b) 压敏电阻 c) 光敏电阻

热敏电阻器按温度变化特性可分为正温度系数（PTC）型和负温度系数（NTC）型。PTC型热敏电阻器广泛应用于彩色电视机消磁电路、电冰箱压缩机起动电路及过热保护、过电流保护等电路中，还可用于如电子驱蚊器、卷发器等小家用电器中，作为加热元件。PTC 型热敏电阻实物外形如图 1-29a 所示。

NTC 型热敏电阻器广泛应用于电冰箱、空调器、微波炉、电烤箱、复印件及打印机等家用电器、办公产品中，作温度检测、温度补偿、温度控制、微波功率测量及稳压控制之用。NTC型热敏电阻器实物外形如图 1-29b 所示。

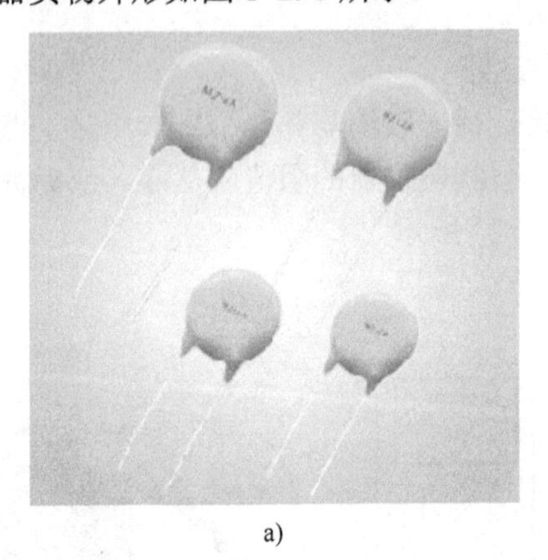

a) b)

图 1-29 热敏电阻器实物外形

a) PTC 型热敏电阻 b) NTC 型热敏电阻

2. 压敏电阻器

压敏电阻器（简称为VSR）的阻值随加到电阻两端的电压大小而变化。加到压敏电阻器两端的电压小于一定值时，压敏电阻器的阻值很大。当它两端的电压大到一定程度时，压敏电阻器的阻值迅速减小。压敏电阻器在电路中的文字符号用“R”或“RV”表示。压敏电阻器实物外形如图 1-30 所示。

图 1-30 压敏电阻器实物外形

压敏电阻器广泛地应用在家用电器及其他电子产品中，起过电压保护、防雷、抑制浪涌电流、吸收尖峰脉冲、限幅、高压灭弧、消噪及保护半导体元器件等作用。

3. 光敏电阻器

光敏电阻器是利用半导体光电导效应制成的一种特殊电阻器，它通常由光敏层、玻璃基片（或树脂防潮膜）和电极等组成。它的电阻值能随着外界光照强弱（明暗）变化而变化。在无光照射时，呈高阻状态；当有光照射时，其电阻值迅速减小。光敏电阻器在电路中用字母“R”“RL”或“RG”表示。光敏电阻器实物外形如图 1-31 所示。

由于光敏电阻器对光线有特殊的敏感性，因此，广泛应用于各种自动控制电路（如自动照明灯控制电路、自动报警电路等）、家用电器（如电视机中的亮度自动调节、照相机中的自动曝光控制等）及各种测量仪器中。

4. 敏感电阻器的检测

（1）热敏电阻器的检测

用万用表欧姆档测量热敏电阻器的阻值的同时，用电烙铁烘烤热敏电阻器，如图 1-32 所示。此时热敏电阻器的阻值慢慢增大，表明被测电阻是正温度系数的热敏电阻器，而且是好的；当被测的热敏电阻器阻值没有任何变化，说明热敏电阻器是坏的；当被测的热敏电阻器的阻值超过原阻值的很多倍或无穷大，表明电阻器内部接触不良或断路；当被测的热敏电阻器阻值为零时，表明内部已经击穿短路。

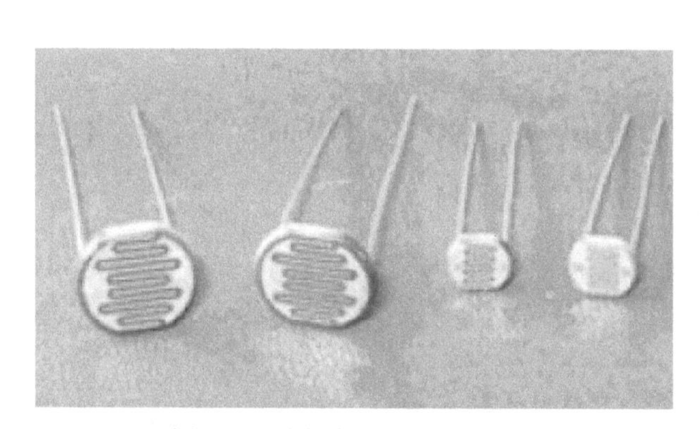

图 1-31 光敏电阻器实物外形

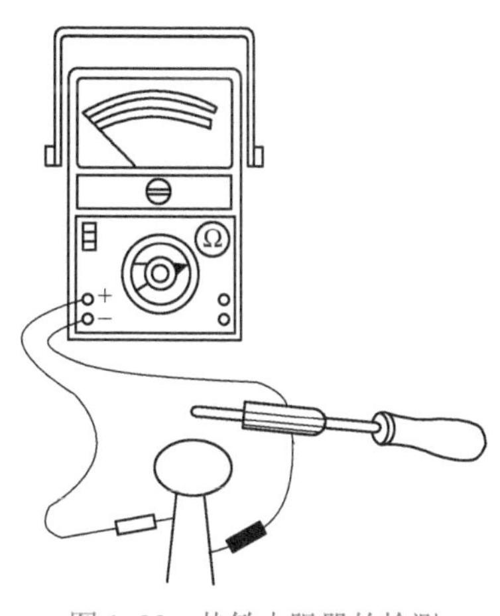

图 1-32 热敏电阻器的检测

（2）光敏电阻器的检测

1.1.4-4 光敏电阻的检测

可用万用表的 $R\times1k$ 档，将万用表的表笔分别与光敏电阻器的引脚接触，当有光照射时，看其亮电阻值是否有变化，当用遮光物挡住光敏电阻器时，看其暗电阻值有无变化，如果有变化说明光敏电阻器是好的；或者使照射光线强弱变化，如果万用表的指针随光线的变化而进行摆动，说明光敏电阻器是好的。光敏电阻器的检测如图 1-33 所示。

（3）压敏电阻器的检测

用万用表的 $R\times1k$ 档测量压敏电阻器两引脚之间正反向绝缘电阻，均应为无穷大，否则说明漏电流大。如果所测电阻很小，说明压敏电阻器已损坏。

图 1-34 为测量压敏电阻器标称电压的接线示意图。万用表直流电压档置于 500V 位置，摇动绝缘电阻表，在电流表偏转时读出直流电压表上的电压值，这一电压即为压敏电阻的标称电压。然后将压敏电阻两根引脚相互调换后再次进行同样的测量，正常情况下正向和反向的标称电压值是相同的。

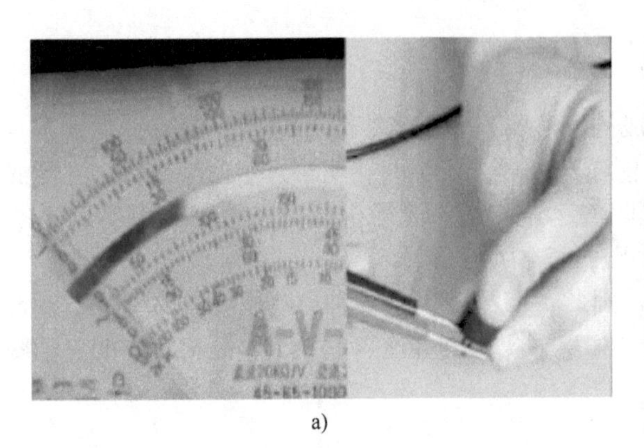
a)

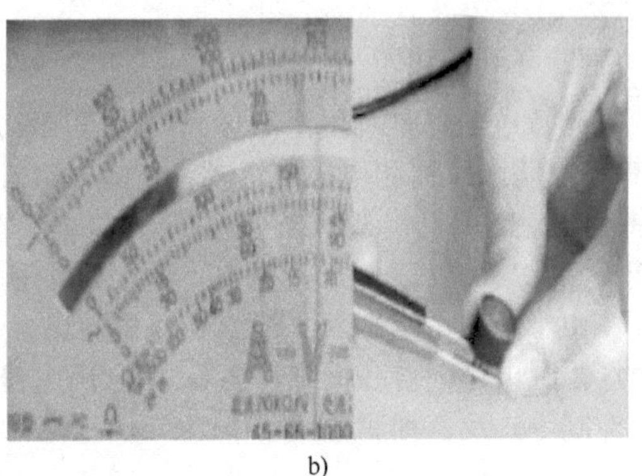
b)

图 1-33 光敏电阻器的检测

a) 遮光测量 b) 不遮光测量

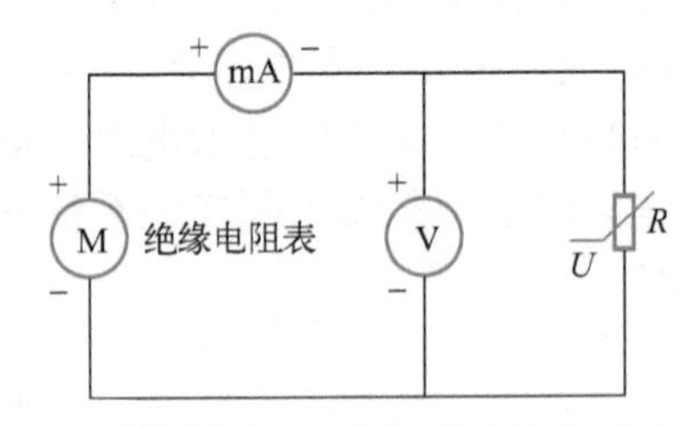

图 1-34 测量压敏电阻器标称电压的接线示意图

1.1.5 任务训练 电阻器的识别与检测

1. 训练目的

1）熟悉各种电阻器的外形及其标志方法。

2）掌握万用表测量电阻器的方法。

2. 训练器材

1）万用表一块。

2）不同标志的固定电阻、大功率电阻、电位器及敏感电阻器若干。

3. 训练内容与步骤

1）电阻器的识别。

① 不同色环标志的电阻若干，识别电阻阻值及误差，并做好记录。

② 取其他标志方法的电阻若干，识别电阻阻值及误差，并做好记录。

2）固定电阻的检测。

① 将万用表置于“Ω”档，确定好量程，指针式万用表需要调零。

② 对单个电阻进行实际测量，将测量结果与标称值进行比较，做好记录。

3）电位器的检测。

① 将万用表置于“Ω”档，确定好量程，指针式万用表需要调零。

② 对单个电位器进行实际测量，先测量固定引脚的电阻值，将测量结果与标称值进行比较。

③ 将一只表笔接于滑动引脚上，转动电位器，测量其阻值可变范围，正常时阻值应在 0 与

标称值之间平稳变化。

4）敏感电阻器的检测。

① 热敏电阻器的检测：用万用表欧姆档测量热敏电阻器的阻值，同时用电烙铁烘烤热敏电阻器，观察其阻值的变化情况。

② 光敏电阻器的检测：用万用表的 $R\times1\mathrm{k}$ 档，将万用表的表笔分别与光敏电阻器的引脚接触，当有光照射时，看其亮电阻值是否有变化，当用遮光物挡住光敏电阻器时，看其暗电阻值有无变化。

任务 1.2　电容器的识别与检测

1.2.1　电容器的基本知识

1.2.1
电容器的基本知识

电容器是由两个彼此绝缘的金属极板，中间夹有绝缘材料（绝缘介质）构成的。绝缘材料不同，所构成电容器的种类也不同。电容器是一种储能元件，在电路中具有隔直流、通交流的作用，常用于滤波、去耦、旁路、级间耦合和信号调谐等方面。

电容器用字母 C 表示，单位是法[拉]（F），常用的单位还有微法（μF）、纳法（nF）、皮法（pF）。它们的换算关系为 $1\mathrm{F}=10^{6}\mu\mathrm{F}=10^{9}\mathrm{nF}=10^{12}\mathrm{pF}$。

1. 电容器的种类

电容器按电容量是否可调节分为固定电容器、可变电容器和半可变电容器；按是否有极性，分为有极性电容器和无极性电容器；按其介质材料不同，分为空气介质电容器、固体介质（云母、纸介、陶瓷、涤纶及聚苯乙烯等）电容器及电解电容器；按电容的用途分为耦合电容、旁路电容、隔直电容及滤波电容等。

常见电容器实物外形如图 1-35 所示。电容器电路符号如图 1-36 所示。

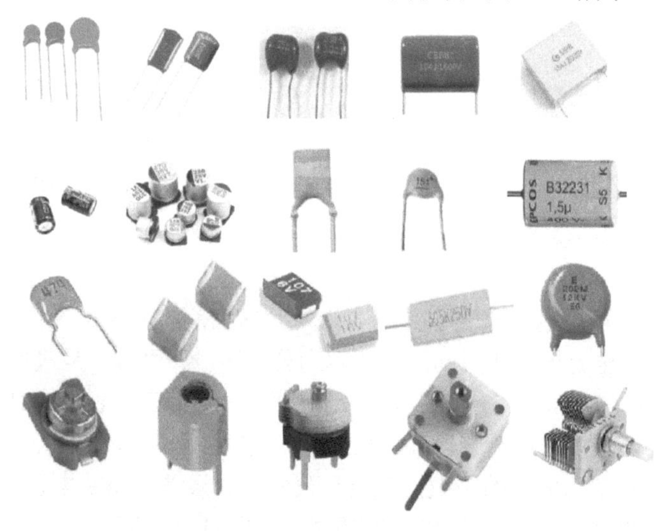

图 1-35　常见电容器实物外形

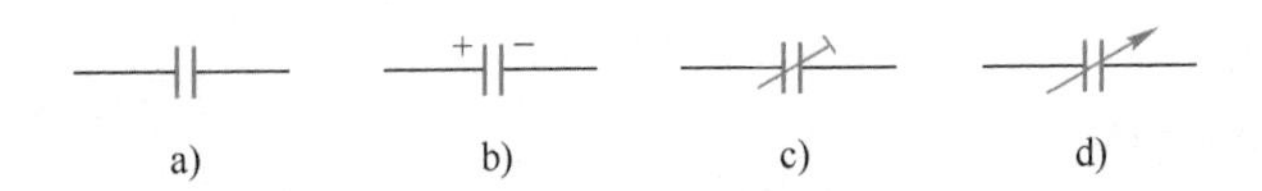

图1-36 电容器电路符号

a) 固定电容器 b) 电解电容器 c) 微调电容器 d) 可调电容器

2. 电容器的主要参数

（1）电容器的标称容量和允许误差

标在电容器外壳上的电容量数值称为电容器的标称容量。它表征了电容器存储电荷的能力。标称容量有许多系列，常用的有E6、E12、E24系列。表1-5为固定电容器标称容量系列。

表1-5 固定电容器标称容量系列

系　列	允许误差	标称容量
E24	Ⅰ级（±5%）	1.0，1.1，1.2，1.3，1.5，1.6，1.8，2.0，2.2，2.4，2.7，3.0，3.3，3.6，3.9，4.3，4.7，5.1，5.6，6.2，6.8，7.5，8.2，9.1
E12	Ⅱ级（±10%）	1.0，1.2，1.5，1.8，2.2，2.7，3.3，3.9，4.7，5.6，6.8，8.2
E6	Ⅲ级（±20%）	1.0，1.5，2.2，3.3，4.7，6.8

电容器的允许误差含义与电阻器相同，电容器允许误差常用的是±5%、±10%、±20%，通常容量越小，允许误差越小。

（2）额定工作电压

额定工作电压（也称为耐压值）是指在规定温度范围内，电路中电容器长期可靠地工作所允许加的最高直流电压。电容器在使用中不允许超过这个耐压值，如果超过，电容器可能损坏或被击穿。电容器工作在交流电路中时，交流电压的峰值不能超过额定工作电压。

（3）绝缘电阻

绝缘电阻是指电容器两极之间的电阻，也称为漏电阻，它表明电容器漏电的大小。绝缘电阻的大小取决于电容器的介质性质，一般在1000MΩ以上。绝缘电阻越小，漏电越严重。电容器漏电会引起能量损耗，这种损耗不仅影响电容的寿命，而且会影响电路的工作，因此，电容器的绝缘电阻越大越好。

1.2.2 电容器的识别

1. 电容器的标志方法

电容器的标志方法有色标法、直标法、文字符号法和数码法。

（1）色标法

在电容器上标注色环或色点来表示其电容量及允许偏差的方法称为色标法。识读色环的顺序是从电容的顶部沿着电容器引线方向，即顶部为第一环，靠引脚的是最后一环。

电容器为四色环标志时，第一、二环表示有效数值，第三环表示有效数字后面加零的个数，第四环表示允许误差（普通电容器）。电容器为五色环标志时，第一、二、三环表示有效数值，第四环表示有效数字后面零的个数，第五环表示允许误差（精密电容器）。其单位为pF。色环颜色规定与电阻的色标法相同。电容器的色标法如图1-37所示。

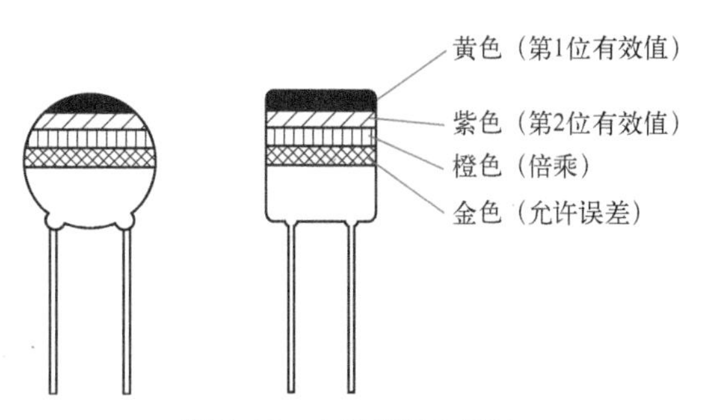

图 1-37　电容器的色标法

例如，某电容器色环标志是“棕、黑、橙、金”四环标志时，表示其电容量为 0.01μF，允许偏差为±5%；色环标志是“棕、黑、黑、红、棕”五环标志时，表示其电容量为 0.01μF，允许偏差为±1%。

如遇到电容器色环的宽度为两个或三个色环的宽度时，就表示这种颜色的两个或三个相同的数字。

（2）直标法

直标法是利用数字和文字符号在产品上直接标出电容器的主要参数如标称容量、耐压及允许偏差等，电容器的直标法如图 1-38 所示。主要用于体积较大的电容器的标注，如电解电容、瓷片电容等，当电容上未标注偏差，则默认偏差为±20%。有的电容器由于体积小，习惯上省略其单位，但应遵循如下规则。

图 1-38　电容器的直标法

1）不带小数点的整数，若无标志单位，则表示 pF，如 3300 表示 3300pF。

2）带小数点的数值，若无标志单位，则表示μF，如 0.47 表示 0.47μF。

3）许多小型固定电容器，如瓷介电容器等，其耐压均在 100V 以上，由于体积小可以不标注耐压。

（3）文字符号法

文字符号法是用特定符号和数字表示电容器主要参数的方法，其中数字表示有效数值，字母表示数值的量级。电容器文字符号表示法如图 1-39 所示。常用字母有 m、μ、n、p 等，字母 m 表示毫法（mF），字母 μ 表示微法（μF），字母 n

图 1-39　电容器的文字符号法

表示纳法（nF），字母 p 表示皮法（pF），如 10p 表示 10pF。字母有时也表示小数点，如 3μ3 表示 3.3μF，2p2 表示 2.2pF。

有时数字前面加字母μ或p表示零几微法或皮法。例如 p33 表示 0.33pF，μ22 表示 0.22μF。另外，零点几微法电容器，也可在数字前加上 R 来表示，如 R33 表示 0.33μF。

（4）数码法

用 3 位数码来表示电容器的容量的方法称为数码法，单位为 pF。电容器数码表示法如图 1-40 所示。电容器数码表示法前两位为有效数字，后一位表示有效数字后“0”的个数，但当第三位数为“9”时，用有效数字乘上 10^{-1} 来表示。例如 102 表示 1000pF；103 表示 0.01μF；339 表示 3.3pF。

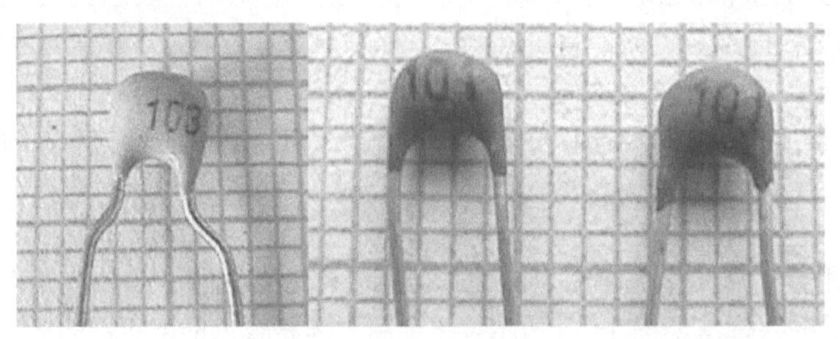

图 1-40　电容器的数码法

2．常用电容器

（1）电解电容器

电解电容器以金属氧化膜为介质，金属为正极，电解质为负极。使用时注意极性，正极接高电位，负极接低电位，如果电容器极性接反，将使电容的漏电流剧增，最终导致电容器损坏。电解电容器按正极材料不同分为铝、钽电解电容等。电解电容器实物外形如图 1-41 所示。

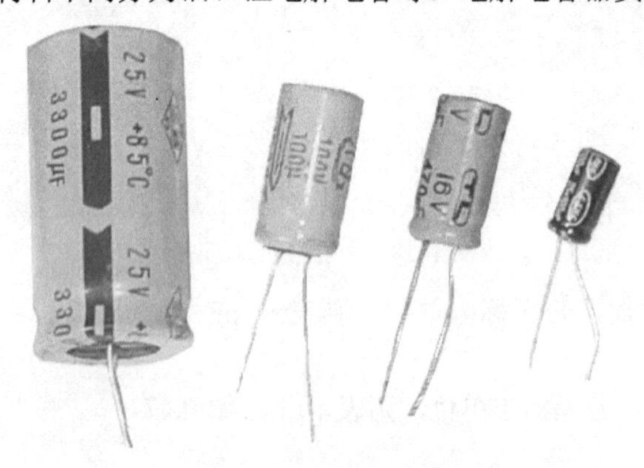

图 1-41　电解电容器实物外形

铝电解电容器是由铝圆筒做负极，里面装有液体电解质，插入一片弯曲的铝带做正极制成的，再经过直流电压处理，在正极的片上形成一层氧化膜做介质。铝电解电容的容量大，但损耗大，温度、频率特性差，绝缘性能差，长期存放可能干涸、老化等。适合在低频旁路、滤波等电路中使用。

钽电解电容器用金属钽做正极，用稀硫酸等配液做负极，用钽表面生成的氧化膜做介质。钽电解电容器与铝电解电容器相比，绝缘性好，相对体积和损耗都小，温度、频率特性好，耐用、不易老化，主要用在积分、计时和延时开关等对电性能要求比较高的电路中。目前很多钽电解电容都采用贴片式安装，其外壳一般由树脂封装（采用同样封装的也可能是铝电解电容），贴片式钽电解电容实物外形如图 1-42 所示。

图 1-42　贴片式钽电解电容实物外形

（2）云母电容器

云母电容器采用云母作为介质，在云母表面喷一层金属膜（银）作为电极，按需要的容量叠片后经浸渍、压塑在胶木壳（或陶瓷、塑料）内构成。云母电容器实物外形如图 1-43 所示，具有稳定性好、分布电感小、精度高、损耗小、绝缘电阻大、温度特性及频率特性好及工作电压高（50V～7kV）等优点，但成本高、生产工艺复杂，适用于高频和高压电路。

（3）瓷介电容器

瓷介电容器的介质是陶瓷，根据陶瓷成分不同可分为高频瓷介电容器和低频瓷介电容器两种。瓷介电容器实物外形如图 1-44 所示。高频瓷介电容器容量范围为 1pF～0.1μF，常用在要求损耗小、容量稳定的高频电路中，作调谐、振荡回路电容和温度补偿电容。低频瓷介电容器相对于高频瓷介电容器体积小、容量大，最大容量为 4.7μF，但其绝缘电阻低、损耗大，稳定性差，适用于低频电路中作旁路使用。

图 1-43　云母电容器实物外形

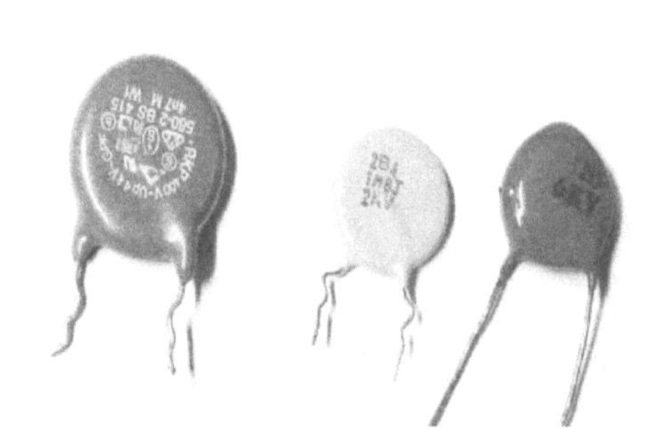

图 1-44　瓷介电容器实物外形

（4）纸介电容器

纸介电容器是用电容器专用纸作为介质，用铝箔或铅箔作为电极，经卷绕成型、浸渍后封装而成。纸介电容器生产工艺简单，成本低，电压范围较宽；缺点是电容量不易控制，损耗较大，稳定性较差，电感大，适用于直流及低频电路，有时也用于脉冲、储能和移相电路等。

金属化纸介电容器是采用真空蒸发技术，在涂有漆膜的纸上再蒸镀一层金属膜作为电极。金属化纸介电容器实物外形如图 1-45 所示，与普通纸介电容相比，体积小，容量大，这种电容器自愈能力强。当电容器介质某点被击穿后，这点的短路电流将使金属膜蒸发，使短路点消失，从而恢复正常。

（5）玻璃釉电容器

玻璃釉电容器以玻璃为介质，它的特点是体积小，高温性能好，能在 200℃下长期稳定工作，抗湿性好，能在相对湿度为 90%的条件下正常工作，适用于交直流电路和脉冲电路。玻璃釉电容器实物外形如图 1-46 所示。

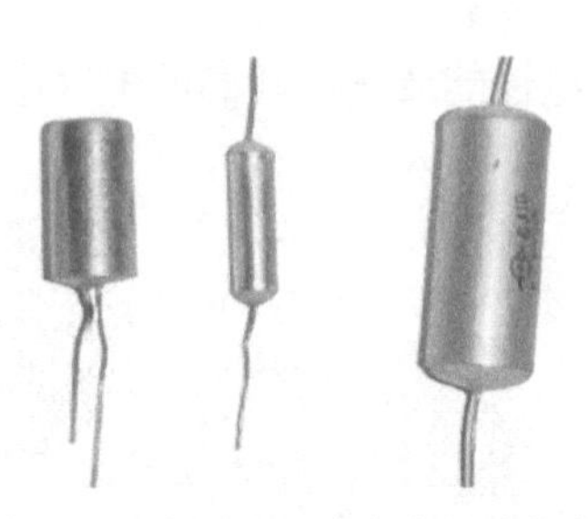

图 1-45　金属化纸介电容器实物外形

图 1-46　玻璃釉电容器实物外形

（6）有机薄膜电容器

有机薄膜电容器以有机薄膜为介质，该类电容器总性能比低频瓷介电容器、纸介电容器要好，容量范围大，但稳定性不够高。有机薄膜种类很多，常见的有涤纶薄膜、聚苯乙烯薄膜及聚丙烯薄膜等，有机薄膜电容器实物外形如图 1-47 所示。其中涤纶电容适用于低频电路；聚苯乙烯电容高频特性好，适用于高频电路；聚丙烯电容器能耐高压。

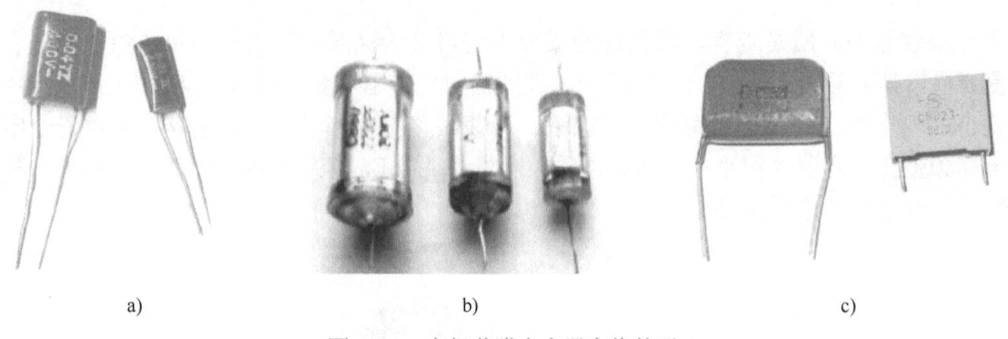

a)　　b)　　c)

图 1-47　有机薄膜电容器实物外形

a) 涤纶电容器　b) 聚苯乙烯电容器　c) 聚丙烯电容器

3. 电容器的选用

（1）根据在电路中的功能不同选择电容器

电路中使用什么种类的电容器，应根据其在电路中的功能来选择。如在电源滤波电路中选择电解电容；在高频或对电容量要求稳定的场合，应选用瓷介电容、云母电容或钽电解电容。对于一般极间耦合，多选用金属化介质电容器或涤纶电容器。在选用时还应注意电容器的引脚形式。

（2）耐压选择

在选用电容器时，元件的耐压一般应高于实际电路中工作电压的 10%～20%，对于工作稳定性较差的电路，可留有较大的余量，以确保电容器不被损坏和击穿。

（3）电容器容量和误差选择

在对容量要求不太严格的一般电路中，选用比设计值略大些的电容；在振荡、延时、选频及滤波等特殊电路中，选用与设计值尽量一致的电容；当现有电容与要求的容量不一致时，可采用串联或并联的方法选配。

对于业余小制作一般可不考虑电容器的容量误差，对于振荡、延时电路，电容器的容量误差应尽量小，选择误差应小于 5%。对用于低频耦合、电源滤波等电路的电容器其误差可以大些，其电容为±5%、±10%、±20%的误差等级都是可以的。

（4）介质选择

电容器介质不同，其特性差异较大，用途也不相同。在选用电容的介质时，要首先了解各介质的特性，然后确定适用何种场合。

（5）电容器的代用

在选购电容器时可能没有所需的型号或所需容量的电容器，或在维修时手头有的与所需的不相符时，便要考虑代用。代用的原则是：电容器的容量基本相同；电容器的耐压不低于原电容器的耐压值；对于旁路电容、耦合电容，可选用比原电容量大的电容器代用。在高频电路中的电容，代用时要考虑频率特性，使其满足电路的频率要求。

1.2.3　电容器的检测

1.2.3
电容器检测

1．无极性电容的检测

（1）5000pF 以上无极性电容器的检测

用指针式万用表电阻档 R×10k 或 R×1k 测量电容器两端。电容器的测量如图 1-48 所示。表头指针应先摆动一定角度后返回∞。若指针没有任何变动，则说明电容器已开路；若指针最后不能返回∞，则说明电容漏电较严重；若为 0Ω，则说明电容器已击穿。电容器容量越大，指针摆动幅度就越大。可以根据指针摆动最大幅度值来判断电容器容量的大小，以确定电容器容量是否减小了。这就要求记录好测量不同容量的电容器时万用表指针摆动的最大幅度，以便比较。若因容量太小看不清指针的摆动，则可对调表笔再测量电容器的两极一次，这次指针摆动幅度会更大。

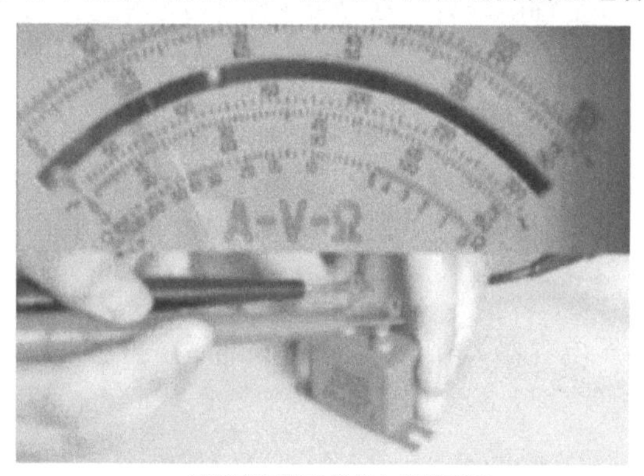

万用表红黑表笔接电容器两端

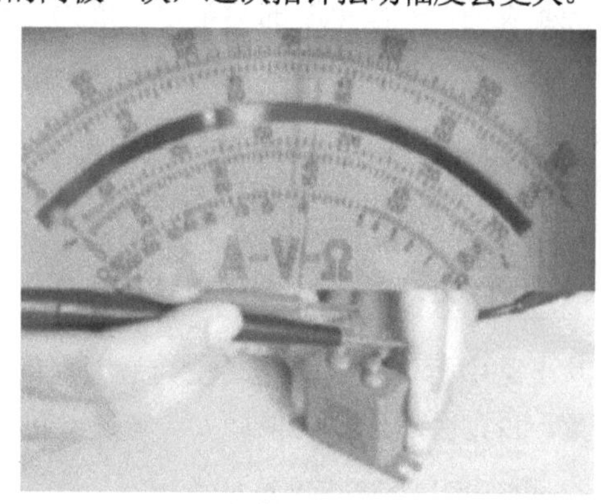

对调表笔再测量一次

图 1-48　电容器的测量

（2）5000pF 以下无极性电容器的检测

用指针式万用表 R×10k 档测量，指针应一直指到∞。指针指向无穷大，说明电容器没有漏电，但不能确定其容量是否正常，可利用数字式万用表电容档测量其容量。若测出阻值（指针向右摆动）或阻值为零，则说明电容漏电损坏或内部击穿。

2．电解电容器的检测

（1）电解电容器极性的判别

1）外观判别。通过电容器引脚和电容体的白色色带来判别，带“-”的白色色带对应的脚为负极。长脚是正极，短脚是负极。电解电容器极性外观判别如图 1-49 所示。

2）万用表识别。用指针式万用表 R×10k 档测量电容器两端的正、反向电阻值。在两次测量中，漏电阻小的一次，黑表笔所接为负极。

（2）电解电容漏电阻的测量

指针式万用表的红表笔接电容器的负极，黑表笔接正极。在接触的瞬间，万用表指针即向右偏转较大幅度（对于同一电阻档，容量越大，摆幅越大），然后逐渐向左回转，直到停在某一位置。此指示电阻值即为电容器的正向漏电阻。

再将红黑表笔对调，万用表指针将重复上述摆动现象。此时所测阻值为电容器的反向漏电阻，此值应略小于正向漏电阻。若测量电容器的正、反向电阻值均为 0，则该电容器已击穿损坏。电解电容漏电阻的测量如图 1-50 所示。

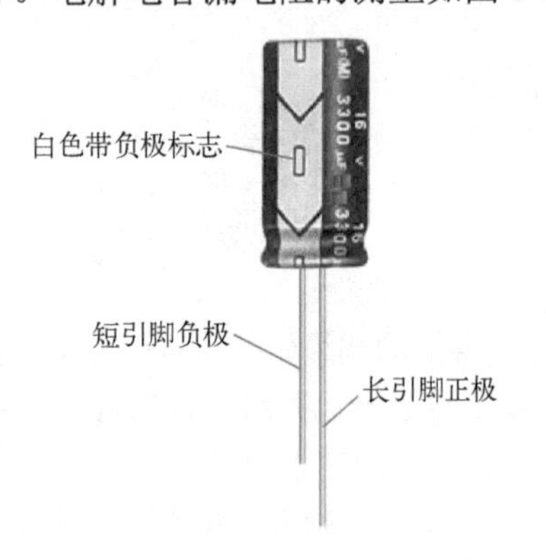

图 1-49 电解电容器极性外观判别

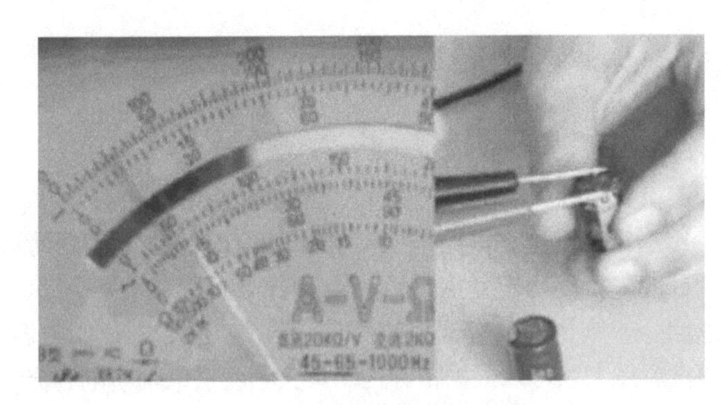

图 1-50 电解电容漏电阻的测量

经验表明，电解电容的漏电阻一般为 500kΩ以上性能较好，在 200～500kΩ时性能一般，小于 200kΩ时漏电较为严重。

注意：电解电容的容量较一般固定电容大得多，所以，测量时应针对不同容量选用合适的量程。一般情况下选用 $R\times10$k 档或 $R\times1$k 档，但 47μF 以上的电容器不再选用 $R\times10$k 档；容量大于 470μF 的电容器，测量时可先用 $R\times1$ 档测量，对电容充满电后（指针指向无穷大）再调至 $R\times1$k 档，待指针稳定后，就可以读出其漏电阻。

从电路中拆下的电容器（尤其是大容量和高压电容器），应对电容器放电后，再用万用表进行测量，否则会造成仪表损坏。

3. 可变电容器的检测

（1）检查转轴机械性能

用手轻轻旋动转轴，应感觉十分平滑，不应感觉时松时紧甚至有卡滞现象。将转轴向前、后、上、下、左、右等各个方向推动时，转轴不应有松动的现象。检查转轴机械性能如图 1-51 所示。

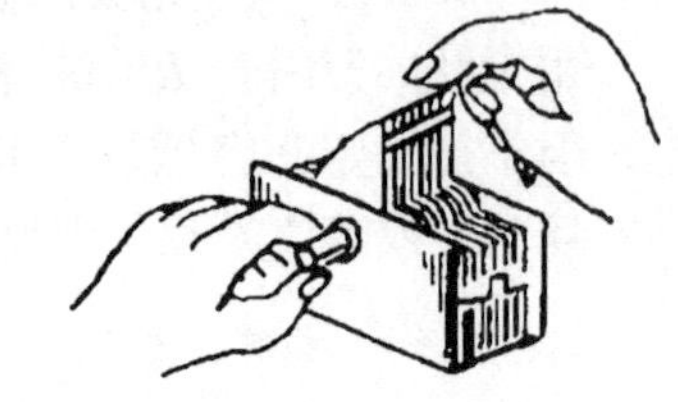

图 1-51 检查转轴机械性能

（2）检查动片与定片间有无碰片短路或漏电

将万用表置于 $R\times10$k 档，一只手将两个表笔分别接可变电容器的动片和定片的引出端，另一只手将转轴缓缓旋动几个来回，如图 1-52 所示。万用表指针都应在无穷大位置不动。在旋动转轴的过程中，如果指针有时指向零，说明动片和定片之间存在碰片短路点，如果旋到某一角度，万用表读数不为无穷大而是出现一定阻值，说明可变电容器动片与定片之间存在漏电现象。

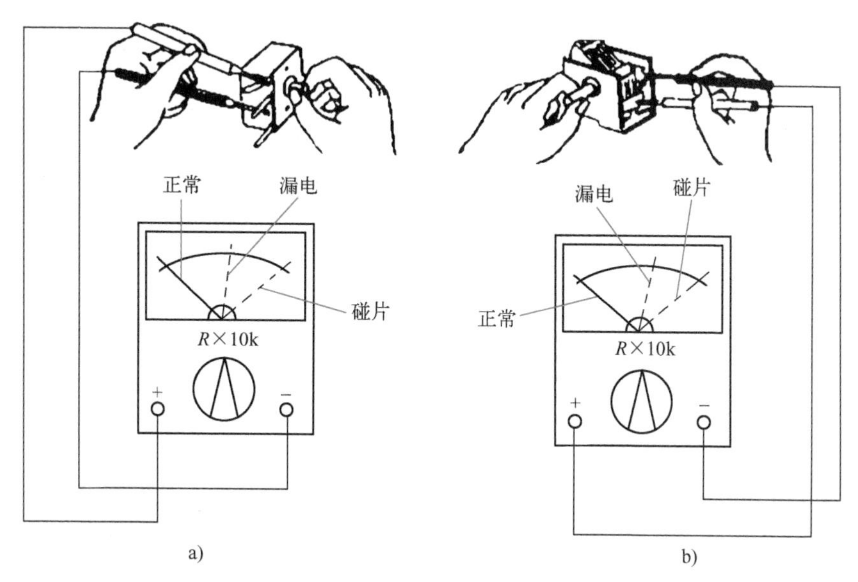

图 1-52　可变电容器的检测

a) 测量动片和定片引出端间电阻　b) 测量动片和定片间电阻

对于双连或多连可变电容器，可用上述同样的方法检测其他组的动片与定片之间的电阻，判断其有无碰片短路或漏电现象。

4. 用数字式万用表检测电容器

一些数字式万用表上设有电容器容量的测量功能，可以用这一功能档来检测电容器容量，具体方法如下。

（1）利用数字式万用表的电容器测试孔检测电容器的好坏

1）将万用表功能旋钮旋到电容档，量程选择大于被测电容的容量。

2）将被测电容器的两根引脚短接一下，放掉电。然后将两只引脚分别插入电容器测试孔中，如果是有极性电解电容，要注意插入的极性。

3）从显示屏上读出电容值。将读出的值与电容器的标称值比较，如果显示的电容量大小等于电容器的标称容量，说明电容器正常。若相差太大，说明该电容器的容量不足或性能不良。

（2）利用数字式万用表的电阻档检测电容器的好坏

1）将万用表调到欧姆档的适当档位，一般容量在 1μF 以下的电容器用“20kΩ”档检测，1～100μF 内的电容器用“2kΩ”档检测，容量大于 100μF 的电容器用“200Ω”档或二极管档检测。

2）用万用表的两只表笔分别与电容器的两引脚相接，红表笔接电解电容的正极，黑表笔接电解电容的负极，如果显示值从“000”开始逐渐增加，最后显示溢出符号“1”，表明电容器正常；如果万用表始终显示“000”，则说明电容器内部短路；如果始终显示“1”，则可能为电容器内部极间断路。

1.2.4　任务训练　电容器的识别与检测

1. 训练目的

1）熟悉各种电容器的外形及其标志方法。

2）掌握万用表测量电容器的方法。

2．训练器材

1）万用表一块。

2）各种无极性电容器、电解电容器和可变电容器若干。

3．训练内容与步骤

（1）电容器的识别

① 取不同标志的无极性电容器若干，识读其标称容量、耐压和偏差等参数，并做好记录。

② 取电解电容器若干，识读其标称容量、耐压和偏差等参数，并做好记录。

③ 取可变电容器若干，识读其标称容量、耐压和偏差等参数，并做好记录。

（2）固定无极性电容的测试

① 万用表量程选择。5000pF 以上的无极性电容器，用万用表 $R\times10k$ 档或 $R\times1k$ 档，5000pF 以下的无极性电容器，用万用表 $R\times10k$ 档测量。

② 观察万用表表头指针摆动情况。根据指针摆动情况判断电容器容量情况。

③ 观察测量不同容量的电容器时万用表指针摆动的最大幅度，若因容量太小看不清指针的摆动，则可调转电容两极再测一次。

（3）电解电容器的检测

① 根据电解电容器的容量选择万用表欧姆档的量程，一般情况下选用 $R\times10k$ 档或 $R\times1k$ 档，但 47μF 以上的电容器不再选用 $R\times10k$ 档，当电容大于 470μF 时可先用 $R\times1$ 档测量，对电容充满电后（指针指向无穷大）再调至 $R\times1k$ 档测量。

② 用万用表黑表笔接电容器正极，红表笔接电容器负极。万用表指针应摆动一定幅度后返回∞，当指针慢慢地稳定在某一位置上，读出该位置阻值，即为电容器漏电阻。

（4）可变电容器的检测

① 观察可变电容动片和定片有无松动。

② 用万用表最高电阻档测量动片和定片的引脚电阻，旋转电容器的转轴，若发现旋转到某些位置时指针发生偏转，甚至指向 0Ω时，说明电容器有漏电或碰片情况。电容器旋动不灵活或动片不能完全旋入和旋出，则必须修理或更换。

将以上检测结果记录在表 1-6 中。

表 1-6 电容器的识别与检测

编　号	电容器的类型	电容器标志方法	电容器的识读结果			电容漏电阻	性能分析
			标称容量	允许偏差	耐压		

任务 1.3　电感器、变压器的识别与检测

1.3.1　电感器的识别与检测

1.3.1
电感器的识别与检测

电感器俗称为电感或电感线圈，是利用自感作用制作的器件；理想的电感器是一种储能元件，主要用来调谐、振荡、匹配、耦合和滤波等。在高频电路中，电感元件应用较多。变压器实质上也是电感器，它是利用互感作用制作的器件，在电路中常起到变压、耦合及匹配等作用。电感器一般由导线或漆包线绕成。为了增加电感量、提高品质因数和减小电感器体积，通常在线圈中加入铁心或软磁材料的磁心。

在电路中电感器用字母 *L* 表示，基本单位为亨[利]（H），常用单位还有毫亨（mH）和微亨（μH）。它们之间的换算关系是 $1\text{H}=10^3\text{mH}=10^6\mu\text{H}$。

1．电感器的分类

电感器种类很多，按电感形式分为固定电感和可变电感；按磁导体性质分为空心线圈、铁氧体线圈、铁心线圈和铜心线圈；按工作性质分为天线线圈、振荡线圈、扼流线圈、陷波线圈及偏转线圈；按绕线结构分为单层线圈、多层线圈及蜂房式线圈；按工作频率分为高频线圈、低频线圈；按结构特点分为磁心线圈、可变电感线圈、色码电感线圈及无磁心线圈等。

常见电感器实物外形如图 1-53 所示。线圈电感器电路符号如图 1-54 所示。

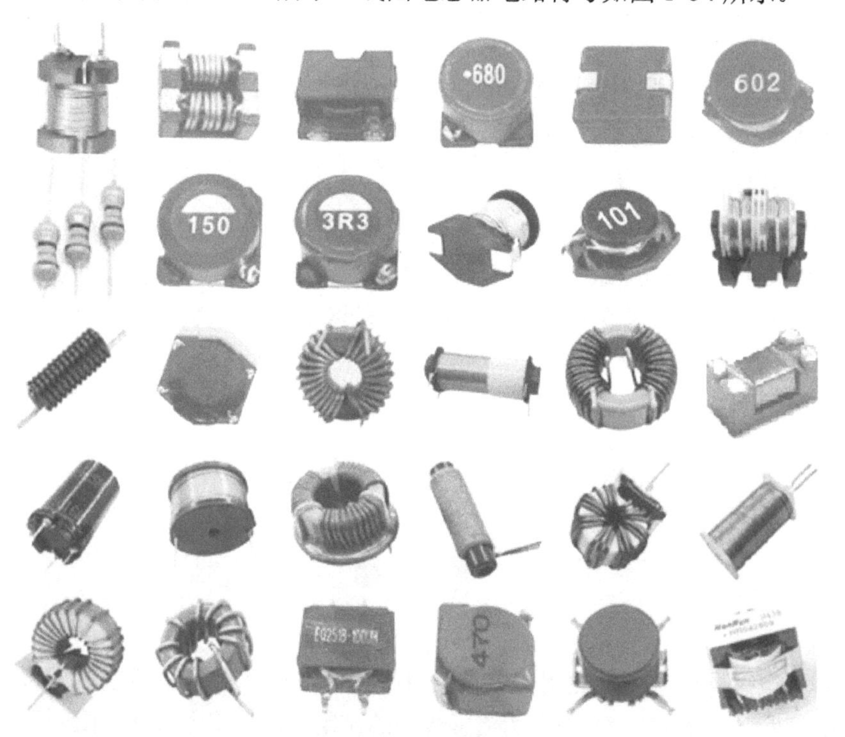

图 1-53　常见电感器实物外形

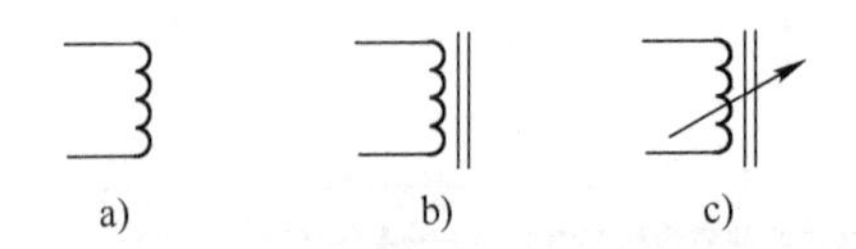

图 1-54 线圈电感器电路符号

a) 一般符号 b) 带铁心电感器 c) 可调电感器

2. 电感器主要技术参数

（1）标称电感量

线圈电感量的大小由线圈本身的特性决定，如线圈的直径、匝数及有无铁心等。电感线圈的用途不同，所需的电感量也不同。例如，在高频电路中，线圈的电感量一般为0.1μH～100H。

（2）品质因数（Q值）

品质因数是指线圈在某一频率下工作时，所表现出的感抗与线圈的总损耗电阻的比值，其中损耗电阻包括直流电阻、高频电阻及介质损耗电阻。Q 值越高，回路损耗越小。并不是所有电路的 Q 值越高越好，例如收音机的中频中周，为了加宽频带，常外接一个阻尼电阻，以降低 Q 值。

对调谐回路线圈的 Q 值要求较高，用高 Q 值的线圈与电容组成的谐振电路有更好的谐振特性；用低 Q 值线圈与电容组成的谐振电路，其谐振特性不明显。对耦合线圈，要求可低一些，对高频扼流线圈和低频扼流线圈，则无要求。

（3）分布电容

电感线圈的匝与匝之间、线圈与铁心之间都存在分布电容。频率越高，分布电容的影响就越严重，导致 Q 值急速下降。减少分布电容可通过减小线圈骨架的直径、采用细导线绕制或者通过改变电感线圈的绕制方式，如采用蜂房式绕制等方法来实现。

（4）额定电流

电感线圈在正常工作时，允许通过的最大电流称为额定电流。当电路电流超过其额定值时，电感器将发热，严重时会被烧坏。

3. 常见电感器的命名方法

国产电感器的命名一般由4部分组成，如图1-55所示。第一部分是主称，用字母表示，其中L表示线圈，ZL表示阻流圈；第二部分是特征，用字母表示，其中G表示高频；第三部分是型式，用字母表示，其中X表示小型；第四部分是区别代号，用字母A、B、C……表示。例如，“LGX”表示小型高频电感线圈。

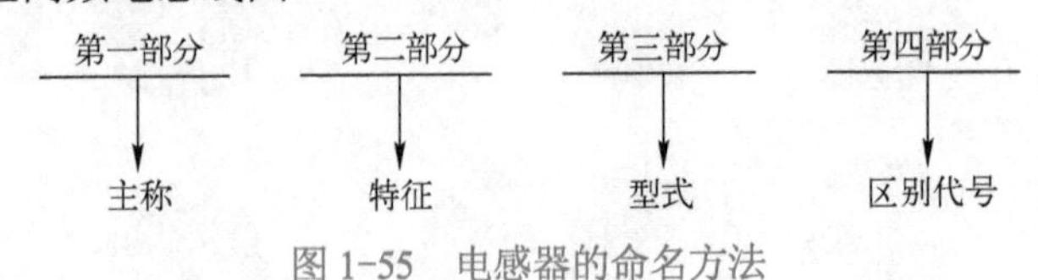

图 1-55 电感器的命名方法

4. 电感量的标志方法

（1）直标法

直标法是将电感器的主要参数用文字符号直接标注在电感线圈的外壳上，其中，用数字标注电感量，用字母A、B、C、D等表示电感线圈的额定电流，用Ⅰ、Ⅱ、Ⅲ表示允许偏差。电感的直标法如图1-56所示。

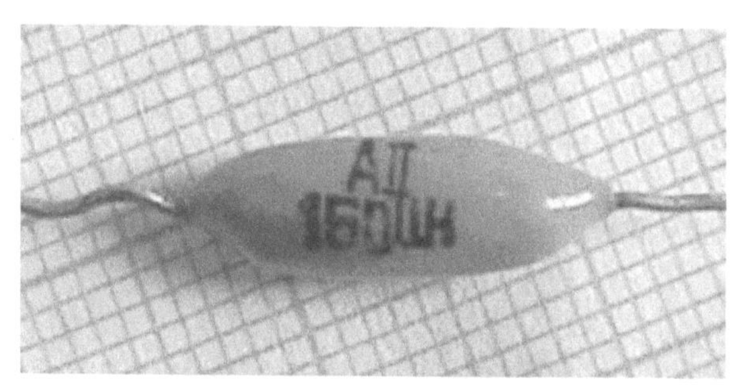

图 1-56　电感的直标法

例如，固定电感线圈外壳上标有 160μH、A、Ⅱ的标志，则表明线圈的电感量为 160μH，最大工作电流 50mA（A 档），允许偏差为Ⅱ级（±10%）。

（2）色标法

在电感线圈的外壳上，使用色环或色点表示其参数的方法称为色标法。电感的色标法如图 1-57 所示。

色环表示法与电阻器的色标法相似，如 L2 这种色环电感，一般有四种颜色，前两种颜色为有效数字，第三种颜色为倍率，第四种颜色表示允许误差。数字与颜色的对应关系同色环电阻，单位为微亨（μH）。

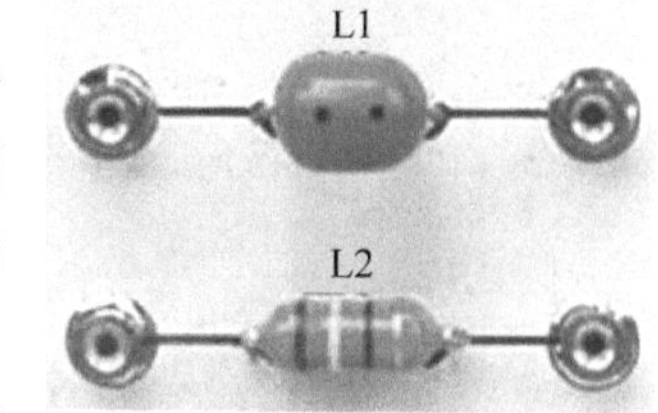

图 1-57　电感的色标法

例如，电感器的色标为“棕绿黑银”，则表示电感量为 15μH，允许误差为±10%。

色点电感与电阻不同，如 L1 色点电感，首先观察电感两侧，有一侧为金色或无色的，为误差色点，误差色点一侧数过来依次为第一位、第二位有效数字和 10 的幂数。色环（点）电感的单位为μH。

5. 常用电感器

（1）固定电感线圈

固定电感线圈是将铜线绕在磁心上，然后再用环氧树脂或塑料封装起来。固定电感线圈实物外形如图 1-58 所示。这种电感线圈的特点是体积小、重量轻、电感量范围大、Q 值高，在滤波、陷波、扼流及延迟等电路中使用。

固定电感器有立式和卧式两种。其电感量一般为 0.1～3000μH。电感量的允许偏差有Ⅰ、Ⅱ、Ⅲ级即±5%、±10%、±20%，直接标在电感器上。工作频率为 10kHz～200MHz 之间。

色码电感器是具有固定电感量的电感器，其电感量标志方法同电阻一样以色环来标记，体积小、重量小、结构牢固而可靠。色码电感实物外形如图 1-59 所示。

（2）可变电感线圈

有些电路需要对电感量调节，用以改变谐振频率或电路耦合的松紧。可变电感线圈改变电感量的方法有 3 种：①在线圈中插入磁心或铜心，改变磁心或铜心的位置，从而达到改变电感量的目的；②在线圈上安装一滑动的触点，通过改变触点在线圈上的位置来改变电感量；③将两个线圈串联，均匀改变两线圈之间的相对位置，以达到互感量的变化，使线圈的总电感量随之发生变化。图 1-60 为一种可变电感线圈实物外形。

（3）微调电感线圈

有些电路需要在较小的范围内改变电感量，用以满足整机调试的需要。如收音机电路中的中频调谐回路和振荡电路的中频变压器就是这种微调电感线圈。收音机电路中的微调电感线圈实物外形如图 1-61 所示。改变磁帽或磁心在线圈中的位置，电感线圈的电感量发生改变。

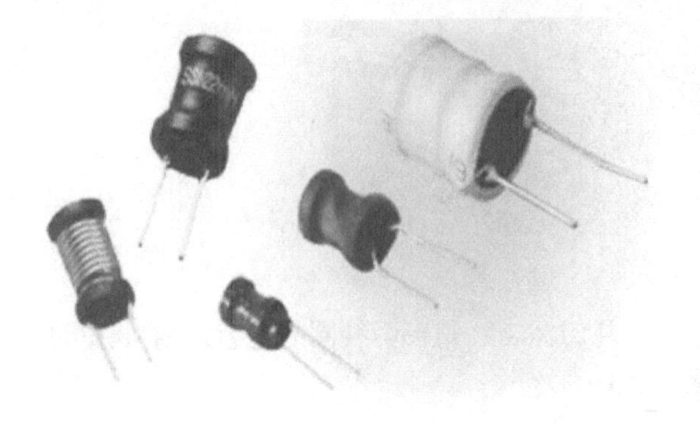

图 1-58　固定电感线圈实物外形

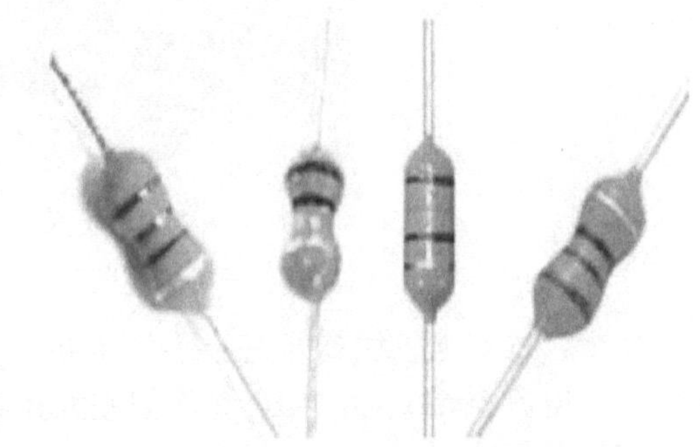

图 1-59　色码电感实物外形

图 1-60　可变电感线圈实物外形

图 1-61　收音机电路中的微调电感线圈实物外形

（4）阻流圈

阻流圈又称为扼流圈，分为高频扼流圈和低频扼流圈。高频扼流圈在电路中用来阻止高频信号通过，而让低频交流信号通过，它的电感量一般只有几毫亨。低频扼流圈又称为滤波线圈，一般由铁心和绕组构成，它与电容器组成滤波电路，消除整流后的残存交流成分，其电感量较大，一般为几亨到十几亨。阻流圈在电路中用符号“ZL”表示。阻流圈实物外形如图 1-62 所示。

图 1-62　阻流圈实物外形

6. 电感线圈的选用

（1）选用原则

1）电感线圈的工作频率要适合电路的要求。

2）电感线圈的电感量、额定电流必须满足电路要求。

3）电感线圈的外形尺寸要符合印制电路板上位置的要求。

4）对于不同电路应选用不同性能的电感线圈。如振荡电路、滤波电路等，电路性能不同，对电感线圈的要求也不一样。

（2）电感线圈的选用

电感线圈在电路中使用时，要考虑环境温度、湿度的高低，高频或低频环境，电感在电路中表现的是感性还是阻抗特性等。

电感线圈使用前先要检查其外观，不允许有线匝松动、引线接点活动等现象。然后用万用表进行线圈通断检测，尽量使用精度较高的万用表或欧姆表，因为电感线圈的阻值均比较小，必须仔细区别正常阻值与匝间短路。

7. 电感器的检测

用万用表测量电感器的阻值，可以大致判断电感器的好坏。电感器的检测如图 1-63 所示。将万用表置于 $R\times1$ 档，测得的直流电阻为零或很小（零点几欧到几欧），说明电感器未断；当测量的线圈电阻为无穷大时，表明线圈内部或引出线已经断开。在测量时要将线圈与外电路断开，以免外电路对线圈的并联作用造成错误的判断。对于电感线圈的匝间短路问题，可用一只完好的线圈替换试验，故障消除则证明线圈匝间有短路，需要更换。如果用万用表测得线圈的电阻远小于标称阻值，也说明线圈内部有短路现象。

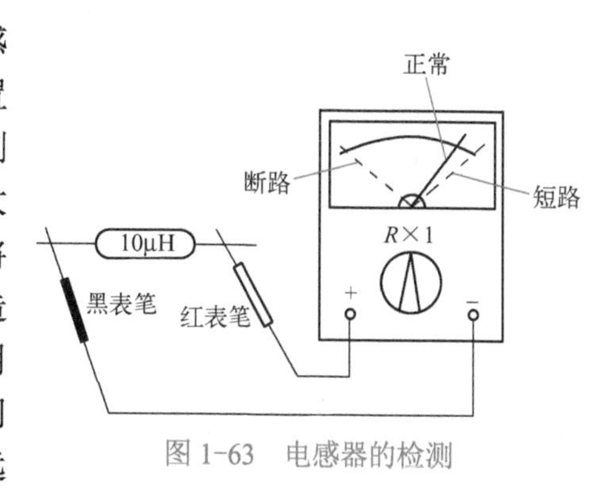

图 1-63 电感器的检测

用数字式万用表也可以对电感器进行通断测试。将数字式万用表的量程开关拨到“通断蜂鸣”符号处，用红、黑表笔接触电感器的两端，如果阻值较小，表内蜂鸣器就会鸣叫，表明该电感器可以正常使用。若想测出电感线圈的准确电感量，则必须使用万用电桥、高频 Q 表或数字式电感电容表。

1.3.2 变压器的识别与检测

变压器是利用电感线圈间的互感现象工作的，在电路中常用作电压变换、阻抗变换等。变压器也是一种电感器，由一次绕组、二次绕组、铁心或磁心等组成。

1. 变压器的分类

按导磁材料不同，变压器可分为硅钢片变压器、低频磁心变压器及高频磁心变压器。按用途分类，变压器可分为电源变压器和隔离变压器、调压器、输入/输出变压器及脉冲变压器。按工作频率分类，变压器可分为低频变压器、中频变压器和高频变压器。

变压器手绘外形如图1-64所示，变压器电路符号如图1-65所示。

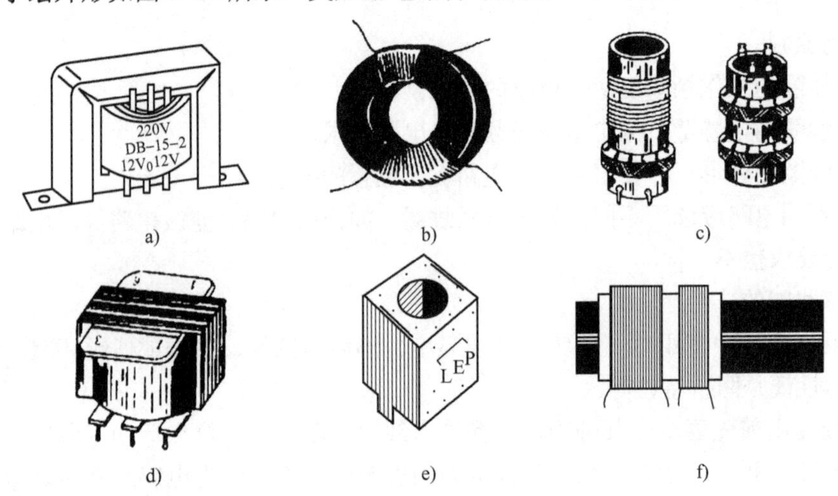

图1-64 变压器手绘外形

a) 电源变压器 b) 环形变压器 c) 空心变压器 d) 输入/输出变压器 e) 中频变压器 f) 高频变压器

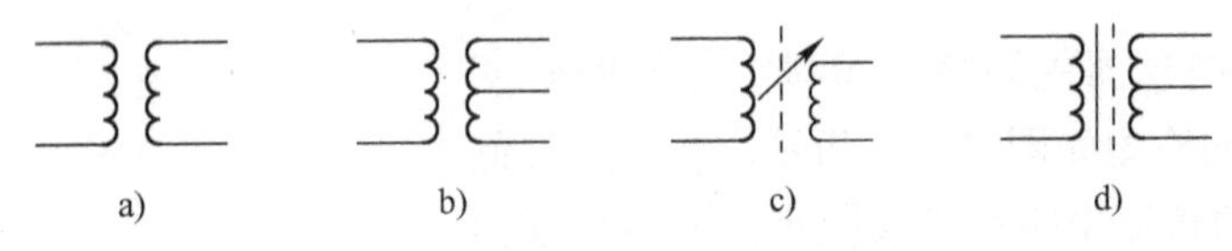

图1-65 变压器电路符号

a) 普通变压器 b) 带中心抽头变压器 c) 磁心可调变压器 d) 带有屏蔽变压器

2. 变压器的主要技术参数

1）额定功率：是指变压器在特定频率和电压条件下，能长期工作而不超过规定温升的输出功率。其单位用瓦（W）或伏·安（V·A）表示。

2）变压比：是指二次电压（U_2）与一次电压（U_1）的比值或二次绕组匝数（N_2）与一次绕组匝数（N_1）的比值。变压器的变压比 n 为

$$n=\frac{U_1}{U_2}=\frac{N_1}{N_2}$$

若 $n\geqslant1$，则该变压器称为降压变压器；若 $n\leqslant1$，则该变压器称为升压变压器。

3）效率：变压器的输出功率与输入功率的比值，常用百分数表示，其大小与设计参数、材料、工艺以及功率有关。一般电源变压器、音频变压器要注意效率，而中频、高频变压器一般不考虑效率。

4）空载电流：是指变压器在工作电压下二次侧空载时，一次绕组流过的电流。空载电流越大，变压器的损耗越大，效率越低。

5）绝缘电阻：是在变压器上施加的试验电压与产生的漏电流之比。小型变压器的绝缘电阻不小于500MΩ。

3. 常用变压器

（1）低频变压器

常用的低频变压器有音频变压器和电源变压器。音频变压器可分为输入和输出变压器两

种，在放大电路中主要作用是耦合、倒相及阻抗匹配等，要求音频变压器的频率特性好、漏感小及分布电容小。

电源变压器能将工频市电（交流 220V）转换为各种电路要求的电压。它结构简单、易于绕制，广泛应用在各类电子产品中。电源变压器实物外形如图 1-66 所示。

图 1-66　电源变压器实物外形

（2）中频变压器

中频变压器又称中周变压器，简称为中周，实物外形如图 1-67 所示。一般由磁心、线圈、支架、底座、磁帽及屏蔽外壳组成。通过变压器磁帽的上下调节，电感量发生改变，使电路谐振在某个特定频率上。中频变压器在电路中起到选频、耦合和阻抗变换等作用。广泛用于调幅、调频收音机等电子产品中。

（3）高频变压器

高频变压器即高频线圈，通常是指工作于射频范围的变压器。图 1-68 为收音机的磁性天线实物外形，就是将线圈绕制在磁棒上，和一只可变电容器组成调谐回路。磁性天线线圈分为中波磁性天线线圈和短波磁性天线线圈两种。磁棒一般用磁导率较高的铁氧体材料，以集聚磁力线，增强感应电势，提高选择性。磁棒越长，灵敏度越高。

图 1-67　中频变压器实物外形

图 1-68　收音机的磁性天线实物外形

4. 变压器的选用

（1）选用原则

1）选用变压器一定要了解变压器的输出功率、输入和输出电压大小以及所接负载需要的功率。

2）要根据电路要求选择，其输出电压与标称电压相符。其绝缘电阻值应大于 500Ω，对于要求较高的电路应大于 1000Ω。

3）要根据变压器在电路中的作用合理选用，必须知道其引脚与电路中各点的对应关系。

（2）变压器的选用

选用变压器时，要与负载电路相匹配，同时要留出一定的功率余量，输出电压应与负载的供电部分的交流输入电压相同。

选用中频变压器时，最好选用同型号、同规格的中频变压器，否则很难正常工作，在选择时，还应对其各绕组进行检测，看是否有断路或短路。

在选用时可通过观察变压器的外貌来检查变压器是否异常：如引线是否断裂、脱焊，绝缘材料是否有烧焦痕迹，铁心紧固螺杆是否有松动，硅钢片有无锈蚀，线圈是否有外露等。

5. 变压器的检测

（1）中周变压器检测

1）检测绕组线圈通断。将万用表拨至 R×1 档，按照中周变压器的各绕组引脚排列规律，逐一检查各绕组的通断情况，进而判断其是否正常。图 1-69 为检测 TTF-2-1 型中周变压器的示意图。由图可见，正常时，1-2-3 之间应相通，4-6 间应相通。测试时，如果万用表指针不动，阻值为无穷大，则说明被测的相应绕组已经断路。

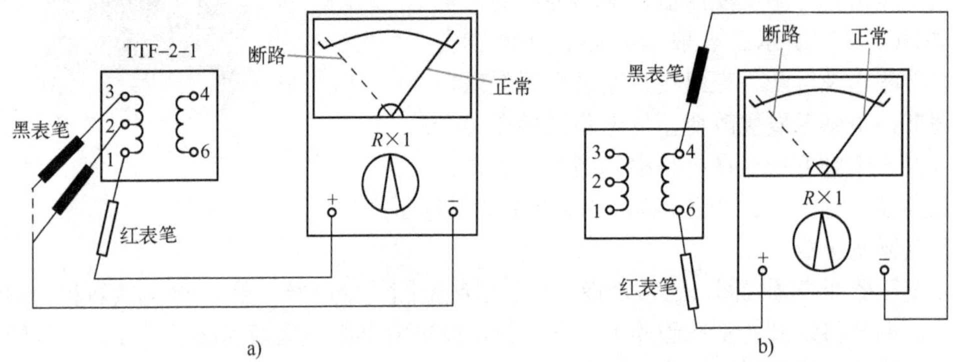

图 1-69 检测 TTF-2-1 型中周变压器的示意图

a) 检测一次绕组 b) 检测二次绕组

应注意的是，由于各种中周变压器的各线圈绕组所用线径及所绕匝数都有差异，所以测得的电阻值无固定规律可循。但一般情况下，只要被测绕组的电阻值比较小，就可以认为是正常的。

2）检测绝缘性能。检测中周绝缘性能示意图如图 1-70 所示。将万用表置于 R×10k 档，做如下几种状态测试。

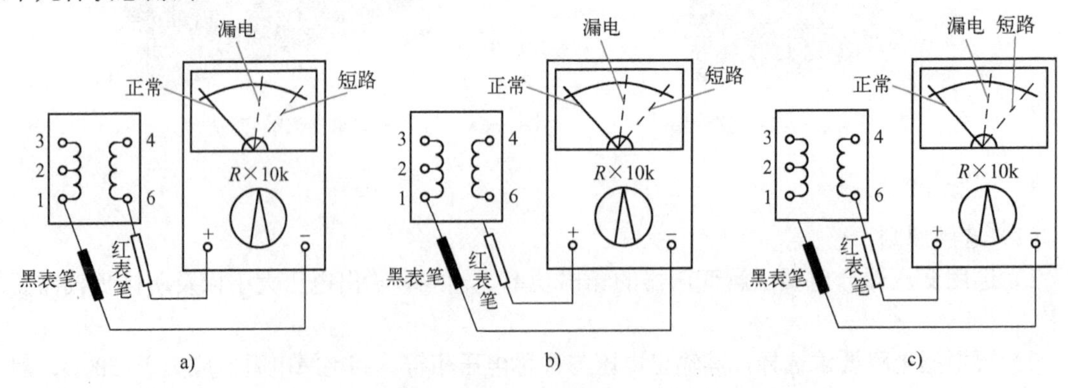

图 1-70 检测中周绝缘性能示意图

a) 一次绕组与二次绕组 b) 一次绕组与外壳 c) 二次绕组与外壳

① 一次绕组与二次绕组之间的电阻值。

② 一次绕组与外壳之间的电阻值。

③ 二次绕组与外壳之间的电阻值。

上述测试结果会出现三种情况。

① 阻值为无穷大：正常。

② 阻值为零：有短路故障。

③ 阻值小于无穷大，但大于零：有漏电故障。

（2）电源变压器检测

1）一、二次绕组的通断检测。将万用表置于 R×1 档，将两表笔分别碰接一次绕组的两引出线，阻值一般为几十欧至几百欧，若出现∞则为断路，若出现 0 阻值，则为短路。一、二次绕组的通断检测如图 1-71 所示。用同样方法测二次绕组的阻值，一般为几欧至几十欧（降压变压器），如二次绕组有多个时，输出标称电压值越小，其阻值越小。

2）绕组间、绕组与铁心间的绝缘电阻检测。万用表置于 R×10k 档，将一支表笔接一次绕组的一引出线，另一表笔分别接二次绕组的引出线，万用表所示阻值应为∞位置，若小于此值时，表明绝缘性能不良，尤其是阻值小于几百欧时，表明绕组间有短路故障。绝缘电阻检测如图 1-72 所示。

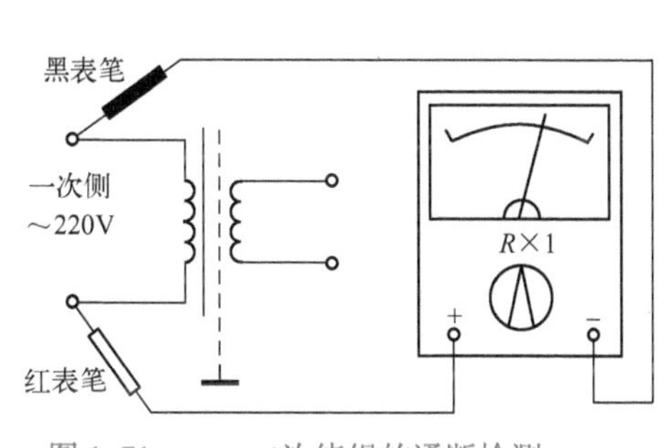

图 1-71　一、二次绕组的通断检测

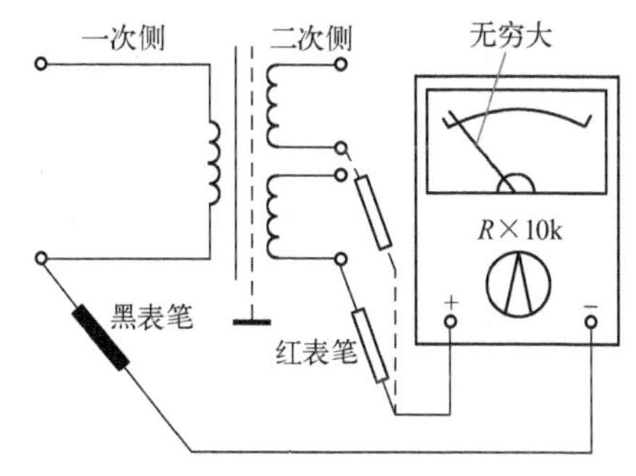

图 1-72　绝缘电阻检测

（3）变压器的二次侧空载电压测试

将变压器一次侧接入交流 220V 电源，将万用表置于交流电压档，根据变压器二次侧的标称值，选好万用表的量程，依次测出二次绕组的空载电压，允许误差一般在 5%～10%为正常（在一次电压为交流 220V 的情况下）。变压器的二次侧空载电压测试如图 1-73 所示。

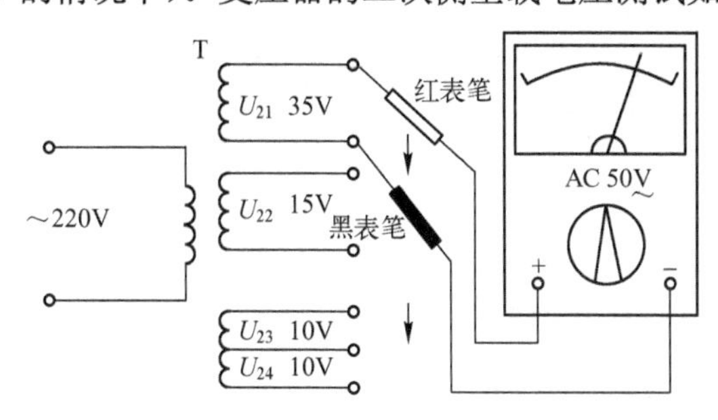

图 1-73　变压器的二次侧空载电压测试

若出现二次侧电压都升高，表明一次线圈有局部短路故障，若二次侧的某个线圈电压偏低，表明该线圈有短路之处。

1.3.3　任务训练　电感器、变压器的识别与检测

1. 训练目的

1）熟悉常用电感、变压器等元器件的识别方法。

2）掌握电感、变压器等元器件的测量方法。

2．训练器材

1）万用表一块。

2）不同标志、类型的电感线圈、变压器若干。

3．训练内容与步骤

1）电感元器件的识别。

① 取不同标志电感线圈若干，识别其电感量、偏差等参数，并做好记录。

② 取不同类型的变压器若干，识别其类型、偏差等参数，并做好记录。

2）线圈类电感器的检测。

① 将万用表置于“Ω”档，选取R×1或R×10量程。

② 测量被测电感两端的电阻，正常时一般为几欧至几十欧。若为∞（即开路），则损坏。

3）电源变压器是否开路的检测。

① 将万用表置于“Ω”档，选取R×1或R×10量程。

② 测量电源变压器一次绕组的电阻值，一般为几十欧至几百欧。若为∞，则损坏。

③ 测量电源变压器二次绕组的电阻值，一般为几欧至几十欧。若为∞，则损坏。

4）中周变压器是否开路的检测。

① 将万用表置于“Ω”档，选取R×1或R×10量程。

② 测量中周变压器一、二次绕组的电阻，一般在1Ω以下。若为∞，则损坏。

5）变压器一、二次侧绝缘性的检测。

① 将万用表置于“Ω”档，选取R×10k档量程。

② 测量变压器一、二次侧电阻值，若为∞，则变压器一、二次侧绝缘程度良好。若指针稍有偏转，说明该变压器有漏电故障。

将以上检测结果记录在表1-7中。

表1-7　电感器的识别与检测

编　号	名　称	电感器的识读结果		万用表检测结果	
		标称容量	允许偏差	直流电阻	引脚检测

任务1.4　半导体器件的识别与检测

半导体是一种导电能力介于导体和绝缘体之间的物质，半导体器件包括二极管、晶体管、场效应晶体管及一些其他特殊的半导体器件。常用的半导体材料有硅、锗和砷化镓等。

1.4.1 半导体器件的命名方法

国产半导体器件型号由 5 部分组成，前 3 部分的符号意义见表 1-8。第 4 部分用数字表示器件的序号，第 5 部分用汉语拼音字母表示规格。

表 1-8 国产半导体器件的命名方法

第 1 部分		第 2 部分		第 3 部分				第 4 部分	第 5 部分
数字表示器件的电极数目		字母表示器件的材料和类型		字母表示器件的用途				数字表示序号	汉语拼音字母表示规格
符号	意义	符号	意义	符号	意义	符号	意义		
2	二极管	A	N 型锗材料	P	普通管	D	低频大功率管		
		B	P 型锗材料	V	微波管	A	高频大功率管		
		C	N 型硅材料	W	稳压管	T	半导体闸流管		
		D	P 型硅材料	C	参量管	Y	体效应器件		
3	晶体管	A	PNP 型锗	Z	整流管	B	雪崩管		
		B	NPN 型锗	L	整流堆	J	阶跃恢复管		
		C	PNP 型硅	S	隧道管	CS	场效应晶体管		
		D	NPN 型硅	N	阻尼管	BT	特殊器件		
		E	化合材料	U	光电器件	FH	复合管		
				K	开关管	PI	PIN 管		
				X	低频小功率管	JG	激光器件		
				G	高频小功率管				

例如，2AP9 表示 N 型锗材料普通锗二极管，9 为序号；2CW5 表示 N 型硅材料的稳压二极管，5 为序号。

1.4.2 二极管的识别与检测

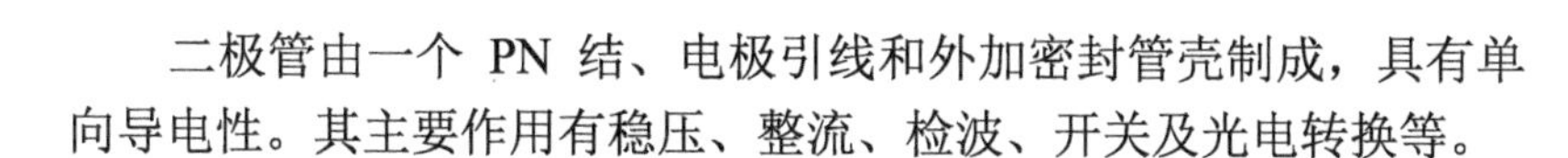

二极管由一个 PN 结、电极引线和外加密封管壳制成，具有单向导电性。其主要作用有稳压、整流、检波、开关及光电转换等。

1. 二极管的分类

二极管按材料可分为硅二极管、锗二极管及砷化镓二极管等；按结构不同可分为点接触型二极管和面接触型二极管；按用途可分为整流二极管、稳压二极管、检波二极管和开关二极管等。

二极管实物外形如图 1-74 所示。二极管电路符号如图 1-75 所示。

2. 主要技术参数

1）最大正向电流 I_F：是指二极管长期工作时，允许通过的最大正向平均电流。使用时通过二极管的平均电流不能大于这个值，否则将导致二极管损坏。

2）最大反向工作电压 U_{RM}：是指正常工作时，二极管所能承受的反向电压的最大值。一般手册上给出的最高反向工作电压约为击穿电压的一半，以确保二极管安全运行。

3）最高工作频率 f_M：是指二极管能保持良好工作性能条件下的最高工作频率。

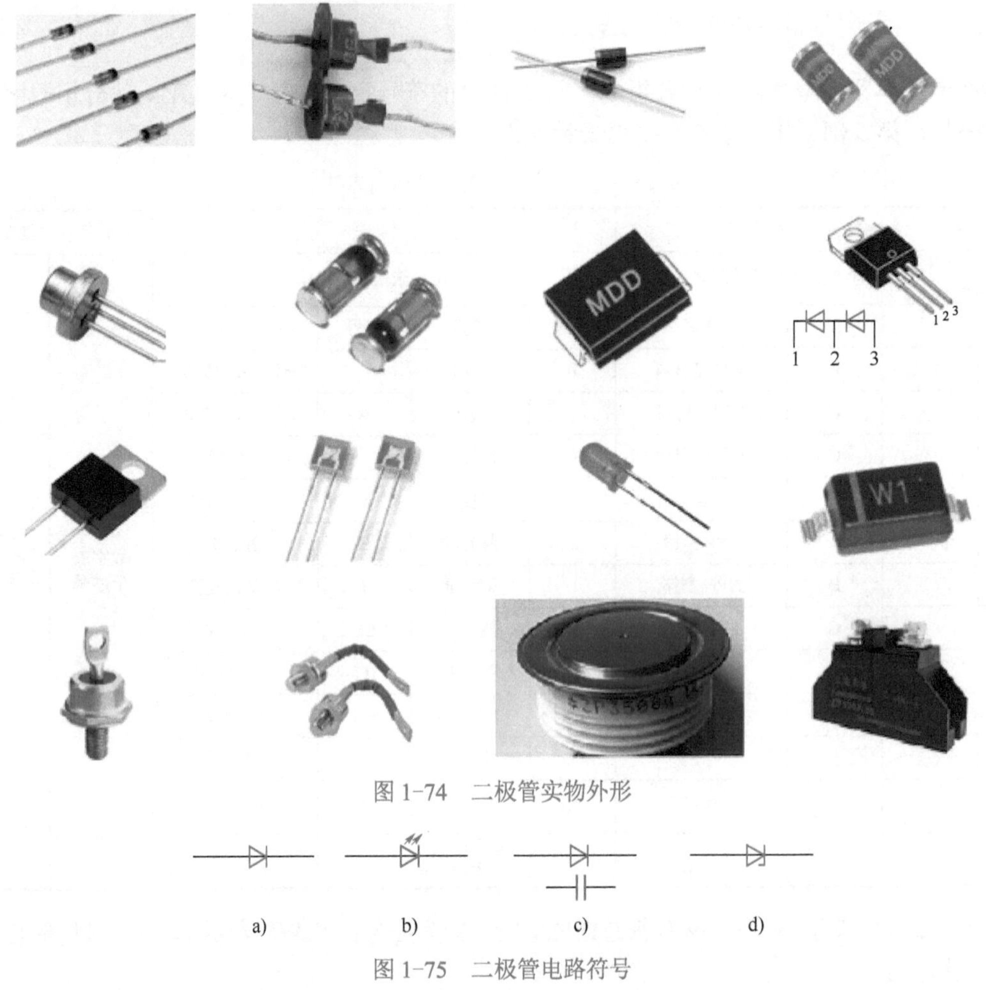

图1-74 二极管实物外形

图1-75 二极管电路符号

a) 一般二极管 b) 发光二极管 c) 变容二极管 d) 稳压二极管

4）反向饱和电流 I_S：是指二极管未击穿时流过二极管的最大反向电流。反向饱和电流越小，二极管的单向导电性能越好。

3. 常用二极管及其选用

（1）整流二极管

整流二极管主要用于整流电路，即把交流电变换成脉动的直流电。整流二极管为面接触型，其结电容较大，因此工作频率范围较窄（3kHz 以内）。整流二极管实物外形如图 1-76 所示。常用的型号有 2CZ 型、2DZ 型等，还有用于高压和高频整流电路的高压整流堆，如 2CGL 型、DH26 型及 2CL51 型等。

（2）检波二极管

检波二极管其主要作用是把高频信号中的低频信号检出，其结构为点接触型，结电容小，一般为锗管。检波二极管常采用玻璃外壳封装，实物外形如图 1-77 所示，主要型号有 2AP 型和 1N4148（国外型号）等。

（3）稳压二极管

稳压二极管也称为稳压管，它是用特殊工艺制造的面接触型硅二极管，其特点是工作在反向击穿区实现稳压；被反向击穿后，当外加电压减小或消失，PN 结能自动恢复而不至于损坏。稳压管主要用于电路的稳压环节和直流电源电路中。稳压二极管实物外形如图 1-78 所示，常用的有 2CW 型和 2DW 型。

图 1-76　整流二极管实物外形

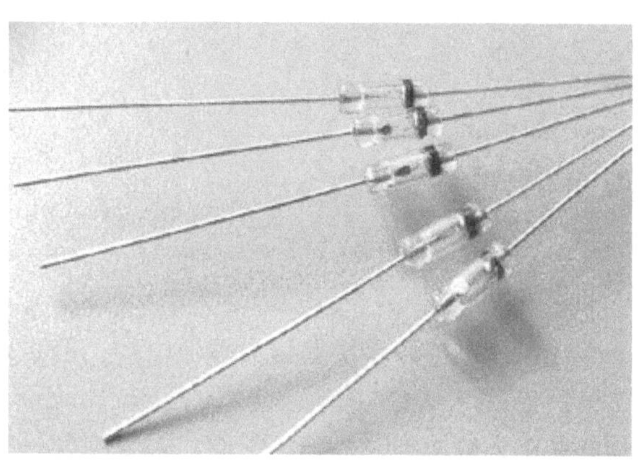

图 1-77　检波二极管实物外形

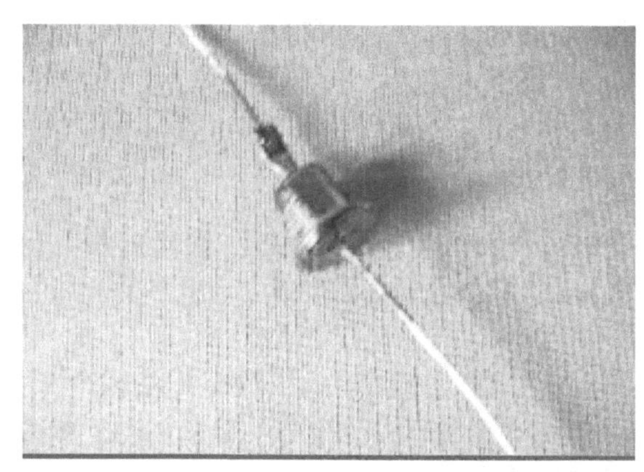

图 1-78　稳压二极管实物外形

（4）变容二极管

变容二极管是利用 PN 结的电容随外加反向电压而变化的特性制成的，变容二极管工作在反向偏置区，结电容的大小与偏压大小有关。反向偏置电压越大，PN 结的绝缘层越宽，其结电容越小。如 2CB14 型变容二极管，当反向电压在 3～25V 区间变化时，其结电容为 20～30pF。它主要用在高频电路中作自动调谐、调频及调相等。变容二极管实物外形如图 1-79 所示。

（5）发光二极管

发光二极管（Light Emitting Diode，LED）具有一个单向导电的 PN 结，当通过正向电流时，该二极管就发光，将电能转换为光能。它具有体积小、工作电压低、工作电流小、发光均匀稳定、响应速度快及寿命长等特点，广泛应用在显示、指示、遥控和通信领域。发光二极管实物外形如图 1-80 所示。

4. 二极管的选用

选用二极管时，应根据用途和电路的具体要求选择二极管的种类、型号及参数。

选用检波二极管时，主要使工作频率符合电路频率的要求，结电容小的检波效果好，常用的检波二极管有 2AP 系列，还可以用开关二极管 2AK 型代替。

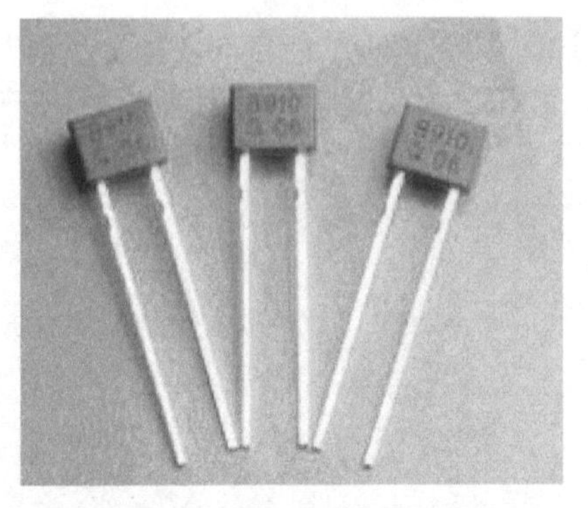

图 1-79　变容二极管实物外形

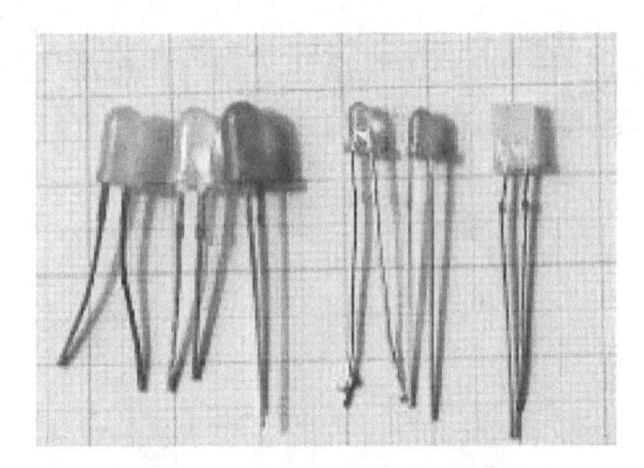

图 1-80　发光二极管实物外形

整流二极管主要考虑其最大整流电流、最高反向工作电压是否能满足电路需要，常用的整流二极管有 2CP、2CZ 系列。

如果在维修电路时，损坏的原二极管型号一时找不到，可考虑代换。代换的方法是弄清楚原二极管的性质和参数，然后换上与其参数相当的其他型号二极管。如检波二极管，代换时只要其工作频率不低于原型号的就可以使用。对整流二极管，只要最高反向工作电压和最大整流电流不低于原型号的就可以了。

1.4.2-5
二极管的检测

5. 二极管的检测

(1) 二极管的极性判断

1）根据标记判断。普通二极管正、负极性一般都标注在其外壳上。标记方法有箭头、色点和色环三种，一般印有色点、色环的一端为负极；箭头所指方向或靠近色环的一端为二极管的负极，另一端为正极。

对于玻璃封装的点接触型二极管，可透过玻璃外壳观察其内部结构来区分极性，金属丝一端为正极，半导体晶片一端为负极；二极管两端形状不同，平头一端为正极，圆头一端为负极；对于发光二极管，长引脚为正极，短引脚为负极。

一般二极管极性直观识别如图 1-81 所示。

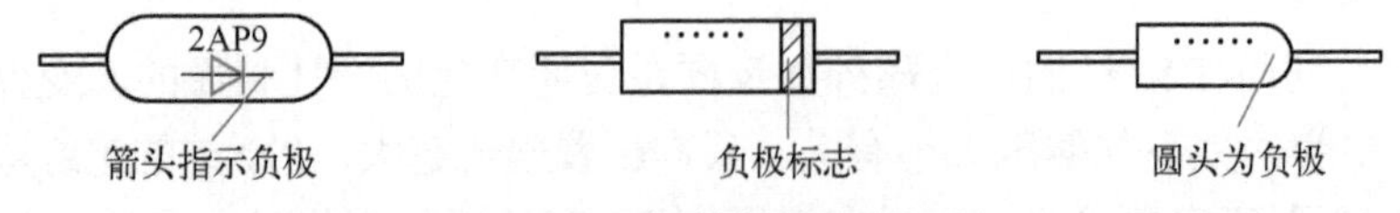

图 1-81　二极管极性直观识别

2）根据正反向电阻识别。将指针式万用表选在 $R\times100$ 或 $R\times1\text{k}$ 档，两表笔分别接二极管的两个电极。若测出的电阻值较小（硅管为几百欧至几千欧，锗管为 $100\Omega\sim1\text{k}\Omega$），说明是正向导通，此时黑表笔接的是二极管的正极，红表笔接的则是负极；若测出的电阻值较大（为几十至几百千欧），为反向截止，此时红表笔接的是二极管的正极，黑表笔为负极。指针式万用表判断二极管极性如图 1-82 所示。

用数字式万用表测量时，使用二极管档测量，正向压降小，反向溢出（显示 1），红表笔与万用表内电池正极相连。当测量正向压降小时，红表笔所接为二极管的正极。

(2) 普通二极管检测

根据二极管的单向导电性，其反向电阻远远大于正向电阻。利用万用表电阻档，测试其正、反向电阻，即可对二极管的性能进行判断。具体过程如下。

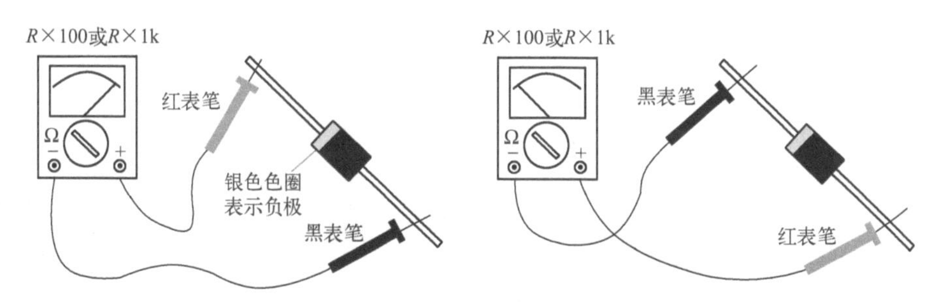

图 1-82　指针式万用表判断二极管极性

将指针式万用表选在 R×100 或 R×1k 档，两表笔分别接二极管的两个电极。若测出的电阻值较小（硅管为几百欧至几千欧，锗管为 100Ω～1kΩ），说明是正向导通，当红、黑表笔对调后，反向电阻应在几百千欧以上，则可判断该二极管是正常的。

若不知被测的二极管是硅管还是锗管，可根据硅、锗管的导通压降不同的原理来判别。将二极管接在电路中，当其导通时，用万用表测其正向压降，硅管一般为 0.6～0.7V，锗管一般为 0.1～0.3V。

（3）稳压管的检测

1）极性的判别与普通二极管的判别方法相同。

2）好坏检测。万用表置于 R×10k 档，黑表笔接稳压管的“-”极，红表笔接“+”极，若此时的反向电阻很小（与使用 R×1k 档时的测试值相比校），说明该稳压管正常。

万用表 R×10k 档的内部电压都在 9V 以上，若此电压高于稳压管稳压值时，可达到被测稳压管的击穿电压，使其阻值大大减小。如果稳压值高于表内电池电压时，用万用表就很难分辨稳压二极管与普通二极管的不同。

1.4.3　半导体晶体管的识别与检测

1.4.3
半导体晶体管的识别

半导体晶体管又称为双极型晶体管，是由两个 PN 结、三个电极引线（基极、集电极和发射极）和管壳组成，是一种电流控制型器件。晶体管除具有放大作用外，还能起电子开关、控制等作用。它具有体积小、结构牢固、寿命长和耗电省等优点，被广泛应用于各种电子设备中。

1. 晶体管的种类

晶体管的种类很多，按材料不同分为硅晶体管和锗晶体管；按结构分为 NPN 型晶体管与 PNP 型晶体管；按工作频率可分为低频管和高频管；按功率分为大功率管、中功率管及小功率管。

常见晶体管实物外形如图 1-83 所示。晶体管的电路符号如图 1-84 所示。

2. 晶体管主要参数

（1）电流放大系数β

晶体管的电流放大系数，表征晶体管对电流的放大能力，它有静态值和动态值两种。静态值是晶体管的集电极电流 I_c 和基极电流 I_b 之比。动态值是晶体管的集电极电流变化值ΔI_c 和基极电流变化值ΔI_b 之比。在低频时二者很接近。晶体管β值为 20～200，值太小，晶体管放大能力差，值太大，晶体管性能不稳定。

（2）集电极最大电流 I_{CM}

集电极电流 I_c 值较大时，若再增加 I_c，晶体管β值要下降，I_{CM} 是β值下降到额定值的 2/3

时，所允许通过的最大集电极电流。晶体管在工作时，若超过 I_{CM} 并不一定损坏，但晶体管的性能将变差。

图1-83 常见晶体管实物外形

（3）集电极最大允许耗散功率 P_{CM}

集电极最大允许耗散功率 P_{CM} 是指根据晶体管允许的最高结温而定出的集电结最大允许耗散功率。当晶体管的集电极通过电流时，因功率损耗要产生热量，使其结温升高。若耗散功率过大，将导致集电结烧坏。在实际工作中晶体管的 I_c 与 U_{CE} 的乘积要小于 P_{CM} 值，反之则可能烧坏晶体管。

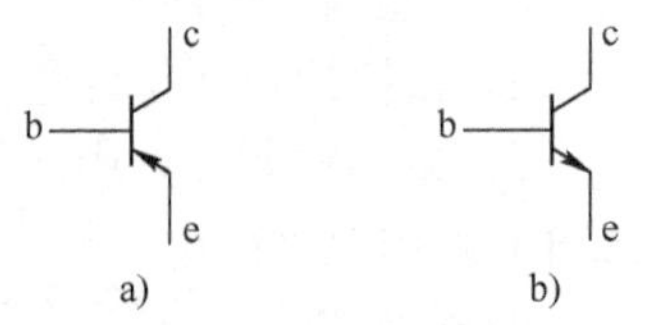

a) b)

图1-84 晶体管的电路符号

a) PNP 型晶体管 b) NPN 型晶体管

（4）穿透电流 I_{CEO}

指在晶体管基极电流 I_b=0 时，流过集电极的电流 I_c。它表明基极对集电极电流失控的程度。小功率硅管的 I_{CEO} 约为 0.1mA，锗管的值要比它大 1000 倍左右，大功率硅管的 I_{CEO} 约为 mA 数量级。

3. 晶体管的选用

根据不同的用途选用不同参数的晶体管。考虑的主要参数有特征频率、电流放大系数、集电极耗散功率及最大反向击穿电压等。

1）根据电路的需要，选晶体管时应使管子的特征频率高于电路工作频率的 3～10 倍，但也不能太高，否则将引起高频振荡，影响电路的稳定性。

2）对于晶体管电流放大系数的选择应适中，一般为 40～100 即可，β 值太低，将使电路的增益不够；如果 β 值太高，则将造成电路的稳定性变差，噪声增大。

3）在常温下，集电极耗散功率应根据不同的电路进行选择。如果选小了，则会因为过热而烧毁晶体管，选大了会造成浪费。

4）反向击穿电压应大于电源电压。

1.4.3-4 晶体管的检测

4. 晶体管的检测

常用的小功率晶体管有金属外壳封装和塑料封装两种，可直接观察出三个电极 e、b、c。但仍需进一步判断管型和管子的好坏，一般可用万用表进行判别。

（1）根据引脚排列规律判别晶体管引脚

1）等腰三角形排列，识别时引脚向上，使三角形在管壳底部平面的上半部分，从左角起，按顺时针方向分别为 e、b、c，如图 1-85a 所示。

2）在管壳外沿有一个突出部，由此突出部按顺时针方向分别为 e、b、c。如图 1-85b 所示。

3）塑料封装晶体管的引脚判断。图 1-85c 为晶体管，将其引脚朝下，顶部切角对着观察者，则从左至右排列为发射极 e、基极 b 和集电极 c。

4）如图 1-85d 所示的晶体管，是装有金属散热片的晶体管，判定时其引脚朝下，将其印有型号的一面对着观察者，散热片的一面为背面，则从左至右排列为基极 b，集电极 c，发射极 e。

5）大功率晶体管的两个引脚为 b、e，c 是基面，如图 1-85e 所示。

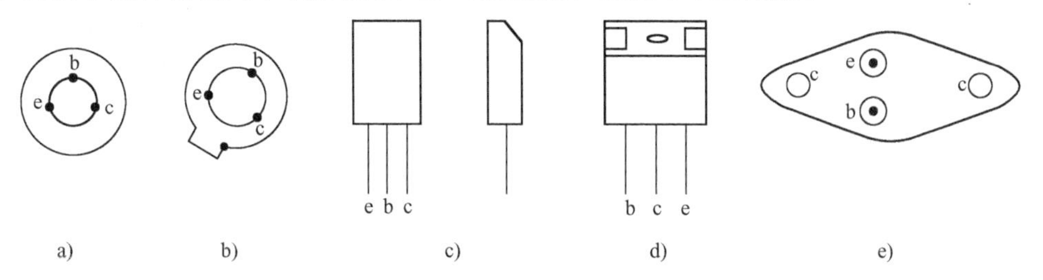

图 1-85　晶体管引脚排列规律

a) 等腰三角形排列　b) 管壳外沿有一个突出部　c) 塑料封装晶体管的引脚
d) 装有金属散热片的晶体管　e) 大功率晶体管的两个引脚

（2）用万用表判别晶体管引脚

1）判断基极与管型。对于 PNP 型晶体管，c、e 极分别为其内部两个 PN 结的正极，b 极为它们共同的负极，而对于 NPN 型晶体管而言，则正好相反，c、e 极分别为两个 PN 结的负极，而 b 极则为它们共用的正极，根据 PN 结正向电阻小、反向电阻大的特性就可以很方便地判断基极和管子的类型。

具体方法为将万用表置于 R×100 或 R×1k 档上，黑表笔接触某一引脚，用红表笔分别接另外两个引脚，若两次测得都是几十至上百千欧的高阻值时，则黑表笔所接触的引脚即为基极，且晶体管的管型为 NPN 型。若用上述方法两次测量都是几百欧的低阻值时，则黑表笔所接触的引脚是基极，且晶体管的管型为 PNP 型。确定晶体管基极的方法如图 1-86 所示。

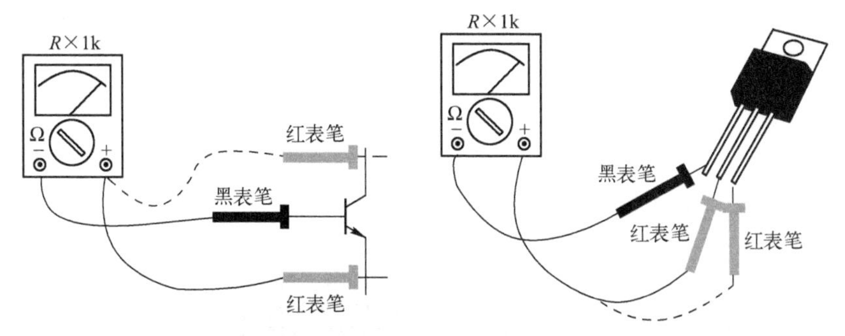

图 1-86　确定晶体管基极的方法

2）判断发射极和集电极。由于晶体管在制作时，两个 P 区或两个 N 区的掺杂浓度不同，如果发射极、集电极使用正确，晶体管具有很强的放大能力。反之，如果发射极、集电极互换使用，则放大能力非常弱，由此即可把管子的发射极、集电极区别开来。

在已经判断晶体管基极和类型的情况下，任意假设另外两个电极为 c、e，判别 c、e 时，以 NPN 为例，确定晶体管集电极的方法如图 1-87 所示，先将万用表置于 R×100 或 R×1k 档上，将万用表红表笔接假设的集电极，黑表笔接假设的发射极，用潮湿的手指将基极与假设的集电极引脚捏在一起（注意不要让两极直接相碰），注意观察万用表指针正偏的幅度。然后将两个引脚对调，重复上述测量步骤。比较两次测量中表针向右摆动的幅度，摆动幅度小的一次，红表笔接的是发射极，另一端是集电极。如果是PNP晶体管，则正好相反。

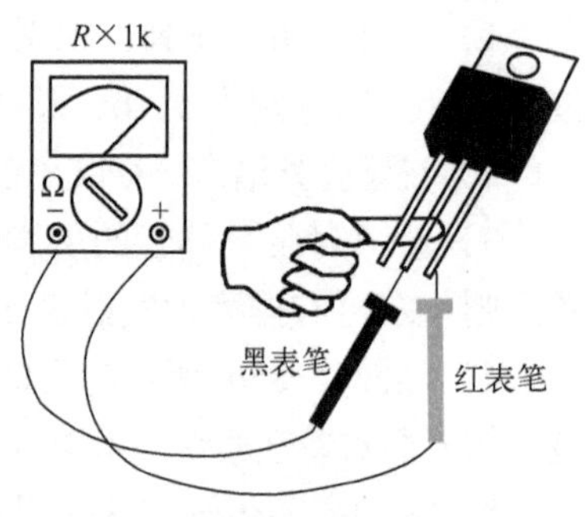

图1-87 确定晶体管集电极的方法

（3）晶体管好坏的判断

如在以上操作中，无一电极满足上述现象，则说明晶体管已经损坏，也可用数字式万用表的“h_{FE}”档来进行判断，当管型确定后，将晶体管插入“NPN或PNP”插孔，如h_{FE}值不正常（如为0或大于300）则说明晶体管已坏。

1.4.4 场效应晶体管的识别与检测

场效应晶体管与晶体管一样，也有3个极，分别是漏极（D）、源极（S）和栅极（G）。场效应晶体管是通过改变输入电压来控制输出电流的，它是电压控制器件。它的输入电阻高，具有温度特性好、抗干扰能力强及便于集成等优点，被广泛应用于各种电子产品中。

1. 场效应晶体管的分类

场效应晶体管可分为结型场效应晶体管（JFET）和绝缘栅场效应晶体管（MOS）。结型场效应晶体管又分为N沟道和P沟道两种；绝缘栅场效应晶体管除有N沟道和P沟道之分外，还有增强型与耗尽型之分。

场效应晶体管其沟道为N型半导体材料的，称为N沟道场效应晶体管，反之为P沟道场效应晶体管。场效应晶体管分类如图1-88所示。

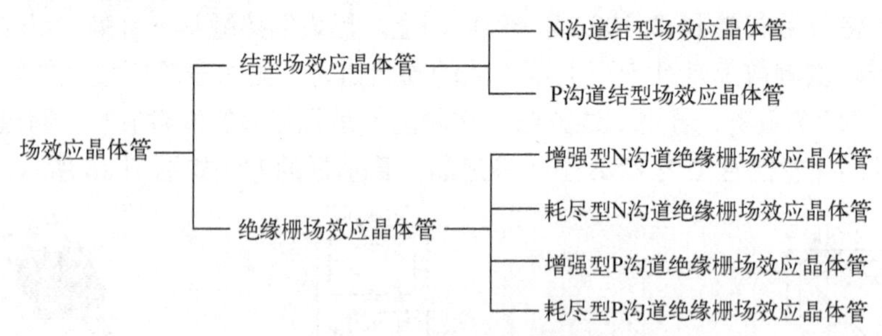

图1-88 场效应晶体管分类

场效应晶体管实物外形如图1-89所示，电路符号如图1-90所示。

图1-89 场效应晶体管实物外形

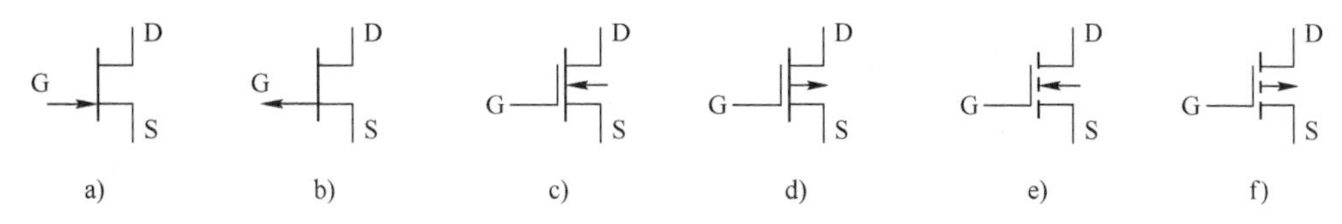

图 1-90 场效应晶体管的电路符号

a) N 沟道结型场效应晶体管 b) P 沟道结型场效应晶体管 c) 耗尽型 N 沟道绝缘栅场效应晶体管 d) 耗尽型 P 沟道绝缘栅场效应晶体管 e) 增强型 N 沟道绝缘栅场效应晶体管 f) 增强型 P 沟道绝缘栅场效应晶体管

2. 场效应晶体管使用常识

1）为保证场效应晶体管安全可靠地工作，使用中不要超过器件的极限参数。

2）MOS 场效应晶体管保存时应将各电极引线短接，由于 MOS 场效应晶体管栅极具有极高的绝缘强度，因此栅极不允许开路，否则会感应出很高电压的静电，而将其击穿。

3）焊接时应将电烙铁的外壳接地或切断电源趁热焊接。

4）测试时仪表应良好接地，不允许有漏电现象。

5）当场效应晶体管使用在要求输入电阻较高的场合，还应采取防潮措施，以免它受潮而使输入电阻大大降低。

6）对于结型场效应晶体管，栅、源极间的电压极性不能接反，否则 PN 结将正偏而不能正常工作，有时可能烧坏器件。

3. 场效应晶体管引脚识别

场效应晶体管共有 3 个电极，即源极、漏极和栅极，对应 3 根引脚，除上述 3 根电极对应的引脚外，在部分结型场效应晶体管中还会有第 4 根引脚，即屏蔽引脚，它在电路使用中接地线。在绝缘栅场效应晶体管中会有第 4 根引脚，即衬底引脚，这一引脚通常与源极引脚连接在一起。另外，双栅场效应晶体管因为是两个栅极也有 4 根引脚。

（1）塑料封装场效应晶体管引脚分布规律

图 1-91 为塑料封装场效应晶体管引脚分布示意图，根据这一引脚分布规律可以识别这些场效应晶体管引脚。

（2）金属封装场效应晶体管引脚分布规律

图 1-92 为金属封装场效应晶体管引脚分布示意图。

图 1-91 塑料封装场效应晶体管引脚分布示意图

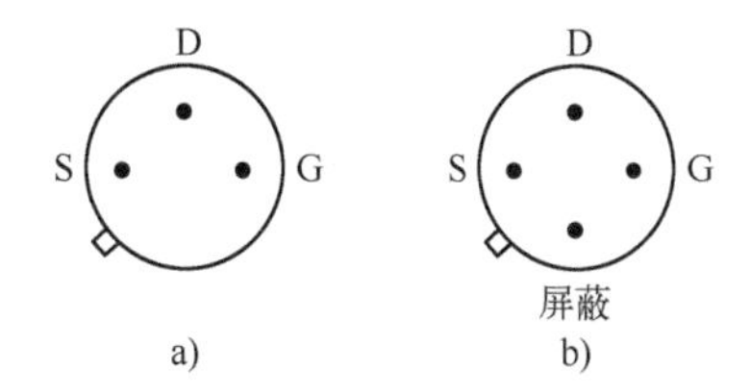

图 1-92 金属封装场效应晶体管引脚分布示意图

a) 3 根引脚 b) 4 根引脚

（3）贴片式场效应晶体管引脚分布规律

图 1-93 为贴片式场效应晶体管引脚分布示意图。

（4）双栅场效应晶体管引脚分布规律

图 1-94 为双栅场效应晶体管引脚分布示意图。图 1-95 为金属封装双栅场效应晶体管引脚分布示意图及实物外形。

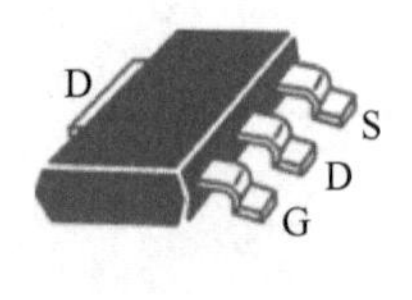

图 1-93 贴片式场效应晶体管引脚分布示意图

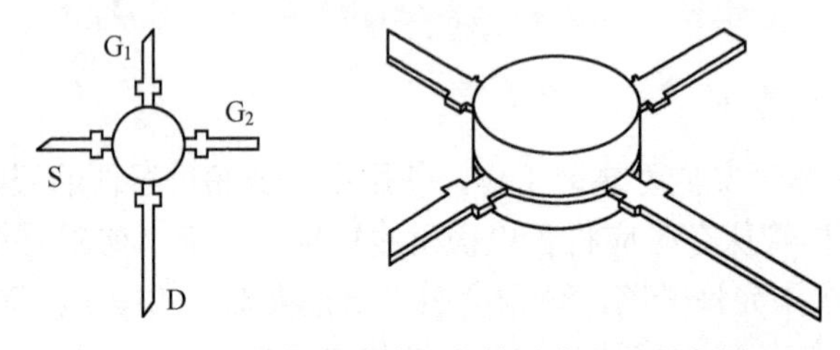

图 1-94 双栅场效应晶体管引脚分布示意图

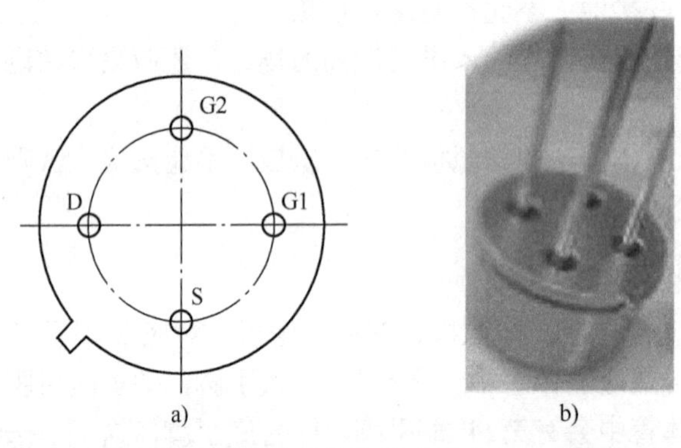

图 1-95 金属封装双栅场效应晶体管引脚分布示意图及实物外形

a) 引脚分布示意图 b) 实物外形

（5）大功率场效应晶体管引脚分布规律

图 1-96 为一种大功率场效应晶体管引脚分布示意图。

4. 结型场效应晶体管测试方法

（1）场效应晶体管的栅极判别

根据 PN 结的正、反向电阻值不同，可以很方便地检测出结型场效应晶体管的 G、D、S 极。场效应晶体管的栅极判别如图 1-97 所示。

图 1-96 一种大功率场效应晶体管引脚分布示意图

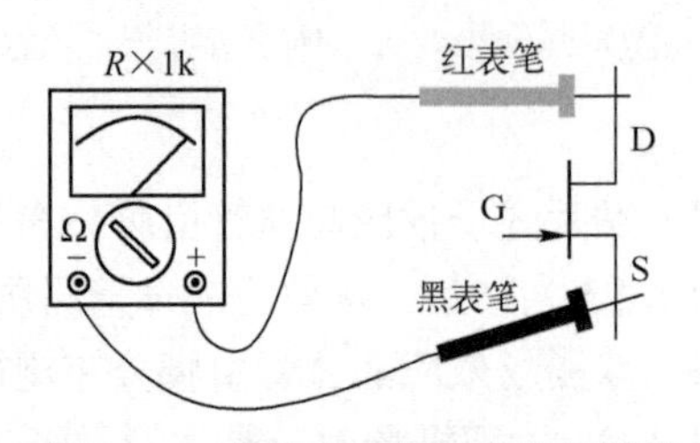

图 1-97 场效应晶体管的栅极判别

方法一：将万用表置于 R×1k 档，任选两电极，分别测出它们之间的正、反向电阻。若正、反向的电阻相等（约几千欧），则该两极为 D 极和 S 极（结型场效应晶体管的 D、S 极可互换），余下的则为 G 极。

方法二：用万用表的黑表笔任接一个电极，另一表笔依次接触其余两个电极，测其阻值。若两次测得的阻值近似相等，则该黑表笔接的为 G 极，余下的两个分别为 D 极和 S 极。

（2）场效应晶体管的沟道类型判别

对于 N 沟道结型场效应晶体管，黑表笔接 G 极，红表笔接另外两极时，电阻较小。对于 P 沟道结型场效应晶体管，黑表笔接 G 极，红表笔接另外两极时，电阻较大。

（3）放大倍数的测量

将万用表置于 R×1k 或 R×100 档，两只表笔分别接触 D 极和 S 极，用手靠近或接触 G 极，此时表针右摆，且摆动幅度越大，放大倍数越大。

（4）判别结型场效应晶体管的好坏

检查两个 PN 结的单向导电性，PN 结正常，管子是好的，否则为坏的。测 D、S 极间的电阻 R_{DS}，应约为几千欧；若 $R_{DS}\to 0$ 或 $R_{DS}\to\infty$，则管子已损坏。测 R_{DS} 时，用手靠近 G 极，表针应有明显摆动，摆幅越大，管子的性能越好。

5．绝缘栅场效应晶体管的检测方法

绝缘栅场效应晶体管的输入电阻很高，而 G、S 极间电容又非常小，极易受外界电磁场或静电的感应而带电，使管子损坏，因此测量时要格外小心，并采取防静电措施。

测量之前，先手戴静电屏蔽套与大地连通，使人体与大地保持等电位，将人体对地短路后才能触摸 MOS 场效应晶体管的引脚，再把引脚分开，然后拆掉引脚短路导线。

（1）指针式万用表检测方法

1）判定电极。将万用表置于 R×100 档，首先确定 G 极。若某引脚与其他引脚的电阻都是无穷大，证明此引脚就是 G 极。交换表笔重新测量，S、D 极间的电阻值应为几百欧至几千欧，其中阻值较小的那一次，黑表笔接的是 D 极，红表笔接的是 S 极。

2）检测放大能力（跨导）。将 G 极悬空，黑表笔接 D 极，红表笔接 S 极，然后用螺丝刀接触 G 极，如图 1-98 所示。表针应有较大的偏转，说明管子有放大作用。如果用手指捏住 G 极，表针偏转越大，说明管子的放大能力越强。反之，如果指针摆动较小或不摆动，说明管子的放大能力弱或已经损坏。

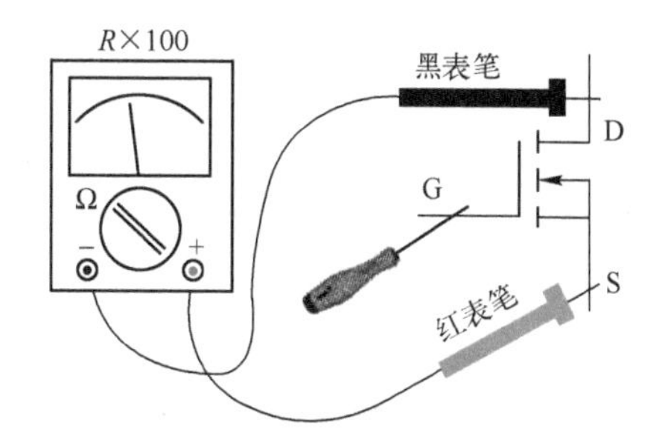

图 1-98　MOS 场效应晶体管放大能力的检测

（2）数字式万用表检测方法

常用 MOS 场效应晶体管的 D、S 极间都有一个阻尼二极管，因此可以采用数字式万用表的二极管档检测 D、S 极之间的二极管压降来判断场效应晶体管的性能。检测方法如下：将数字式万用表的档位开关拨至二极管档，红表笔接 S 极、黑表笔接 D 极，此时万用表的屏幕上会显示出 D、S 极之间二极管的压降值，大功率场效应晶体管的二极管压降值通常在 0.4～0.8V 之间（大部分在 0.6V 左右）；黑表笔接 S 极、红表笔接 D 极以及 G 极，与其他各引脚之间均应无压降（以 N 沟道场效应晶体管为例，P 沟道场效应晶体管应该是红表笔接 D 极、黑表笔接 S 极才有压降值）。反之，则说明场效应晶体管已经损坏。

场效应晶体管通常为击穿损坏，这时各引脚之间通常呈短路状态，因此各引脚间的压降值也应为 0V。MOS 场效应晶体管每次测量后，G-S 结电容上会充有少量电荷，建立起电压 U_{GS}，再接着

测量时，指针可能不动（用数字式万用表的话测量误差会很大），此时将G、S极间短路一下即可。

1.4.5 集成电路的识别与检测

1.4.5 集成电路的识别与检测

集成电路（IC）是利用半导体工艺和薄膜工艺将一些晶体管、二极管、电阻、电容和电感等元器件及连线制作在同一半导体晶片或介质基片上，然后封装在一个管壳内，成为具有特定功能的电路。集成电路与分立元器件相比，具有体积小、重量轻、引出线和焊接点少、寿命长、可靠性高及性能好等优点，同时成本低，便于大规模生产，在电子产品中得到广泛的应用。

1. 集成电路的分类

集成电路按其功能、结构的不同，分为模拟集成电路和数字集成电路两大类。按制作工艺分为半导体集成电路和膜集成电路，膜集成电路又分为厚膜集成电路和薄膜集成电路。按集成度高低的不同分为小规模集成电路、中规模集成电路、大规模集成电路和超大规模集成电路。集成电路按导电类型分为双极型集成电路和单极型集成电路。

双极型集成电路的制作工艺复杂，功耗较大，代表集成电路有 TTL（晶体管-晶体管逻辑）、ECL（发射极耦合逻辑）、HTL（高阈逻辑）、LST-TL、STTL 等类型。单极型集成电路的制作工艺简单，功耗也较低，易于制成大规模集成电路，代表集成电路有 CMOS、NMOS 和 PMOS 等类型。

2. 集成电路的封装形式

集成电路的封装形式有圆形金属外壳封装、扁平形陶瓷或塑料外壳封装、双列直插型陶瓷或塑料封装、单列直插式封装等。集成电路的封装形式如图 1-99 所示。

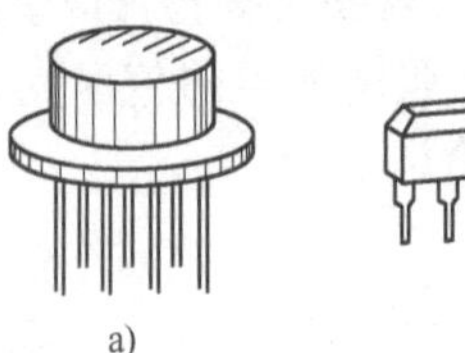
a)

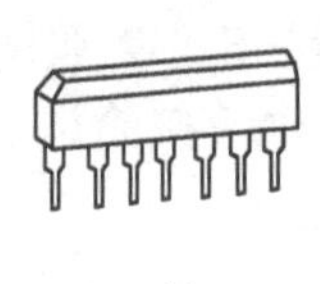
b)

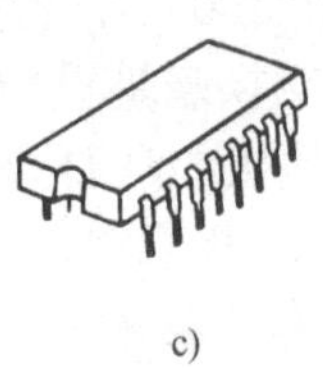
c)

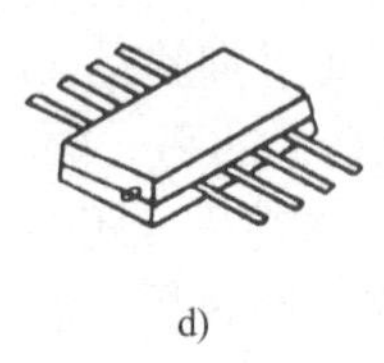
d)

图 1-99 集成电路的封装形式

a) 圆形金属外壳封装 b) 单列直插封装 c) 双列直插封装 d) 陶瓷扁平封装

3. 集成电路引脚识别

集成电路引脚排列顺序的标志一般有色点、凹槽、管键及封装时压出的圆形标志。

对于单列直插式集成电路，将引脚朝下放置，面对有标号的一面，一般在上面都有定位标记，如缺角、凹坑和包点等。从标记处开始，自左至右依次为①、②、③、④……，如图 1-100a 所示。

对于双列直插式集成电路，识别其引脚时，将缺口朝左放置，从上面有文字的一面看，左下为第一个引脚，沿逆时针方向，依次为①、②、③、④……，如图 1-100b 所示。

多列封装集成电路，面对有文字标记的一面，找出标记，标记处为第一引脚，然后按逆时针方向依次排列。多列封装集成电路的引脚排列如图 1-101 所示。也有的集成电路的引脚为反向的，此种集成电路的型号后面一般都有一个字母 R，表示反向分布。

4. 使用注意事项

集成电路结构复杂，功能多、体积小、价格贵、安装与拆卸麻烦，在选购、检测时应十分

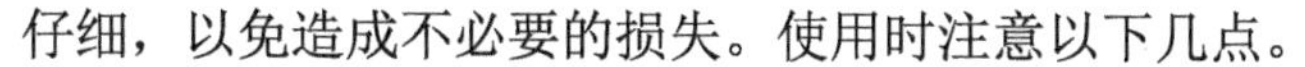

仔细，以免造成不必要的损失。使用时注意以下几点。

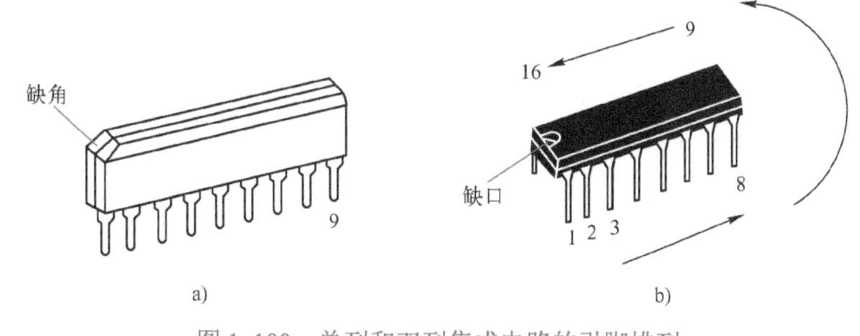

图 1-100　单列和双列集成电路的引脚排列

a) 单列集成电路　b) 双列集成电路

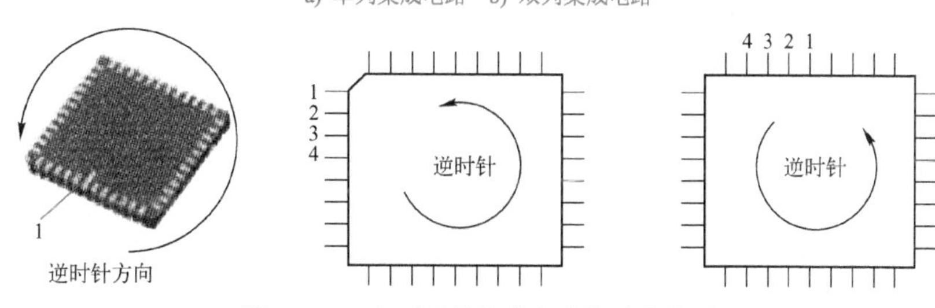

图 1-101　多列封装集成电路的引脚排列

1）集成电路在使用时不允许超过极限参数。

2）集成电路内部包含几千甚至上万个 PN 结，因此，它对工作温度很敏感，其各项指标都是在 27℃下测出的。环境温度过低不利于其正常工作。

3）在手工焊接集成电路时，不得使用功率大于 45W 的电烙铁，连续焊接时间不能超过 10s。

4）MOS 集成电路要防止静电感应击穿。焊接时要保证电烙铁外壳可靠接地，必要时，焊接者还应戴防静电手环，穿防静电服装和防静电鞋。在存放 MOS 集成电路时，必须将其存放在金属盒内或用金属箔包起来，防止外界电场将其击穿。

5. 集成电路的检测方法

（1）电阻检测法

对没有装入电路的集成电路，用万用表测各引脚对地的正反向电阻，并与参考资料或与另一块同类型集成电路相比较，从而判断该集成电路的好坏。

（2）电压检测法

在电路中使用的集成电路，用万用表的直流电压档，测量集成电路各引脚对地的电压，将测出的结果与该集成电路参考资料所提供的标准电压值进行比较，从而判断是该集成电路出现故障，还是集成电路的外围元器件出现故障。

在初步检测之后，如怀疑某一集成电路有故障，也可以用一块好的同类型集成电路进行替代测试，该方法直接、见效快，但拆焊麻烦，且易损坏集成电路和电路板。

1.4.6　任务训练　半导体器件的识别与检测

1. 训练目的

1）熟悉二极管、晶体管和集成电路的外形结构及标志方法。

2）掌握二极管、晶体管极性及好坏检测方法。

3）熟悉万用表初步判断集成电路好坏的方法。

2. 训练器材

1）数字万用表、指针万用表各1块。

2）普通二极管、稳压二极管和发光二极管等类型的二极管若干。

3）PNP型、NPN型、小功率、大功率、硅管和锗管等晶体管若干。

4）模拟、数字和不同外形集成电路若干。

3. 训练内容与步骤

（1）二极管的识读与检测

1）二极管的识读。取不同类型的二极管若干，识读二极管的外形结构与标志内容。

2）普通二极管检测。

① 将万用表置于“Ω”档，选择R×100或R×1k档量程。

② 将万用表的两表笔分别接触二极管的两引脚，测得第一次电阻值。

③ 交换万用表的两表笔，测得第二次电阻值。阻值较小的一次，黑表笔接触的一端是二极管正极。二极管正、反向电阻相差越大越好，凡阻值相同或相近可视为此二极管已经损坏。

3）稳压二极管检测。

① 将万用表置于“Ω”档，选择R×10k档量程。

② 黑表笔接稳压管的“-”极，红表笔接“+”极，若此时的反向电阻很小（与使用R×1k档时的测试值相比较），说明该稳压管正常。

将以上二极管的检测结果记录在表1-9中。

表1-9 二极管的检测结果

编号	名称	检测数据		引脚判断	质量分析
		正向电阻	反向电阻		

（2）晶体管识别与检测

1）晶体管的识别。取不同类型的晶体管若干，识读晶体管的外形结构与标志内容。

2）晶体管基极与类型判断。

① 将万用表置于“Ω”档，选择R×1k档量程。

② 假定晶体管某一引脚为基极，且用黑表笔去接触它，并保持不动，红表笔去分别接触余下两引脚，测得两个电阻值。如果两次电阻值都很小，则黑表笔接触的引脚是基极。

③ 通过万用表的黑表笔而找到基极的晶体管是NPN型。如果假定3次还没有找到基极时，就交换表笔用同样方法测试。

3）晶体管集电极的判别。

① 将万用表置于“Ω”档，选择R×100或R×1k档量程。

② 若被测晶体管为NPN型，假定晶体管剩下两引脚中一只引脚为集电极。用黑表笔去接

触它，另一引脚就用红表笔接触。在黑表笔与基极之间加一个人体电阻。若万用表指针偏转角度较大，则黑表笔接触的引脚是集电极。

③ 若被测晶体管为 PNP 型，则假定的集电极应用红表笔去接触，人体电阻加在红表笔与基极之间，若万用表指针偏转角度较大，则红表笔接触的引脚是集电极。

4）晶体管质量判别。

① 将万用表置于“Ω”档，选择 R×1k 档量程。

② 判断 b–e 和 b–c 极的好坏，可参考普通二极管好坏判别方法。

③ 将万用表置于“Ω”档，选择 R×10k 档量程。测量 c–e 极漏电电阻，对于 NPN（PNP）型晶体管，黑（红）表笔接 c 极，红（黑）表笔接 e 极，b 极悬空，R_{ce} 阻值越大越好。

一般对锗管的要求较低，在低压电路上大于 50kΩ即可使用，但对于硅管来说要大于 500kΩ才可使用，通常测量硅管 R_{ce} 阻值时，万用表指针都指向∞。

5）晶体管的放大倍数的测试。将数字万用表的波段置于 h_{FE} 档。将被测晶体管插入相应类型的插孔。读取显示器上的数值，便是β值。

将以上晶体管测试结果记录在表 1–10 中。

表 1–10 晶体管测试结果

编　号	名　称	晶体管类型	发射结测试数据		集电结测试数据		质量判断
			正向电阻	反向电阻	正向电阻	反向电阻	

（3）集成电路的识别与检测

1）集成电路的识别。取不同类型的集成电路，识读其外形结构和引脚序号。

2）集成电路的检测。

① 将万用表置于“Ω”档，选择 R×1k 档量程。

② 测量集成电路各引脚对地电阻，与集成电路资料提供的参考值比较，初步判断集成电路的好坏。

将以上集成电路识别与检测结果记录在表 1–11 中。

表 1–11 集成电路识别与检测结果

编　号	名　称	引脚排序	引脚测量数据							质量判断
			①	②	③	④	⑤	⑥	…	

任务 1.5 电声器件的识别与检测

电声器件是将电信号转换为声音信号或将声音信号转换成电信号的换能元件。常用的电声器件有传声器、扬声器、耳机及蜂鸣器等。

1.5.1 扬声器的识别与检测

1. 扬声器的分类

扬声器是一种将电能转换成声能的器件。根据能量转换方式分为电动式、电磁式、气动式和压电式；按磁场供给方式分为永磁式、激磁式；按照工作频段分为高频扬声器、低频扬声器、中频扬声器及全频扬声器。

扬声器实物外形如图 1-102 所示。扬声器的电路符号如图 1-103 所示。

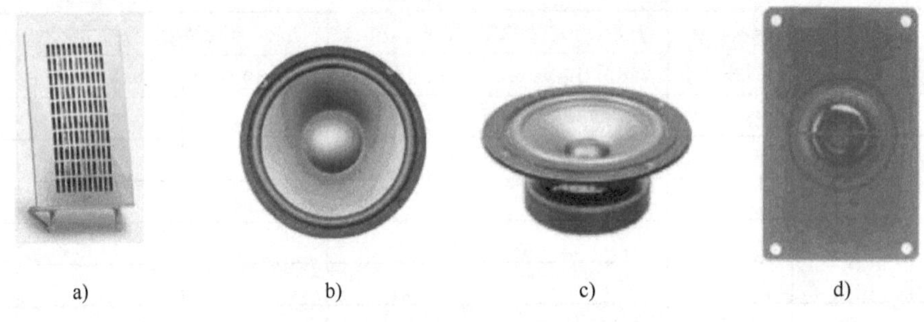

a) b) c) d)

图 1-102 扬声器实物外形

a) 电动扬声器 b) 低频扬声器 c) 中频扬声器 d) 高频扬声器

2. 几种常用的扬声器

图 1-103 扬声器的电路符号

（1）电动式扬声器

电动式扬声器由振动系统和磁路系统等组成。振动系统由纸盆、音圈、音圈支架及纸盆铁架组成。纸盆是由特制的模压纸做成，模压纸通常含有羊毛等混合物。为改善音质，常在纸盆上压些凹槽。纸盆中心厚、边缘薄，以适应高、低频信号，获得较宽的频率特性。磁路系统由永久磁铁、软铁圆板及软铁心柱等组成。

按磁路系统的结构，电动扬声器又分内磁式和外磁式两种。外磁式扬声器使用铁氧体磁体，它的体积大，一般用于收音机、扩音机中。内磁式扬声器使用合金磁体，其体积小、重量轻，一般用于电视机中。电动式扬声器的频响特性好、音质柔和且低音丰富，是使用最广泛的一种扬声器。

（2）电磁式扬声器

电磁式扬声器又称为舌簧式扬声器，由舌簧片、线圈、磁铁、纸盒及传动杆等组成。舌簧上外套线圈，放在磁铁中，通电后在磁场上运动带动连杆，使纸盒振动发声。由于其频响较窄，现在使用率已经很低。

（3）压电陶瓷式扬声器

压电陶瓷式扬声器是利用某些晶体材料的压电效应而制成的。当在晶体配料表面加上音频电压时，晶体能产生相应的振动，利用它来推动纸盒振动发声。压电陶瓷式扬声器的结构简单，电声效率较高，广泛应用在门铃、报警器等电子产品中。

（4）耳机

耳机是一种将电信号转换为声音信号的器件。耳机最大限度地减小了左、右声道的相互干扰，因而耳机的电声性能指标明显优于扬声器。耳机输出的声音信号的失真很小，使用不受场所、环境的限制。但长时间使用耳机会造成耳鸣、耳痛的情况，并且只限于单个人使用。

3. 扬声器的技术参数

1）标称阻抗。扬声器的标称阻抗是在给定频率下的输入端的阻抗。其标称阻抗有 4Ω、8Ω和 16Ω等几种。

2）额定功率。它是扬声器在最大允许失真的条件下，允许输入扬声器的最大电功率。选用时，一般使输入给扬声器的功率相当于额定功率的 1/3～1/2 之间较为合适。

3）频率特性。扬声器对不同频率信号的稳定输出特性称为频率特性。低频扬声器的频率范围为 30Hz～3kHz；中频扬声器的频率范围为 500Hz～5kHz；高频扬声器的频率范围为 2～15kHz。

4. 扬声器的检测

用万用表对扬声器进行检测，判断其好坏，方法是用万用表 $R\times1$ 档，将红（或黑）表笔与扬声器的一个引出端相接，另一表笔断续碰触扬声器另一端，应听到“喀喀”声，指针也相应地摆动，说明扬声器是好的，若接触扬声器时不发声，指针也不摆动，说明扬声器损坏。

用万用表判断扬声器引线的相位，方法是将万用表置于最低的直流电流档，例如 50μA 或 100μA 档，用一只手持红、黑表笔分别跨接在扬声器的两引出端，另一只手食指尖快速地弹一下纸盆，观察指针的摆动方向。若指针向右摆动，说明红表笔所接的一端为正端，黑表笔所接的一端则为负端；若指针向左摆，则红表笔所接的为负端，而黑表笔所接的为正端。在测试时注意，弹纸盆时不要用力过猛而使纸盆破裂或变形，将扬声器损坏；而且不能弹音圈上面的防尘保护罩，以防使之凹陷影响美观。

1.5.2 传声器的识别与检测

传声器是一种将声能转换成电能的器件。它的功能是将声音变成电信号。

1. 传声器的分类

传声器按原理分为动圈式、铝带式、电容式及驻极体式等多种；按输出阻抗分为低阻抗型和高阻抗型。常见的传声器手绘外形如图 1-104 所示。

传声器的电路符号如图 1-105 所示。

2. 传声器的主要技术参数

1）灵敏度。传声器的灵敏度是指传声器在一定声压作用下的输出声压级（即输出信号电压的多少）。灵敏度的单位是 mV/Pa（毫伏/帕）。

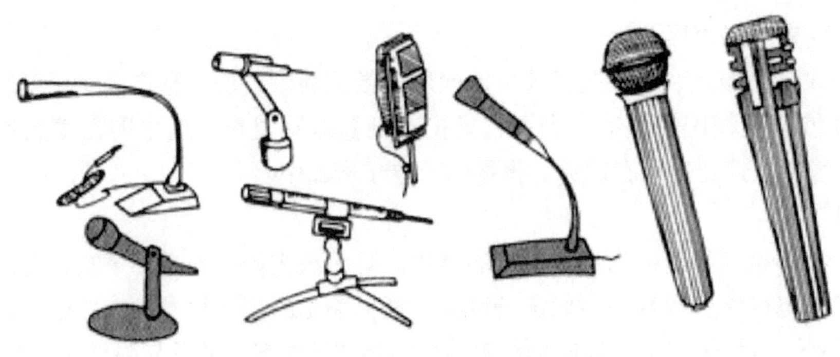

图1-104 常见的传声器手绘外形

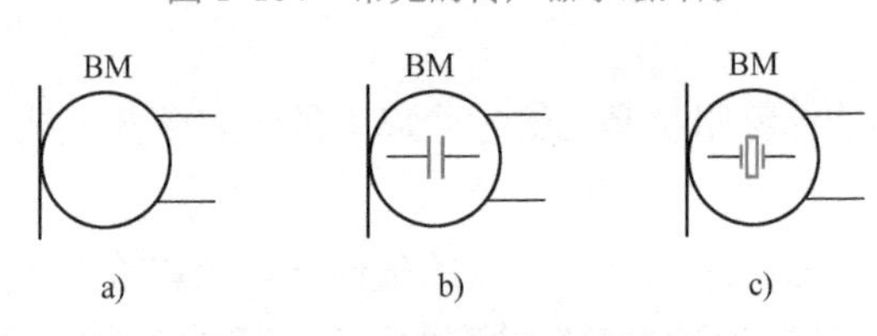

图1-105 传声器的电路符号

a) 一般符号 b) 电容式传声器 c) 晶体式传声器

2）输出阻抗。传声器的输出阻抗是指其输出端在 1kHz 频率下测量的交流阻抗。一般阻抗值为200～600Ω的称为低阻，10～20kΩ的称为高阻。

3）指向性。传声器的指向性是指传声器的灵敏度随声波入射方向而变化的特性。如果传声器的灵敏度与声波的入射角无关，则称为全指向性。如正面的灵敏度比背面的灵敏度高，则称为单指向性；如前、后两面灵敏度一样，而左、右两侧的灵敏度偏低一些，则称为双指向性。

3. 几种常用传声器

（1）动圈式传声器

动圈式传声器由永久磁铁、音膜及输出变压器等组成。动圈式传声器结构图如图 1-106 所示。音膜上粘有一个圆筒形的纸质音圈架，上面绕有线圈，即音圈。音圈位于强磁场的空气隙中，当入射声波使膜片振动时，音圈随膜片的振动而振动并切割磁力线产生感应电动势。由于音圈的阻抗不同，有高有低，故输出电压和阻抗也不相同。为了使它与扩音机输入电路的阻抗相匹配，传声器中通常安装一只变压器，进行阻抗变换。动圈式传声器结构坚固、性能稳定，由于其频率响应特性好、噪声失真度小，在录音、演讲及娱乐中应用广泛。

（2）电容式传声器

电容式传声器是一种靠电容容量变化而起换能作用的传声器，电容式传声器的内部结构如图 1-107 所示，由金属振动膜、固定电极等构成，两者之间的距离很近，约为 0.025～0.05mm，中间介质为空气，结构上类似电容器。其输出阻抗较高，具有较高的灵敏度和较平坦的频率特性，瞬时特性好，音质好。用驻极体材料做成的电容式传声器具有结构简单、体积小和输出阻抗高等特点。其广泛应用于录音机、无线传声器及声控电路中。

（3）压电式传声器

压电式传声器又称为晶体式传声器，它是利用石英晶体的压电效应制作而成的，声波传到晶体的表面时，在两个受力面上产生电位差。电位差的大小随声波的强度而变化。此类传声器频率特性受到机械限制，但输出电平高，输出阻抗适中，价格低廉，使用方便。常用于电话、门铃和报警器等电路中。

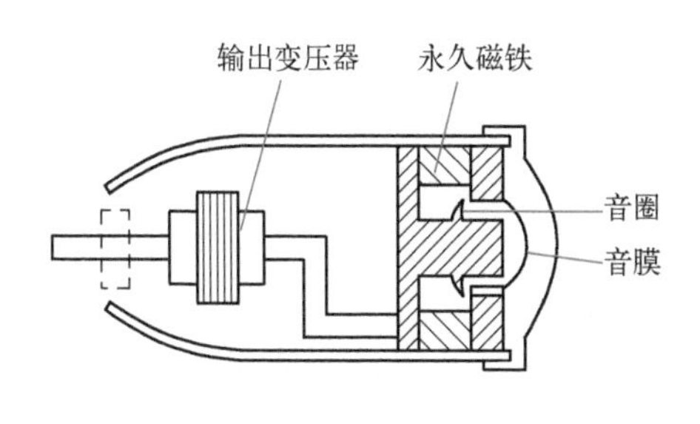

图 1-106　动圈式传声器结构图

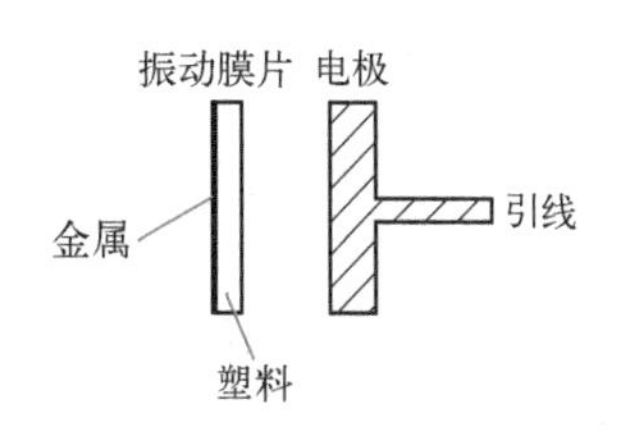

图 1-107　电容式传声器的内部结构

4．传声器的使用

传声器在使用时，应注意以下几个问题。

（1）阻抗匹配

在使用传声器时，传声器的输出阻抗与放大器的输入阻抗两者相同是最佳的匹配，如果失配比在 3∶1 以上，则会影响传输效果。

（2）连接线

传声器的输出电压很低，为了免受损失和干扰，连接线必须尽量短，高质量的传声器应选择双芯绞合金属隔离线，一般传声器可采用单芯金属隔离线。

（3）工作距离

通常，传声器与声源之间的工作距离为 30～40cm 为宜，如果距离太远，则回响增加，噪声相对增长；工作距离过近，会因信号过强而失真，低频声过重而影响语言的清晰度。

（4）声源与传声器之间的角度

每个传声器都有它的有效角度，一般声源应对准传声器中心线，两者间偏角越大，高音损失越大。

（5）传声器位置和高度

在扩音时，传声器不要先靠近扬声器放置或对准扬声器，否则会引起啸叫。

5．传声器的检测

用万用表 R×100 或 R×1k 档，将两表笔分别接传声器的引线，然后对准传声器讲话，如果传声器的表针摆动，说明传声器是好的，摆动幅度大，说明灵敏度高。若无摆动，说明传声器失效。注意对动圈式传声器不要用 R×1 档测量，因为 R×1 档电流大，易烧坏传声器的线圈。

1.5.3　任务训练　电声器件的识别与检测

1．训练目的

熟悉电声器件的结构与检测方法。

2．训练器材

1）数字式万用表、指针式万用表各一块。

2）不同类型扬声器、传声器若干。

3. 训练内容与步骤

（1）电声器件识读

取不同类型的扬声器、传声器若干，熟悉外形结构，识读其标志内容。

（2）扬声器的检测

1）将万用表置于“Ω”档，选取 $R\times1$ 档量程。

2）两表笔触碰动圈接线柱，万用表指针有指示而且发出“喀喀”的声音，则表示动圈是好的。如果万用表指针不摆动又无声，则说明动圈已断线。

（3）驻极体传声器的检测

1）将万用表置于“Ω”档，选取 $R\times100$ 档量程。

2）红表笔接源极（源极与金属外壳相连），黑表笔接另一端的漏极。

3）对着传声器吹气，如果质量好，万用表的指针应摆动。比较同类传声器，摆动幅度越大，传声器灵敏度也越高。在吹气时指针不动或用劲吹气时指针才有微小摆动，则表明传声器已经失效或灵敏度很低。

如检测的是三端引线的驻极体传声器，只要先将源极与接地端焊接在一起，然后可按上述同样的方法进行检测。

将以上检测结果记录在表1-12中。

表1-12 电声器件检测

编号	名称	检测数据		标称阻值	质量分析
		线圈直流电阻	万用表档位		

思考与练习

1. 电阻器在电路的作用有哪些？常用的电阻器有哪些类型？

2. 根据色环读出下列电阻的阻值及误差。

①棕红黑金。②黄紫蓝银。③绿蓝黑银棕。④棕紫蓝黄金。

3. 根据阻值及误差，写出下列电阻器的色环。

1）用四色环表示下列电阻。

6.8kΩ，±5%　　47MΩ，±10%

2）用五色环表示下列电阻。

820Ω，±1%　　910kΩ，±0.1%

4．如何用万用表判断电位器的好坏？

5．热敏电阻和光敏电阻各有什么特点？如何检测它们的好坏？

6．写出下列符号表示的电容量。

①p33。　②223。　③3n3。　④3p3。　⑤0.47。

7．如何用万用表检测固定电容器的好坏？如何用万用表检测电解电容的漏电阻？

8．电感器是如何进行分类的？怎样用万用表检测电感器的好坏？

9．变压器是如何进行分类的？怎样检测变压器的好坏？

10．二极管是如何进行分类的？如何判断二极管的极性及好坏？

11．晶体管是如何进行分类的？如何判断晶体管的极性及好坏？

12．场效应晶体管是如何进行分类的？如何判断场效应晶体管的极性及好坏？

13．如何识别集成电路的引脚顺序？

14．扬声器是如何进行分类的？如何检测扬声器的好坏？

15．传声器是如何进行分类的？怎样检测传声器的好坏？

项目 2　电子元器件的焊接

学习目标

1）掌握焊接工具、焊接材料的选用及使用。
2）掌握手工焊接技术和拆焊技术。
3）熟悉浸焊、波峰焊和再流焊等焊接工艺。

素养目标

1）培养学生的探索、创新精神，具备 PCB 的手工焊接和拆焊的能力。
2）培养学生的安全意识，养成遵守纪律、按照操作规程训练的习惯。
3）培养学生的敬业精神、团队意识和创新意识等，养成良好的职业素养。

焊接技术是电子产品装配、维修不可缺少的环节，焊接质量的好坏直接影响电子产品的质量。因此了解焊接知识、掌握焊接技术及练好焊接基本功，是从事电子产品安装、调试及维修工作必须掌握的基本技能。

任务 2.1　焊接工具、材料的使用

电路焊接是电子产品整机装配过程中连接各电子元器件及导线的主要手段，核心是利用焊接工具（设备）使钎料加热熔融，在短时间内将电子元器件、导线与电路图形上的焊盘或连接件连成一体，实现良好的电气接触，达到电路的设计功能。

采用锡铅钎料进行焊接称为锡铅焊，简称锡焊。在电子装配中，焊锡是使用最早、适应范围最广，并且在当前仍占较大比例的一种焊接方法。除了含有大量铬和铝等的合金金属不易焊接外，其他金属一般都可以用锡焊焊接。锡焊方法简便，整修焊点、拆换元器件及重新焊接都比较容易，所用工具（电烙铁）简单，还具有成本低、易于实现自动化等优点。

2.1.1　焊接工具及使用

2.1.1
焊接工具及使用

1. 电烙铁

电烙铁是电子制作和电器维修必不可少的工具，用于焊接、维修及更换元器件等。手工锡焊过程中，电烙铁担任着加热被焊金属、熔化钎料、运载钎料和调节钎料用量的多重任务。合理选择和使用电烙铁是保证焊接质量的基础。下面介绍几种常用的电烙铁。

（1）外热式电烙铁

外热式电烙铁是由烙铁头、烙铁心、外壳、手柄及电源引线等部分组成。外热式电烙铁如图 2-1 所示。这种电烙铁的烙铁头安装在烙铁心内，故称为外热式电烙铁。

电烙铁的发热部件是烙铁心，它的结构是将电热丝平行地绕制在一根空心磁管上，中间由云母片绝缘，电热丝的两头与两根交流电源线连接。烙铁头由纯铜材料制成，作用是储存热量和传导热量，它的温度比被焊物体的温度要高得多，烙铁的温度与烙铁头的体积、形状和长短等均有一定的关系。若烙铁头的体积较大，保持温度的时间则较长。

外热式电烙铁规格很多，常用的有 25W、45W 及 75W 等，功率越大烙铁头的温度越高。

（2）内热式电烙铁

内热式电烙铁是指烙铁心装在烙铁头的内部，从烙铁头的内部向外传导热。它由烙铁心、烙铁头、连接杆及手柄等几部分组成。内热式电烙铁如图 2-2 所示。

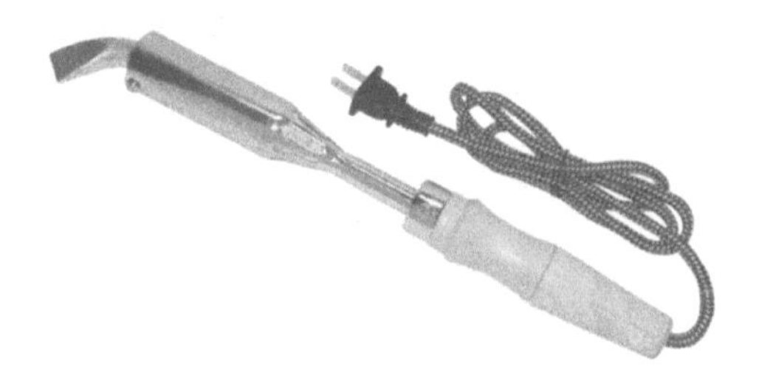

图 2-1　外热式电烙铁

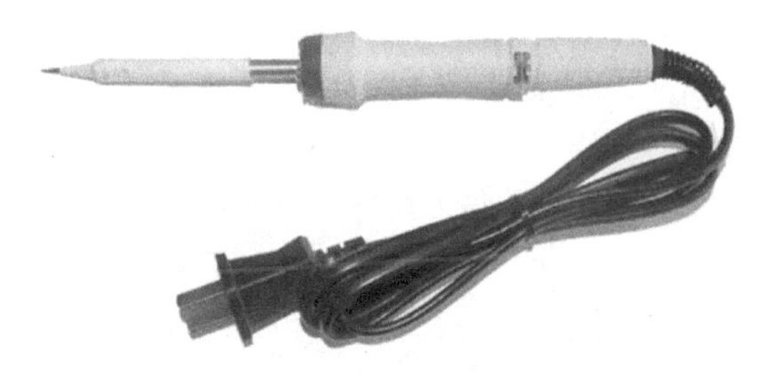

图 2-2　内热式电烙铁

内热式电烙铁具有体积小、发热快、重量轻及耗电低等特点。常用的规格为 20W、30W 及 50W 等。内热式电烙铁的传导效率比外热式电烙铁高。20W 的内热式电烙铁的实际发热功率与 25～40W 的外热式电烙铁相当。

（3）恒温式电烙铁

图 2-3 为一种常见的恒温式电烙铁，它是在普通电烙铁头上安装强磁体传感器作为温控元件制成的。其工作原理是，接通电源后，烙铁头的温度上升，当达到设定的温度时，传感器里的磁铁达到居里点而磁性消失，从而使磁心触点断开，此时停止向烙铁心供电；当温度低于居里点时，磁铁恢复磁性，与永久磁铁吸合，触点接通，继续向烙铁心供电。如此反复，自动控温。

（4）吸锡式电烙铁

图 2-4 为一种常见的吸锡式电烙铁，它是将普通电烙铁与活塞式电烙铁融为一体的拆焊工具。使用方法是接通电源 3～5s 后，把活塞按下并卡住，将吸头对准将要拆下的元器件，待锡熔化后按下按钮，活塞上升，焊锡被吸入吸管。用完后推动活塞三四次，清除吸管内残留的焊锡，以便下次使用。

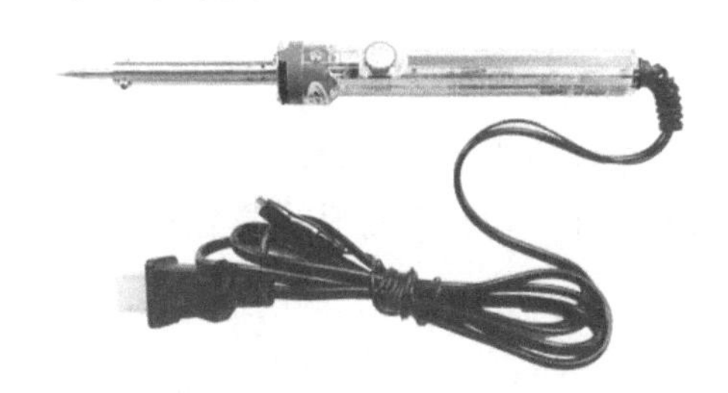

图 2-3　常见的恒温式电烙铁

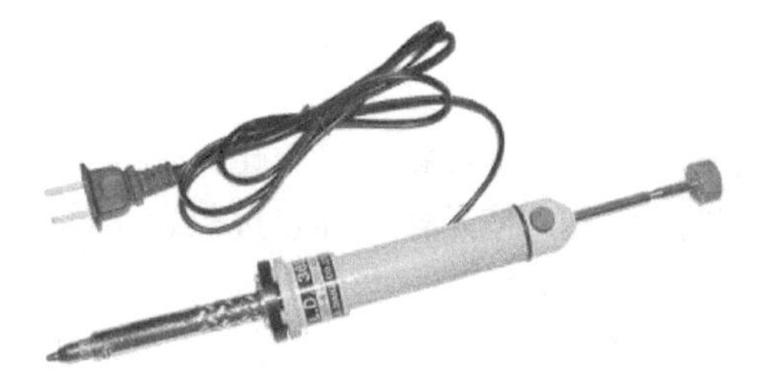

图 2-4　常见的吸锡式电烙铁

2. 热风枪

热风枪又称为贴片元件拆焊台，它专门用于表面贴片安装电子元件的焊接和拆焊。热风枪如图 2-5 所示，由控制电路、空气压缩泵和热风喷头等组成。其中控制电路是整个热风枪的温度、风力控制中心；空气压缩泵是热风枪的心脏，负责热风枪的风力供应；热风喷头是将空气压缩泵送来的压缩空气加热到可以使 BGA IC（球阵列封装集成电路）上焊锡熔化的部件。其头部还可以装有检测温度的传感器，把温度信号转变为电信号送回电源控制电路板。各种不同的喷嘴用于拆装不同的表面贴片元件。

3. 其他焊接工具

其他焊接工具还有吸锡器、尖嘴钳、斜口钳、剥线钳、镊子、放大镜、小刀和台灯等。

吸锡器是锡焊元器件无损拆卸时的必备工具。吸锡器有很多种形式，但工作原理和结构都大同小异。常用的手动专用吸锡器是利用一个较强力的压缩弹簧，弹簧在突然释放时带动一个吸气筒的活塞抽气，在吸嘴处产生强大的吸力将处于液态的锡吸走。吸锡器如图 2-6 所示。

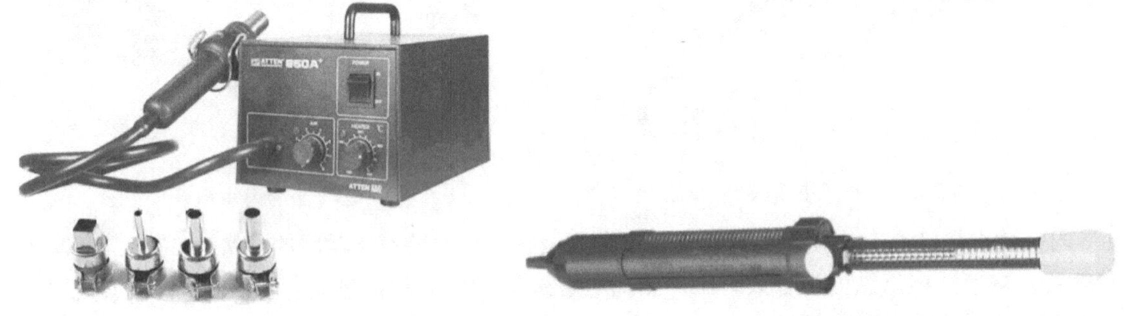

图 2-5 热风枪　　　　图 2-6 吸锡器

也有将电烙铁和吸锡器合二为一，使其成为吸锡式电烙铁。这种产品具有焊接和吸锡的双重功能，拆卸焊点时无须另外的电烙铁加热，可以垂直在焊点引脚上吸锡。

镊子和尖嘴钳用于夹持细小的零件，以及不便直接用手捏拿着进行操作的零件。镊子可选修钟表用的不锈钢镊子。尖嘴钳应选用较细长的。斜口钳用来在焊接后修剪元器件过长的引脚，它也是安装焊接中使用得较为频繁的一件工具，一定要选购钳嘴密合、刀口锋利及坚韧耐用的品种。使用时要注意保护，不得随便用来剪切其他较硬的东西，比如铁丝等。剥线钳的使用既可提高效率，又可保证剥线质量。小刀和砂纸用于零件上锡前的表面处理。放大镜在检查焊接缺陷时非常有用。

4. 烙铁头的选择方法

电烙铁的种类和规格有很多种，由于被焊工件的大小、性质不同，因而合理选用电烙铁的功率和种类，与提高焊接质量和效率有直接关系。如果被焊件较大，使用的电烙铁功率较小，则焊接温度过低，钎料熔化较慢，焊剂不易挥发，焊点不光滑、不牢固，会造成外观质量与焊接强度不合格，甚至钎料不能熔化，焊接无法进行。如果电烙铁功率过大，则会使过多的热量传递到被焊件上，使元器件焊点过热，可能造成元器件损坏，印制电路板的铜箔脱落，钎料在焊接面上流动过快并无法控制等。

（1）电烙铁功率的选择

1）焊接集成电路、晶体管及其他受热易损元器件时，考虑选用 20W 内热式或 25W 外热式电烙铁。

2）焊接较粗导线及同轴电缆时考虑选用 50W 内热式或 45～75W 外热式电烙铁。

3）焊接较大的元器件时，如金属底盘接地焊片，应选 100W 以上的电烙铁。

（2）烙铁头的选择

烙铁头的外形主要有直头、弯头之分。工作端的形状有圆锥形、圆柱形、铲形、斜劈形及专用的特制形等，烙铁头的外形如图 2-7 所示。通常在小功率电烙铁上，以使用直头锥形的为多，而弯头铲形的则比较适合于 75W 以上的电烙铁。

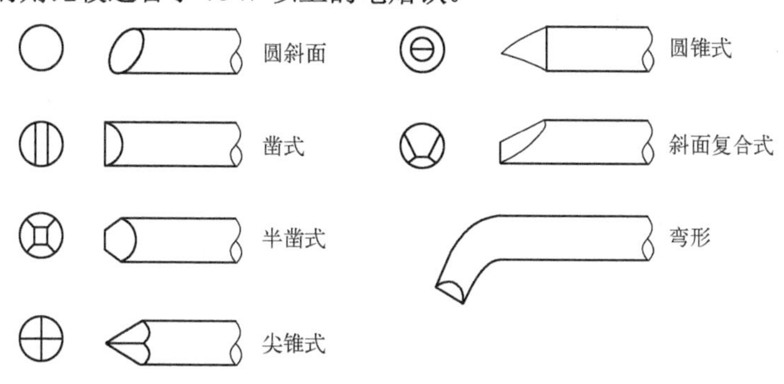

图 2-7 烙铁头的外形

1）烙铁头的形状要适应被焊件物面要求和产品装配密度。烙铁头形状的选择可以根据加工的对象和个人的习惯来决定，或根据所焊元件种类来选择适当形状的烙铁头。小焊点可以采用圆锥形的，较大焊点可以采用铲形或圆柱形的。

2）烙铁头的顶端温度要与钎料的熔点相适应，一般比钎料熔点高 30～80℃。可以更换烙铁头的大小及形状来调节烙铁头温度。烙铁头越细，温度越高；烙铁头越粗，相对来说温度越低。

3）电烙铁的热容量要恰当。烙铁头的温度恢复时间要与被焊件物面的要求相适应。温度恢复时间是指在焊接周期内，烙铁头顶端温度因热量散失而降低后，再恢复到最高温度所需时间。它与电烙铁功率、热容量及烙铁头的形状、长短有关。

5. 电烙铁的使用

电烙铁的使用是一项基本技术，需要多练习才能掌握。具体使用方法如下。

（1）电烙铁的握法

电烙铁的握法有反握法、正握法和握笔法三种，如图 2-8 所示。

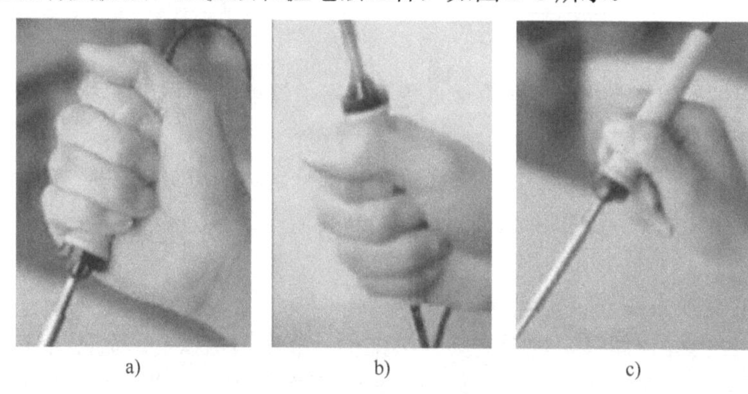

a) b) c)

图 2-8 电烙铁的握法

a) 反握法 b) 正握法 c) 握笔法

反握法：适用于较大功率的电烙铁（>75W）对大焊点的焊接操作。

正握法：适用于中功率的电烙铁及带弯头的电烙铁的操作，或直烙铁头在大型机架上的焊接。

握笔法：适用于小功率的电烙铁焊接印制电路板上的元器件。

（2）焊锡丝的拿法

手工操作时常用的钎料是焊锡丝。根据连续锡焊和断续锡焊的需要，焊锡丝的拿法有连续焊锡丝拿法和断续焊锡丝拿法两种，如图2-9所示。

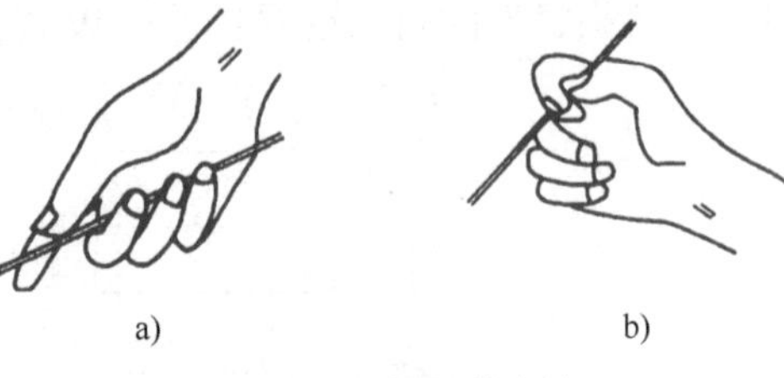

图2-9　焊锡丝的拿法

a) 连续焊锡丝拿法　b) 断续焊锡丝拿法

1）连续焊锡丝拿法。连续焊锡丝拿法是用拇指和食指捏住焊锡丝、端部留出3～5cm的长度，其他三指配合拇指和食指把焊锡丝连续向前送进。它适合于成卷（筒）的焊锡丝的手工焊接。

2）断续焊锡丝拿法。断续焊锡丝拿法是用拇指、食指和中指夹住焊锡丝，采用这种拿法，焊锡丝不能连续向前送进。它适用于小段焊锡丝的手工焊接。

（3）焊接前的准备

焊接开始前必须清理工作台面，准备好钎料、焊剂和镊子等必备的工具。

电烙铁使用时应先对其进行镀锡处理，以便使烙铁头能带上适量的焊锡。如果烙铁头表面有黑色的氧化层，应锉掉氧化层后再镀锡。对于清洁的电烙铁通电，粘上锡后在松香中来回摩擦，直到烙铁头均匀镀上一层锡。

注意：手工操作时，应注意保持正确的姿势，有利于健康和安全。正确的操作姿势是：挺胸端正直坐，鼻尖至烙铁尖端至少应保持20cm以上的距离，通常为40cm时为宜（根据各国卫生部门的规定，距烙铁头20～30cm处的有害化学气体、烟尘的浓度是卫生标准所允许的）。

烙铁架一般放置在工作台右前方，电烙铁使用后稳妥地放于烙铁架上，并注意导线等物不要碰烙铁头。由于焊锡丝有—定比例的铅，它是对人体有害的重金属，因此操作时应戴手套或操作后洗手。

使用结束后，应及时切断电烙铁电源，待完全冷却后再收回工具箱。

6. 电烙铁的维护与维修

电烙铁在使用过程中，会出现各种损坏现象，掌握电烙铁的维修和维护知识是非常必要的。

（1）烙铁头的更换方法

电烙铁由烙铁心、烙铁头、连接杆及手柄等几部分组成。烙铁头的更换方法：首先拧下烙铁头固定螺钉，拔出烙铁头，更换上新的烙铁头，再拧紧固定螺钉即可，烙铁头的更换如图2-10所示。

（2）烙铁心的更换方法

1）拧下电烙铁的固定螺钉，可看到其内部结构，取出旧烙铁心，如图2-11a所示。

2）将新的烙铁心插入连接杆中，将烙铁心与电源线连接，如图2-11b所示。

3）固定连接杆，插入烙铁头并将其固定，安装手柄，整理好电源线，拧紧固定螺钉，这样就完成了烙铁心的更换。

7. 电烙铁的常见故障及其维修

电烙铁在使用过程中的常见故障有：电烙铁通电后不热，烙铁头不沾锡及烙铁头带电等。

下面以内热式 20W 电烙铁为例说明检测与维修方法。

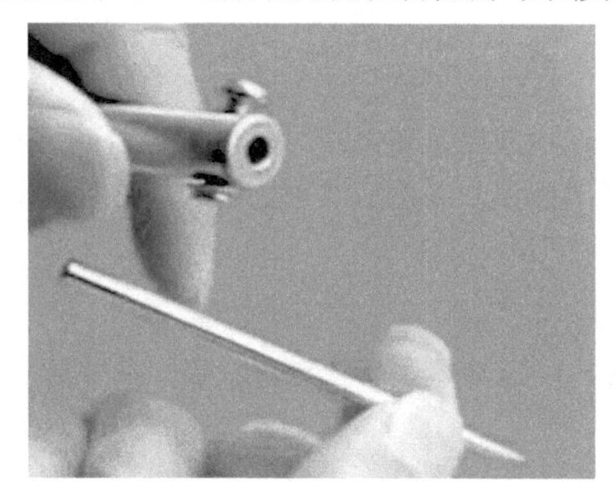

图 2-10　烙铁头的更换

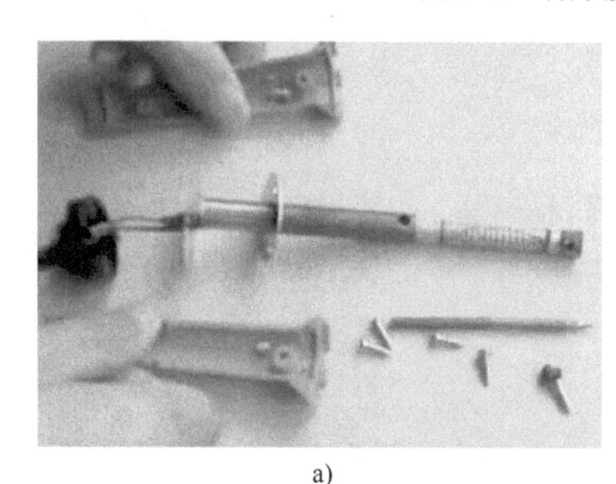
a)

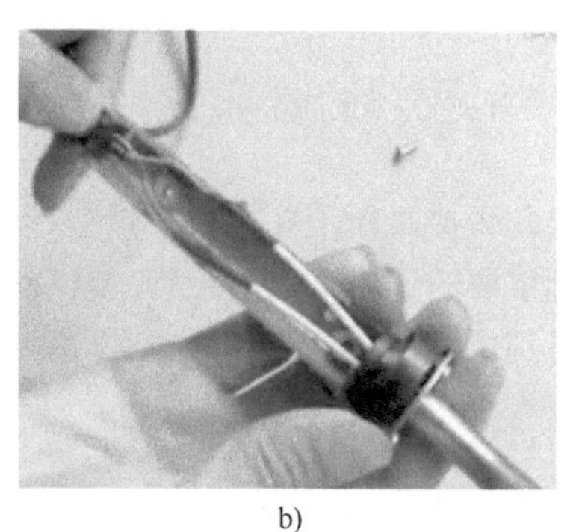
b)

图 2-11　烙铁心的更换方法

a) 内部结构　b) 将烙铁心与电源线连接

（1）电烙铁通电后不热

遇到此故障时可以用万用表的欧姆档，测量插头的两端，如果表针不动，说明有断路故障。当插头本身没有故障时，即可卸下胶木柄，再用万用表测量烙铁心的两根引线，如果表针仍不动，说明烙铁心损坏，应更换新的烙铁心。如果测量烙铁心两根引线电阻值为 2.5kΩ左右，说明烙铁心是好的，故障出现在电源线及插头上，多数故障为引线断路，插头中的接点断开。可进一步用万用表的 $R\times1$ 档测量引线的电阻值，便可发现问题。

当测量插头的两端时，如果万用表的表针指示接近零欧姆，说明有短路故障，故障点多为插头内短路，或者是防止电源引线转动的压线螺钉脱落，致使接在烙铁心引线柱上的电源线断开而发生短路，当发现短路故障时，应及时处理，不能再次通电，以免烧坏熔丝。

（2）烙铁头带电

烙铁头带电除前边所述的电源线错接在接地线的接线柱上的原因外，还有就是，当电源线从烙铁心接线螺钉上脱落后，又碰到了接地线的螺钉上，从而造成烙铁头带电。这种现象最容易造成触电事故，并损坏元器件，因此，要随时检查压线螺钉是否松动或丢失。如有丢失、损坏应及时配上（压线螺钉的作用是防止电源引线在使用过程中因拉伸、扭转而造成的引线头脱落）。

（3）烙铁头不沾锡

烙铁头经过长时间使用后，就会因氧化而不沾锡，这就是“烧死”现象，也称作不“吃锡”。当出现不“吃锡”的情况时，可用细砂纸或锉头重新打磨或锉出新茬，然后重新镀上焊锡就可继续使用。

（4）烙铁头出现凹坑

当电烙铁使用一段时间后，烙铁头就会出现凹坑或氧化腐蚀层，使烙铁头的刃面形状发生变化。遇到此种情况时，可用锉刀将氧化层及凹坑锉掉，并锉成原来的形状，然后镀上锡，就可以重新使用了。

注意：为延长烙铁头的使用寿命，必须注意以下几点。

1）经常用湿布、浸水海绵擦拭烙铁头，以保持烙铁头良好的挂锡，并可防止残留助焊剂对烙铁头的腐蚀。

2）进行焊接时，应采用松香或弱酸性助焊剂。

3）焊接完毕时，烙铁头上的残留焊锡应该继续保留，以防止再次加热时出现氧化层。

2.1.2 焊接材料的选用

2.1.2 焊接材料的选用

焊接材料即焊接时所消耗的材料，包括钎料和焊剂。焊接材料在焊接技术中起重要的作用，选用正确、合适的焊接材料，能使产品的质量和性能得到优化。

1. 钎料

钎料是一种熔点比被焊金属熔点低的易熔金属。钎料熔化时，在被焊金属不熔化的条件下能浸润被焊金属表面，并在接触面处形成合金层而与被焊金属连接到一起。

（1）钎料的分类

根据其组成成分，钎料可以分为锡铅钎料、银钎料及铜钎料；根据其熔点，钎料又可以分为软钎料（熔点在450℃以下）和硬钎料（熔点在450℃以上）。

在电子产品装配中，常用的是锡铅钎料，即焊锡。焊锡是一种锡和铅的合金，它是一种软钎料，为了提高焊锡的物理化学性能，有时还有意地掺入少量的锑（Sb）、铋（Bi）、银（Ag）等金属。

（2）钎料的规格

根据需要可以将锡铅钎料的外形加工成焊锡条、焊锡带、焊锡丝、焊锡圈及焊锡片等不同形状。也可以将钎料粉末与焊剂混合制成膏状钎料，即焊膏，也称为“银浆”“锡膏”，用于表面贴装元器件的安装焊接。

1）管状焊锡丝：由助焊剂与焊锡制作在一起做成管状，在焊锡管中夹带固体助焊剂。

钎料成分一般是含锡量为60%～65%的铅锡合金。焊锡丝的直径为0.5mm、0.8mm、0.9mm、1.0mm、1.2mm、1.5mm、2.0mm、2.3mm、2.5mm、3.0mm、4.0mm及5.0mm等。还有扁带状、球状及饼状等形状的成型焊料。

2）焊膏（俗称为银浆）：是由高纯度的钎料合金粉末、焊剂和少量印刷添加剂混合而成的浆料，能方便地用钢模或丝网印制的方式涂布于印制电路板上。焊膏适合片式元器件用再流焊进行焊接。由于可将元器件贴装在印制电路板的两面，因而节省了空间，提高了可靠性，有利于大量生产，是现代表面贴装技术（SMT）中的关键材料。

手工焊接现在普遍使用有松香助焊剂的焊锡丝，焊锡丝的直径有0.5～5.0mm十多种规格。

2．助焊剂与阻焊剂

助焊剂，又称为焊剂（钎剂），是一种在受热后能对施焊金属表面起清洁及保护作用的材料，它能清除金属表面的氧化物、硫化物、油和其他污染物，并防止在加热过程中钎料继续氧化。同时，它还具有增强钎料与金属表面的活性，增加浸润的作用。

焊剂一般是具有还原性的块状、粉状或糊状物质。焊剂的熔点比钎料低，其比重、黏度及表面张力都比钎料小。因此，在焊接时，焊剂必定会先于钎料熔化，流浸、覆盖于钎料及被焊金属的表面，隔绝空气，防止金属表面氧化，降低钎料本身和被焊金属的表面张力，增加钎料润湿能力，能在焊接的高温下与焊锡及被焊金属表面的氧化膜反应，使之熔解，还原出纯净的金属表面来。

3．焊剂的品种与特点

焊剂有无机系列、有机系列和松香树脂系列 3 种，其中无机焊剂活性最强，有机焊剂活性次之，应用最广泛的是松香助焊剂，其活性较差。

（1）无机系列助焊剂

无机助焊剂包括无机酸和无机盐。无机酸有盐酸、氟化氢酸、溴化氢酸及磷酸等。无机盐有氯化锌、氯化铵及氟化钠等。无机盐的代表助焊剂是氯化锌和氯化铵的混合物（氯化锌为 75%，氯化铵为 25%）。它的熔点约为 180℃，是适用于钎焊的助焊剂。由于其具有强烈的腐蚀作用，所以不能在电子产品装配中使用，只能在特定场合使用，并且焊后一定要清除残渣。

（2）有机系列助焊剂

有机助焊剂由有机酸、有机类卤化物以及各种胺盐树脂类等合成。这类助焊剂由于含有酸值较高的成分，具有较好的助焊性能，可焊性好。此类助焊剂具有一定程度的腐蚀性，残渣不易清洗，焊接时有废气污染，限制了它在电子产品装配中的使用。

（3）松香树脂系列助焊剂

树脂系列助焊剂其主要成分是松香。在加热情况下，松香具有去除焊件表面氧化物的能力，同时焊接后形成的膜层具有覆盖和保护焊点不被氧化腐蚀的作用。由于松脂残渣具有非腐蚀性、非导电性及非吸湿性，焊接时没有什么污染，且焊后容易清洗，成本又低，所以这类助焊剂被广泛使用。松香助焊剂的缺点是酸值低、软化点低（55℃左右），且易氧化、易结晶、稳定性差，在高温时很容易脱羧碳化而造成虚焊。

氢化松香是一种新型的助焊剂，它是用普通松脂提炼来的。氢化松香在常温下不易氧化变色，软化点高、脆性小、酸值稳定、无毒及无特殊气味，残渣易清洗，适用于波峰焊接。将松香溶于酒精（1∶3）形成“松香水”，焊接时在焊点处蘸以少量松香水，就可以达到良好的助焊效果。但用量过多或多次焊接形成黑膜时，松香即失去助焊作用，需清理干净后再行焊接。对于用松香焊剂难以焊接的金属元器件，可以添加 4%左右的盐酸二乙胺或三乙醇胺（6%）。

4．阻焊剂

阻焊剂（俗称为绿油）是为适应现代化电气设备安装和元器件连接的需要而发展起来的防焊涂料，它能保护不需要焊接的部位，以避免波峰焊时出现焊锡搭线造成的短路和焊锡的浪费。

在印制电路板上应用的阻焊剂种类很多，通常可分为热固化、紫外光固化和感光干膜 3 大类，前两类属于印料类阻焊剂，即先经过丝网漏印然后固化，而感光干膜是将干膜移到印制电路板上再经过紫外线照射显影后制成。

热固化型阻焊剂使用方便，稳定性较好，其主要缺点是效率低、耗能。感光干膜精度很高，但需要专业的设备才能应用于生产。目前紫外光固化型阻焊剂发展很快，它克服了热固化型阻焊剂的缺点，在高度自动化的生产线中得到广泛应用。

5. 钎料与焊剂的选用

（1）钎料的选用

焊接应根据被焊件的不同来选用钎料，选用时应考虑如下因素。

1）钎料必须适应被焊接金属的性能，即所选钎料应能与被焊金属在一定温度和助焊剂作用下生成合金。也就是说，钎料和被焊金属材料之间应有很强的亲和性。

2）钎料的熔点必须与被焊金属的热性能相适应，钎料熔点过高或过低都不能保证焊接质量。钎料熔点太高，使被焊元器件、印制电路板焊盘或接点无法承受；钎料熔点过低，助焊剂不能充分活化起助焊作用，被焊件温升也达不到要求。

3）由钎料形成的焊点应保证良好的导电性能和机械强度。

在具体施焊过程中，应遵照上述原则。若焊接电子元器件、导线和印制电路板等，可选用低温焊锡丝。

（2）焊剂的选用

金属在空气中，特别在加热的情况下，表面会形成一层薄氧化膜，阻碍焊锡的浸润，影响焊接点合金的形成。采用助焊剂（又称为焊剂）能改善焊接性能，因为助焊剂有破坏金属氧化层使氧化物漂浮在焊锡表面的作用，有利于焊锡的浸润和焊点合金的生成；它又能覆盖在钎料表面，防止钎料或被焊金属继续氧化；它还能增强钎料和被焊金属表面的活性，进一步增加浸润能力。

若助焊剂选择不当。则会直接影响焊接质量。选用助焊剂除了考虑被焊金属的性能及氧化、污染情况外，还应从助焊剂对焊接物的影响，如助焊剂的腐蚀性、导电性及元器件损坏的可能性等方面考虑。例如：对铂、金、银、锡及表面镀铂、金、锡的金属，可焊性较强，宜用松香酒精溶液作助焊剂；由于铅、黄铜、青铜及镀镍层焊接性能较差，应选用中性助焊剂。

对板状金属，可选用无机系列焊剂，如氯化锌和氯化铵的混合物。这类助焊剂有很强的活性，对金属的腐蚀性很强，其挥发的气体对电路元器件和电烙铁有破坏作用，施焊后必须清洗干净。在电子线路的焊接中，除特殊情况外，一般不使用这类助焊剂。

焊接半密封器件时，必须选用焊后残留物无腐蚀性的助焊剂，以防腐蚀性助焊剂渗入被焊件内部产生不良影响。

任务 2.2 电子元器件的手工焊接

电子元器件的手工焊接是锡铅焊接技术的基础。尽管目前现代化企业已经普遍使用自动插装、自动焊接的生产工艺，但产品的试制、小批量生产和具有特殊要求的高可靠性产品等目前还采用手工焊接。即使印制电路板这样的小型化结构大批量生产，采用自动焊接技术，也还有一定数量的焊点需要手工焊接。所以目前还没有一种方法完全取代手工焊接技术。

2.2.1 手工焊接的过程

2.2.1 手工焊接的过程

手工锡焊作为一种操作技术，必须要通过实际训练才能掌握。实践中，常把手工锡焊过程归纳成八个字：“一刮、二镀、三测、四焊”。

1）“刮”就是处理焊接对象的表面。焊接前，应先进行被焊件表面的清洁工作，有氧化层的要刮去，有油污的要擦去。

2）“镀”是指对被焊部位镀锡。

3）“测”是指对镀过锡的元件进行检查，在电烙铁高温下是否变质。

4）“焊”是指最后把测试合格的、已完成上述三个步骤的元器件焊到电路中去。

焊接完毕要进行清洁和涂保护层，并根据对焊接件的不同要求进行焊接质量的检查。

1. 手工焊接的操作方法

手工焊接把焊接操作分为准备焊接、加热焊件、熔化钎料、移开钎料和移开电烙铁五个步骤，也称为手工焊接“五步法”，是焊接的基本操作方法。五步焊接法如图 2-12 所示。

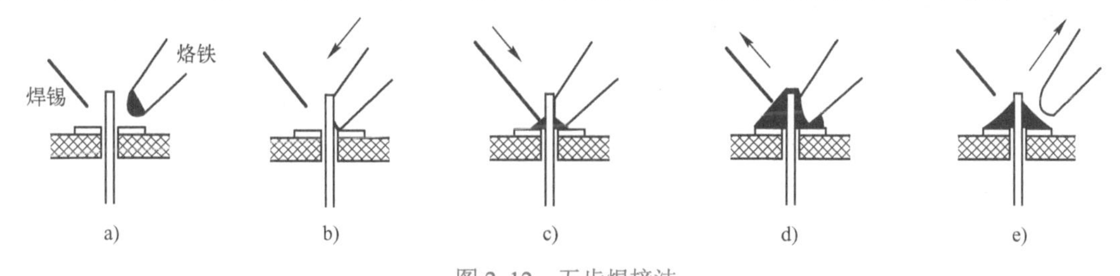

图 2-12　五步焊接法

a) 准备焊接　b) 加热焊件　c) 熔化钎料　d) 移开钎料　e) 移开电烙铁

1）准备焊接。准备好被焊工件，电烙铁加温到工作温度，烙铁头保持干净并吃锡，一手握好电烙铁，一手抓好钎料（通常是焊锡丝），电烙铁与钎料分居于被焊工件两侧。

2）加热焊件。烙铁头接触被焊工件，包括工件端子和焊盘在内的整个焊件全体要均匀受热，一般烙铁头扁平部分（较大部分）接触热容量较大的焊件，烙铁头侧面或边缘部分接触热容量较小的焊件，以保持焊件均匀受热。不要施加压力或随意拖动烙铁。

3）熔化钎料。当工件的被焊部位升温到焊接温度时，送上焊锡丝并与工件焊点部位接触，熔化并润湿焊点。焊锡应从电烙铁对面接触焊件。送焊锡要适量，一般以有均匀、薄薄的一层焊锡，能全面润湿整个焊点为佳。如果焊锡堆积过多，内部就可能掩盖着某种缺陷隐患，而且焊点的强度也不一定高；但焊锡如果填充得太少，就不能完全润湿整个焊点。

4）移开钎料。熔入适量钎料（这时被焊件已充分吸收钎料并形成一层薄薄的钎料层）后，迅速移去焊锡丝。

5）移开电烙铁。移去钎料后，在助焊剂（市场焊锡丝内一般含有助焊剂）还未挥发完之前，迅速移去电烙铁．否则将留下不良焊点。电烙铁撤离方向与焊锡留存量有关，一般以与轴向成 45° 的方向撤离。撤掉电烙铁时应往回收，回收动作要迅速、熟练，以免形成拉尖；收电烙铁的同时，应轻轻旋转一下，这样可以吸除多余的钎料。

另外，焊接环境空气流动不宜过快。切忌在电风扇下焊接，以免影响焊接温度。焊接过程中不能振动或移动工件，以免影响焊接质量。

对于热容量较小的焊点，可将 2）和 3）合为一步，4）和 5）合为一步，概括为三步法操作。

2. 手工锡焊技术注意事项

（1）焊锡量要合适

实际焊接时，合适的焊锡量才能得到合适的焊点。过量的焊剂不仅增加了焊后清洁的工作量，延长了工作时间，而且当加热不足时会造成“夹渣”现象。合适的焊剂在熔化时仅能浸湿将要形成的焊点。

图 2-13 示意了钎料使用过少、过多及钎料正常时焊点的形状。如果钎料过少，如图 2-13a 所示，钎料未形成平滑过渡面，焊接面积小于焊盘的 80%，机械强度不足。当钎料过多时，钎料面呈凸形，如图 2-13b 所示。合适的钎料，外形美观、焊点自然成圆锥状，导电良好，连接可靠，以焊接导线为中心，匀称、成裙形拉开，外观光洁、平滑，如图 2-13c 所示。

（2）正确的加热方法和合适的加热时间

加热时靠增加接触面积加快传热，不要用烙铁对焊件加力，因为这样不但加速了烙铁头的损耗，还会对元器件造成损坏或产生不易察觉的隐患。所以要让烙铁头与焊件形成面接触，使焊件上需要焊锡浸润的部分受热均匀。

加热时应根据操作要求选择合适的加热时间，一般一个焊点需加热 2～5s。焊接时间不能太短也不能太长。加热时间长，温度高，容易使元器件损坏，焊点发白，甚至造成印制电路板上铜箔脱落；而加热时间太短，则焊锡流动性差，容易凝固，使焊点成“豆腐渣”状。

（3）固定焊件，靠焊锡桥传热

在焊锡凝固之前不要使焊件移动或振动，否则会造成“冷焊”，使焊点内部结构疏松，强度降低，导电性差。实际操作时可以用各种适宜的方法将焊件固定。

如果焊接时所需焊接的焊点形状很多，为了提高烙铁头的加热效率，需要形成热量传递的焊锡桥。所谓焊锡桥，就是靠烙铁上保留少量焊锡作为加热时烙铁头与焊件之间传热的桥梁。焊锡桥传热如图 2-14 所示。由于金属液的导热效率远高于空气，而使焊件很快被加热到焊接温度。应注意，作为焊锡桥的焊锡保留量不可过多。

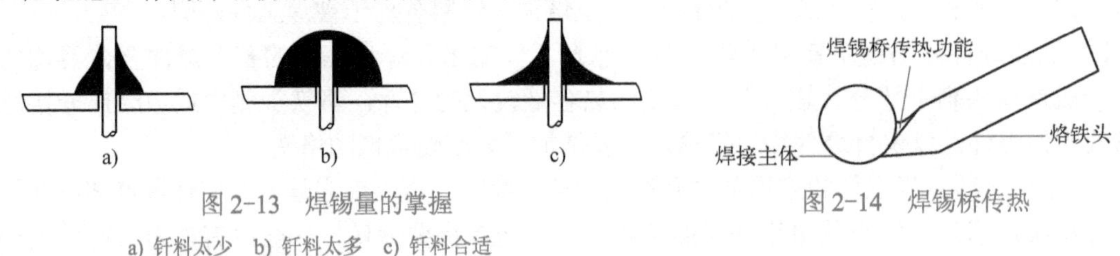

图 2-13　焊锡量的掌握

a) 钎料太少　b) 钎料太多　c) 钎料合适

图 2-14　焊锡桥传热

（4）烙铁撤离方式要正确

烙铁撤离要及时，而且撤离时的角度和方向对焊点的形成有一定的影响。不同撤离方向对钎料的影响如图 2-15 所示。因为烙铁头温度一般都在 300℃左右，焊锡丝中的焊剂在高温下容易分解失效，所以用烙铁头作为运载钎料的工具，很容易造成钎料的氧化、焊剂的挥发。在调试或维修工作时，不得已用烙铁头沾焊锡焊接时，动作要迅速敏捷，防止氧化造成劣质焊点。

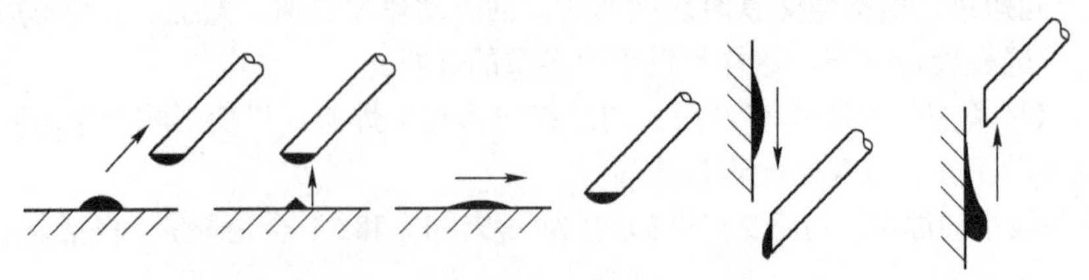

图 2-15　不同撤离方向对钎料的影响

3. 元器件焊接注意事项

（1）电阻器的焊接

按图样要求将电阻器插入规定位置，插入孔位时要注意，字符标注的电阻器的标称字符要向上（卧式）或向外（立式），色环电阻器的色环顺序应朝一个方向，以方便读取，电阻器的插装如图 2-16 所示。插装时可按图样标号顺序依次装入，也可按单元电路装入，然后对电阻器进行焊接。

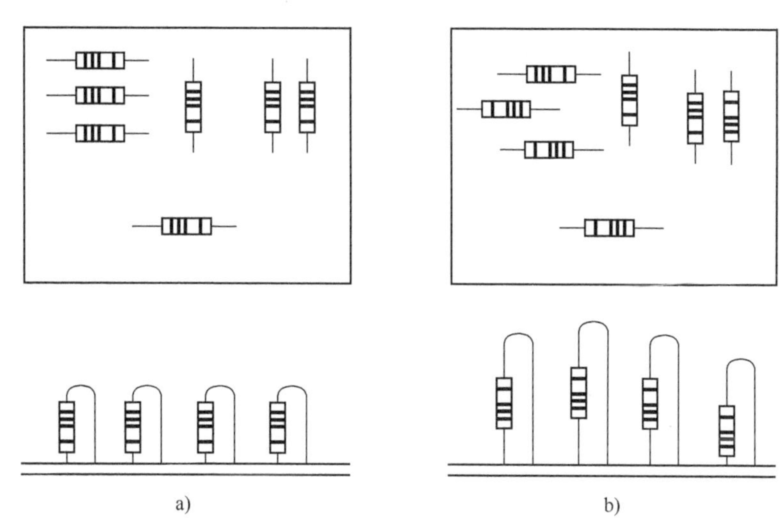

图 2-16　电阻器的插装

a) 良好插装　b) 不良好插装

（2）电容器的焊接

将电容器按图样要求装入规定位置，并注意有极性电容器的正负极不能接错，电容器上的标称值要容易看见。可先装玻璃釉电容器、金属膜电容器及瓷介电容器，最后装电解电容器。

（3）二极管的焊接

将二极管辨认正负极后按要求装入规定位置，型号及标记要向上或朝外。对于立式安装二极管，其最短的引线焊接要注意焊接时间不要超过 2s，以避免温升过高而损坏二极管。

（4）晶体管的焊接

按要求将 e、b、c 三个引脚插入相应孔位，焊接时应尽量缩短焊接时间，可用镊子夹住引脚，以帮助散热。焊接大功率晶体管，若需要加装散热片时，应将散热片的接触面加以平整，打磨光滑，涂上硅脂后再紧固，以加大接触面积。要注意，有的散热片与管壳间需要加垫绝缘薄膜片。引脚与印制电路板上的焊点需要进行导线连接时，应尽量采用绝缘导线。

（5）集成电路的焊接

将集成电路按照要求装入印制电路板的相应位置，并按图样要求进一步检查集成电路的型号、引脚位置是否符合要求，确保无误后便可进行焊接。焊接时应先焊接 4 个角的引脚，使之固定，然后再依次逐个焊接。

4. 导线的焊接

在焊接导线前进行挂锡处理非常关键，尤其是多股导线，如果没有挂锡处理，焊接质量很难保证。导线挂锡时要一边镀锡一边旋转。多股导线的挂锡要防止“烛芯效应”，即焊锡浸入绝缘层内，造成软线变硬，容易导致接头故障。

导线焊接方法由焊接点的连接方式而定，通常有 3 种基本方式：绕焊、钩焊和搭焊，如图 2-17 所示。

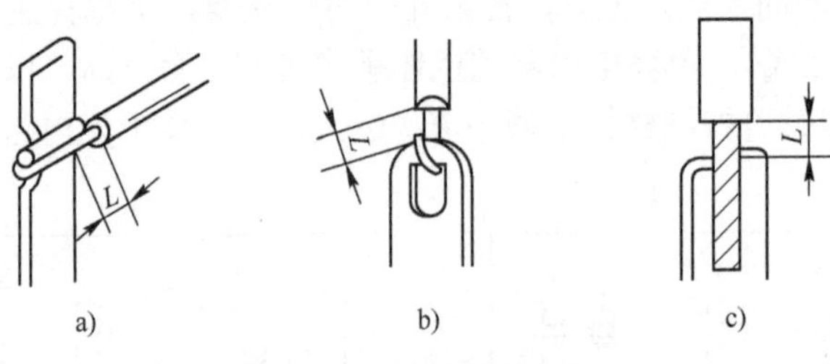

图 2-17 导线焊接方法

a) 绕焊 b) 钩焊 c) 搭焊

（1）绕焊

绕焊是将被焊元器件的引线或导线绕在焊接点的金属件上（绕 1～2 圈），用尖嘴钳夹紧，以增加绕焊点强度和缩小焊点，然后再进行焊接。这种焊接强度高、应用很广。

（2）钩焊

钩焊是将被焊接的元器件引线或导线等钩接在焊接点的眼孔中，夹紧，形成钩形，使导线或引线不易脱落。钩焊的机械强度不如绕焊，但操作方便，适用于不便绕焊且要有一定机械强度或便于拆焊的地方，如一些小型继电器的焊接点焊片等。

（3）搭焊

搭焊是将元器件引线或导线搭在焊接点上，再进行焊接。它适用于要求便于调整或改焊的临时焊点上。某些要求不高的产品为了节省工时，也采用此法。

2.2.2 焊接的质量检验

2.2.2 焊接质量检验

通过焊接把组成整机产品的各种元件可靠地连接在一起，它的质量与整机产品质量紧密相关。每个焊点的质量，都影响着整机的稳定性、可靠性及电气性能。

1. 焊接的质量要求

1）电气接触良好。良好的焊点应该具有可靠的电气连接性能，不允许出现虚焊、桥接等现象。

2）机械强度可靠。保证使用过程中，不会因正常的振动而导致焊点脱落。

3）外形美观。一个良好的焊点其表面应该光洁、明亮，不得有拉尖、起皱、鼓气泡、夹渣及出现麻点等现象；其钎料到被焊金属的过渡处应呈现圆滑流畅的浸润状凹曲面。良好的焊点外形示意图如图 2-18 所示，其中 $a=(1\sim1.2)b$，$c=1\sim2\text{mm}$。

图 2-18 良好的焊点外形示意图

2. 焊接的质量检查方法

焊接的质量检查通常采用目视检查、手触检查和通电检查的方法。

（1）目视检查

目视检查是指从外观上检查焊接质量是否合格，焊点是否有缺陷。目视检查的主要内容有：是否有漏焊；焊点的光泽好不好，钎料足不足；是否有桥接、拉尖现象；焊点有无裂纹；焊盘是否有起翘或脱落情况；焊点周围是否有残留的焊剂；导线是否有部分或全部断线、外皮烧焦和露出线芯的现象。

（2）手触检查

手触检查主要是用手指触摸元器件，看元器件的焊点有无松动、焊接不牢的现象；用镊子夹住元器件引线轻轻拉动，有无松动现象。

（3）通电检查

通电检查必须在目视检查和手触检查无错误之后进行，这是检验电路性能的关键步骤。

3. 焊点缺陷及质量分析

（1）桥接

桥接是指钎料将印制电路板中相邻的印制导线及焊盘连接起来的现象。明显的桥接较易发现，但较小的桥接用目视法较难发现，往往要通过仪器的检测才能暴露出来。

明显的桥接是由于钎料过多或焊接技术不良造成的。当焊接的时间过长使钎料的温度过高时，将使钎料流动而与相邻的印制导线相连，以及电烙铁离开焊点的角度过小都容易造成桥接，如图 2-19a 所示。

对于毛细状的桥接，可能是印制电路板的印制导线有毛刺或有残余的金属丝等，在焊接过程中起到了连接的作用而造成的，如图 2-19b 所示。

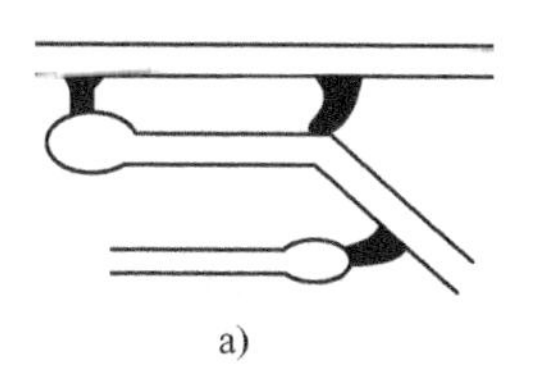

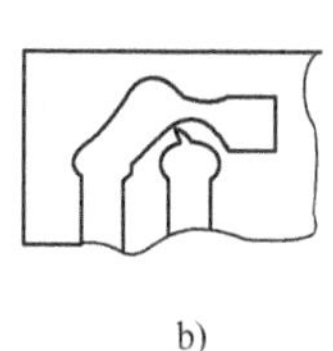

图 2-19 桥接

a) 明显桥接 b) 毛细状桥接

处理桥接的方法是将电烙铁上的钎料抖掉，再将桥接的多余钎料带走，断开短路部分。

（2）拉尖

拉尖是指焊点上有钎料尖产生，如图 2-20 所示。焊接时间过长，焊剂分解挥发过多，使钎料黏性增加，当电烙铁离开焊点时，就容易产生拉尖现象，或是由于电烙铁撤离方向不当，也可产生钎料拉尖。避免产生拉尖现象的方法是提高焊接技能，控制焊接时间，对于已造成拉尖的焊点，应进行重焊。钎料拉尖如果超过了允许的引出长度，将造成绝缘距离变小，尤其是对高压电路，将造成打火现象。因此，对这种缺陷要加以修整。

（3）堆焊

堆焊是指焊点的钎料过多，外形轮廓不清，甚至根本看不出焊点的形状，而钎料又没有布满被焊物引线和焊盘。堆焊如图 2-21 所示。

图 2-20 拉尖

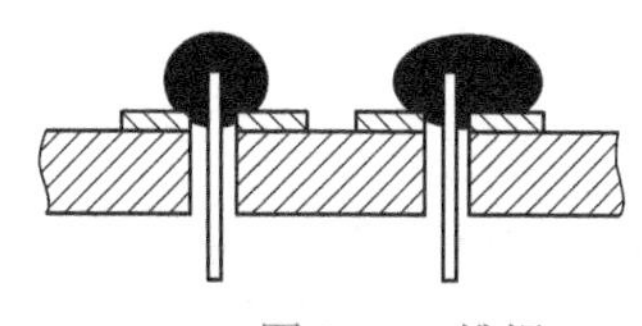

图 2-21 堆焊

造成堆焊的原因是钎料过多，或者是钎料的温度过低，钎料没有完全熔化，焊点加热不均匀，以及焊盘、引线不能润湿等。

避免堆焊形成的办法是彻底清洁焊盘和引线，控制钎料适量，增加助焊剂，或提高电烙铁的功率。

（4）空洞

空洞是由于焊盘的穿线孔太大、钎料不足，致使钎料没有完全填满印制电路板插件孔而形成的。除上述原因外，如印制电路板焊盘开孔位置偏离了焊盘中点，或孔径过大，或孔周围焊盘氧化、脏污、预处理不良，都将造成空洞现象，如图2-22所示。出现空洞后，应根据空洞出现的原因分别予以处理。

图2-22 空洞

（5）浮焊

浮焊的焊点没有正常焊点光泽和圆滑，而是呈现白色细颗粒状，表面凹凸不平，造成原因是电烙铁温度不够，或焊接时间过短、钎料中的杂质太多。浮焊的焊点机械强度较弱，钎料容易脱落。出现该焊点时，应进行重焊。重焊时应提高电烙铁温度，或延长电烙铁在焊点上的停留时间，也可更换熔点低的钎料重新焊接。

（6）虚焊

虚焊是指焊锡简单地依附在被焊物的表面上，没有与被焊接的金属紧密结合，形成金属合金层，如图2-23所示。从外形看，虚焊的焊点几乎焊接良好，但实际上松动，或电阻很大，甚至没有连接。由于虚焊是较易出现的故障，且不易发现，因此要严格遵循焊接程序，提高焊接技能，尽量减少虚焊的出现。

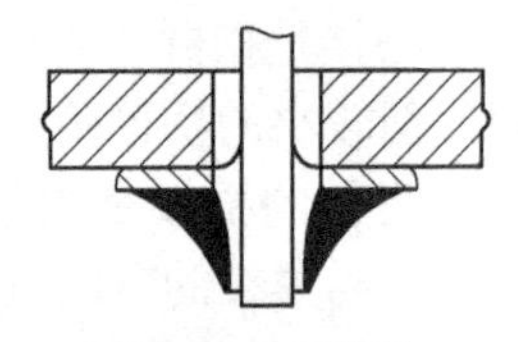
图2-23 虚焊

造成虚焊的原因：一是焊盘、元器件引线上有氧化层、油污和污物，在焊接时没有被清洁或清洁不彻底而造成焊锡与被焊物隔离，因而产生虚焊；二是在焊接时焊点上的温度较低，热量不够，使助焊剂未能充分挥发，致使被焊面上形成一层松香薄膜，这样就造成虚焊。

（7）钎料裂纹

焊点上产生裂纹，主要是由于在钎料凝固时移动了元器件位置。

（8）铜箔翘起、焊盘脱落

铜箔从印制电路板上翘起，甚至脱落，主要原因是焊接温度过高、焊接时间过长，另外，维修过程中拆卸和重插元器件时，由于操作不当，也会造成焊盘脱落，有时元器件过重而没有固定好，不断晃动也会造成焊盘脱落。

从上面焊接缺陷产生原因的分析可知，焊接质量的提高要从以下两个方面着手：一是要熟练掌握焊接技能，准确掌握焊接温度和焊接时间，使用适量的钎料和焊剂，认真对待焊接过程中的每一个步骤；二是要保证被焊面的可焊性，必要时采取涂敷浸焊措施。

2.2.3 手工拆焊技术

2.2.3
手工拆焊技术

在电子产品的研究、生产和维修中有很多时候需要将已经焊好的元器件无损伤地拆下来，锡焊元器件的无损拆卸（拆焊）也是焊接技术的一个重要组成部分。拆焊的方法和拆焊用的工具多种多样。其方法有逐点脱焊法、堆锡脱焊法、吸铜法和吹漏法。

对于只有两三个引脚，并且引脚位点比较分开的元器件，可采用吸锡法逐点脱焊。对于引脚较多，引脚位点较集中的元器件（如集成块等），一般采用堆锡法脱焊。例如拆卸双列直插封装的集成块，可用一段多股芯线置于集成块一列引脚上，用焊锡堆积于此列引脚，待此列引脚焊锡全部熔化即可将引脚拔出。不论采用何种拆焊法，必须保证：拆下来的元器件安然无恙；元器件拆走以后的印制电路板完好无损。

1. 拆焊的基本原则

拆焊的步骤一般是与焊接的步骤相反的，拆焊前要清楚原焊点的特点，不要轻易动手。

1）不损坏拆除的元器件、导线和原焊接部位的结构件。

2）在拆焊时不损坏印制电路板上的焊盘与印制导线。

3）对已判断为损坏的元器件可先将引线剪断后再拆除，这样可减少其他损伤。

4）在拆焊的过程中，应尽量避免拆动其他元器件或变动其他元器件的位置，如确实需要，应做好复原工作。

2. 拆焊工具

常用的拆焊工具除普通电烙铁还有以下几种。

（1）镊子

镊子以端头较尖、硬度较高的不锈钢为佳，用以夹持元器件或借助电烙铁恢复焊孔。

（2）吸锡绳

吸锡绳用以吸取焊接点上的焊锡，也可用镀锡的编织套浸以助焊剂代用，效果也较好。

（3）吸锡器

吸锡器用于吸去熔化的焊锡，使焊盘与元器件引线或导线分离，达到接触焊接的目的。

3. 拆焊的操作要点

（1）严格控制加热的温度和时间

因拆焊的加热时间和温度较焊接时要长、要高，所以要严格控制温度和加热时间，以免将元器件烫坏或使焊盘翘起、断裂。宜采用间隔加热法来进行拆焊。

（2）在拆焊时不要用力过猛

在高温状态下，元器件封装的强度都会下降，尤其是塑封器件、陶瓷器件及玻璃端子等，过分地用力拉、摇、扭易损坏元器件和焊盘。

（3）吸去拆焊元件上的焊锡

拆焊前，用吸锡工具吸去焊锡，有时可以直接将元器件拔下。即使还有少量的焊锡连接，也可以减少拆焊的时间，减少元器件及印制电路板损坏的可能性。如果在没有吸锡工具的情况下，则可以将印制电路板或能移动的部件倒过来，用电烙铁加热拆焊点，利用重力，让焊锡自动流向烙铁头，也能达到部分去锡的目的。

4. 印制电路板上元器件的拆焊

（1）分点拆焊法

对卧式安装的阻容元器件，两个焊接点距离较远，可采用电烙铁分点加热，逐点拔出，如果引线是弯折的，则应用烙铁头撬直后再行拆除。分点拆焊如图 2-24 所示。

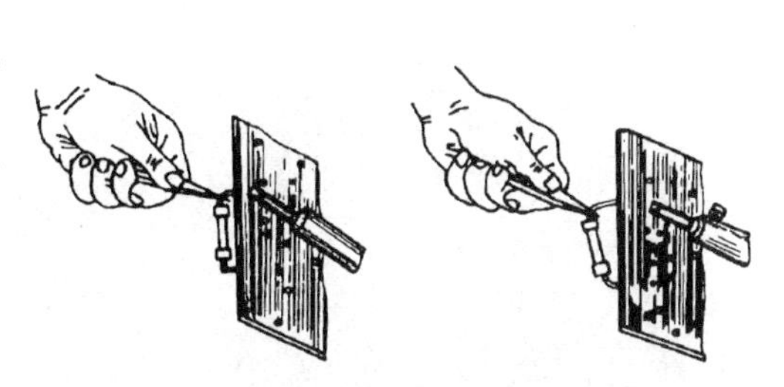

图 2-24　分点拆焊

（2）集中拆焊法

像晶体管以及直立安装的阻容元器件，焊接点距离较近，可用电烙铁同时快速交替加热几个焊接点，待焊锡熔化后一次拔出。集中拆焊如图 2-25 所示。对多接点的元器件，如开关、插头和集成电路等可用专用烙铁头同时对准各个焊接点，一次加热取下。专用烙铁头如图 2-26 所示。

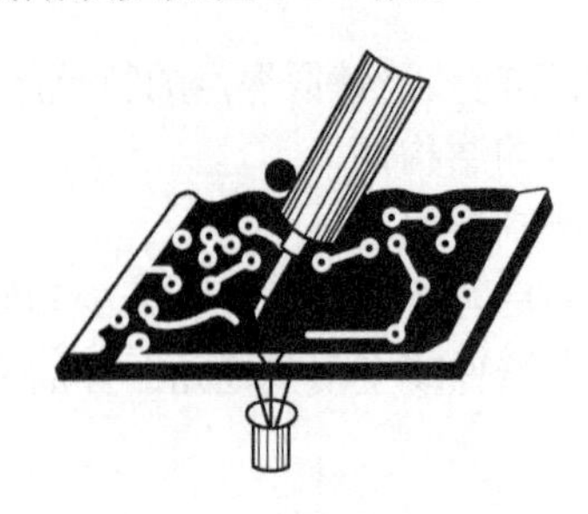

图 2-25 集中拆焊

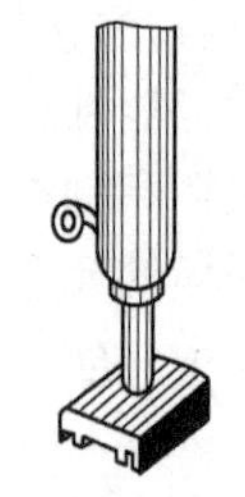

图 2-26 专用烙铁头

（3）间断加热拆焊法

在拆焊耐热性差的元器件时，为了避免因过热而损坏元器件，不能长时间连续加热该元器件，应该采用间隔加热法进行拆焊。

5. 吸锡工具拆焊

（1）吸锡器拆焊法

吸锡器拆焊法是利用吸锡器的内置空腔的负压作用，将加热后熔融的焊锡吸进空腔，使引线与焊盘分离。吸锡器拆焊操作要点：吸锡前按下滑杆、吸筒尽量垂直、吸锡时按下按钮。吸锡器拆焊如图 2-27 所示。

图 2-27 吸锡器拆焊

（2）吸锡绳拆焊法

吸锡绳拆焊法是利用吸锡绳吸走熔融的焊锡而使引线与焊盘分离的方法。将吸锡绳编织线的部分涂上松香焊剂，然后放在将要拆焊的焊点上，再把电烙铁放在编织线上加热焊点，待焊点焊锡熔化后，就被编织线吸去，如图 2-28 所示。如果焊点钎料一次未吸完，则可进行第二次、第三次，直至吸完。当编织线吸满锡后，就不能再使用，需将吸满钎料的地方剪去。

（3）空针头拆焊法

空针头拆焊法是利用尺寸相当（孔径稍大于引线直径）的空针头（也可用注射器针头），套在需要拆焊的引线上，当电烙铁加热焊锡熔化的同时，迅速旋转针头直到烙铁撤离焊锡凝固后方可停止，这时拔出针头，引线已被分离。空针头拆焊如图 2-29 所示。

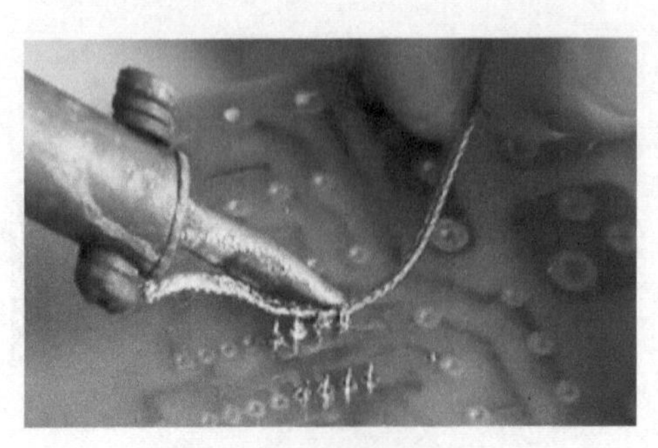

图 2-28 吸锡绳拆焊

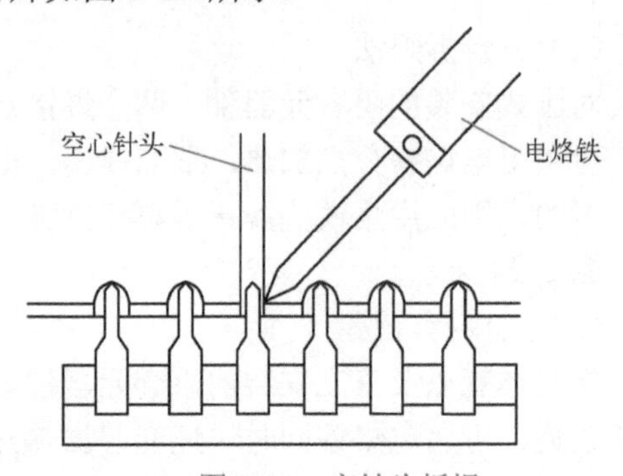

图 2-29 空针头拆焊

（4）用吸锡电烙铁拆焊

吸锡电烙铁是一种专用拆焊电烙铁，它能在对焊点加热的同时把锡吸入内腔，从而完成拆焊。

2.2.4　任务训练　手工焊接与拆焊

1. 训练目的

1）掌握电烙铁的使用方法。

2）掌握元器件的清洁方法。

3）掌握手工焊接技能。

4）学会拆焊技术。

2. 训练器材

1）电烙铁一个。

2）烙铁架、镊子、夹嘴钳、斜口钳和小刀等工具一套。

3）焊锡、松香焊剂若干。

4）各种电子元器件若干。

5）焊接用印制电路板一块。

3. 训练内容与步骤

（1）电烙铁的使用

1）烙铁头的清洁。用锉刀将烙铁头锉出铜的颜色，去掉表面氧化层。

2）通电加热，涂助焊剂。电烙铁通电加热的同时，将烙铁头接触松香，涂上助焊剂。

3）上锡。待烙铁头加热到适当的温度，将焊锡丝接触烙铁头，待熔化后，使焊锡丝布满烙铁头。

（2）焊点成型训练

1）焊接姿势练习。掌握正确的焊接姿势，参阅本项目相关内容。

2）焊点成型练习。用铜丝制作成“+”字网格，在“+”字网格上进行焊接练习。掌握好焊接时间和钎料用量。

3）焊点检查。焊出的焊点要求大小均匀、牢固和光亮。

（3）印制电路板焊点成型练习

1）准备一块印制电路板，各种电子元器件若干。

2）电子元器件的清洁。用细砂纸、小刀或橡皮除去元器件引脚上的氧化层。

3）焊接练习。将元器件插入焊盘中，进行焊接练习。

4）检查焊点情况，焊接完毕后，用斜口钳剪去多余的引脚。

（4）拆焊练习

将印制电路板上焊接的元器件拆除。

1）加热拆焊点。一手拿镊子，一手拿电烙铁，用电烙铁加热拆焊点，用镊子夹住元器件的引脚往外拉。

2）对焊点间距小的焊点，通过烙铁在焊点间的移动，使焊点熔化，用镊子拔出。

3）对多焊点元器件使用吸锡器或吸锡绳拆焊。

4）清除焊盘上的焊锡。

注意：控制加热时间和温度，拆焊不要用力过猛，动作要迅速，防止破坏元器件及印制电路板焊盘。

任务2.3 电子元器件的自动焊接

随着科学技术的发展，电子整机产品日趋小型和微型化，电路越来越复杂，印制电路板上元器件排列密度越来越高，手工焊接难以满足焊接效率和可靠性的要求。采用自动焊接技术，提高了焊接速度，降低了成本，减少了人为因素的影响，提高了焊点质量。

2.3.1 浸焊

2.3.1
浸焊

浸焊是将安装好元器件的印制电路板，浸入装有熔融钎料的锡锅内，一次完成印制电路板上全部元器件的焊接方法。浸焊比手工焊接效率高，可消除漏焊。常见的浸焊有手工浸焊和自动浸焊两种形式。

1. 手工浸焊

手工浸焊是由人工用夹具将已插接好元器件、涂好助焊剂的印制电路板浸在锡锅内，完成浸锡的方法。

（1）手工浸焊步骤

1）锡锅准备。将锡锅加热，控制锡锅熔化焊锡的温度为230～250℃，对于较大的元器件和印制电路板可将焊锡的温度提高到260℃左右。为了及时去除焊锡层表面的氧化层，应随时加入松香助焊剂。

2）涂覆助焊剂。将装好元器件的印制电路板涂上助焊剂。通常是在松香助焊剂中浸渍，使焊盘上充满助焊剂。

3）浸锡。用夹具夹住印制电路板的边缘，与锡锅内的焊锡液成30°～45°的倾角，且与焊锡液保持平行浸入锡锅内，浸入的深度以印制电路板厚度的50%～70%为宜，浸锡的时间为2～5s，浸焊后仍按原浸入的角度缓慢取出。浸焊示意图如图2-30所示。

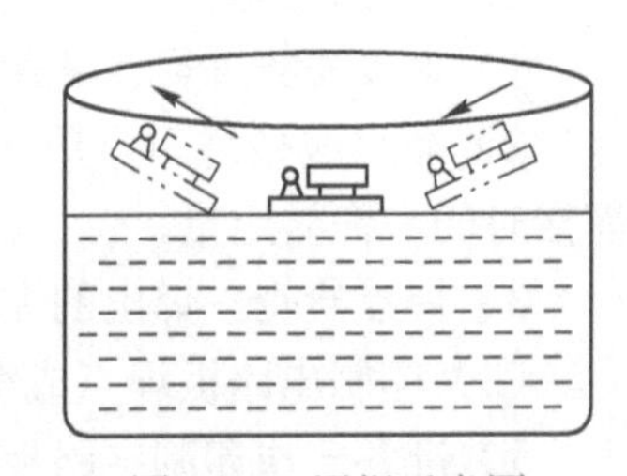
图2-30　浸焊示意图

4）冷却。刚焊接完成的印制电路板上有大量余热未散，如不及时冷却，可能会损坏印制电路板上的元器件，可采用风冷或其他方法降温。

5）检查焊接质量。焊接后可能会出现连焊、虚焊及假焊等，可用手工焊接补焊。如果大部分未焊好，应检查原因，重复浸焊。但印制电路板只能浸焊两次，否则，会造成印制电路板变形、铜箔脱落及元器件性能变差。

（2）浸焊操作注意事项

1）为防止焊锡槽的高温损坏不耐高温的元器件，浸焊前用耐高温胶带贴封这些元器件。对未安装元器件的安装孔也需贴上胶带，以避免焊锡填入孔中。

2）液态物体要远离锡槽，以免倒翻在锡槽内引起锡“爆炸”及焊锡喷溅。

3）高温焊锡表面极易氧化，必须经常清理，以免造成焊接缺陷。

4）印制电路板浸入锡锅，一定要平稳，接触良好，时间适当。

2. 自动浸焊

自动浸焊一般是利用具有振动头或是超声波的浸焊机进行浸焊。将插装好元器件的印制电路板用专用夹具安装在传送带上，由传动机构自动导入锡锅，浸焊时间一般为 2～5s。

（1）工艺流程

首先喷上泡沫助焊剂，再用加热器烘干，然后放入熔化的锡锅内进行浸锡，待焊锡冷却凝固后再送到切头机剪去过长的引脚。

图 2-31 为自动浸焊的工艺流程图。

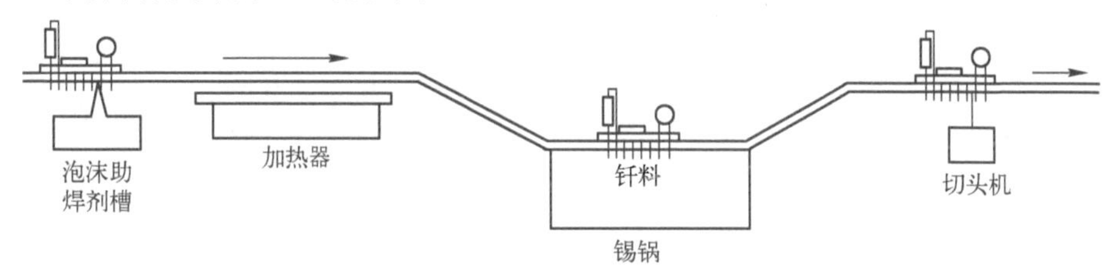

图 2-31　自动浸焊的工艺流程图

（2）操作要点

1）普通浸焊机。普通浸焊机在浸焊时，将振动头安装在印制电路板的专用夹具上，当印制电路板浸入锡锅内停留 2～3s 后，开启振动头振动 2～3s，这样既可振动掉多余的焊锡，也可使焊锡渗入焊点内部。

2）超声波焊接机。超声波焊接机是通过向锡锅内辐射超声波来增强浸锡的效果，使焊接更可靠，适用于一般浸锡较困难的元器件的浸锡。

浸焊设备比手工焊接效率高，设备也比较简单。但由于锡槽内的焊锡表面是静止的，表面上的氧化物极易粘在被焊物的焊接处，易造成虚焊；又由于温度高，容易烫坏元器件，并导致印制电路板变形，所以现代的电子产品生产中已逐渐被波峰焊取代。

2.3.2　波峰焊

波峰焊是将插装好元器件的印制电路板与融化钎料的波峰接触，一次完成印制电路板上所有焊点的焊接过程。

波峰焊适合单面印制电路板的大批量焊接，速度快，效率高，焊接的温度、时间、钎料及焊剂等的用量均能得到较完善的控制。但波峰焊容易造成焊点桥接的现象，需要补焊修正。

实现波峰焊的设备称为波峰焊机。波峰焊机的主要结构是一个温度能自动控制的熔锡缸，缸内装有机械泵（或电磁泵）和具有特殊结构的喷嘴。机械泵（或电磁泵）能根据焊接的要求，连续不断地从喷嘴压出液态锡波。装有元器件的印制电路板以直线平面运动的方式通过钎料波峰面而完成焊接。一种波峰焊机的实物外形如图 2-32 所示。

1. 波峰焊设备关键部件及功能

（1）泡沫助焊剂发生槽

涂覆助焊剂是利用波峰焊机上的涂覆装置，把助焊剂均匀地涂覆在印制电路板上，涂覆的方式有发泡式、浸渍式及喷雾式，其中以发泡式最常用。

泡沫助焊剂发生槽的结构是在塑料或不锈钢制成的缸槽内装有一根微孔型发泡瓷管或塑料管，槽内盛有助焊剂。当发泡管接通压缩空气时，助焊剂从微孔内喷出细小的泡沫，喷射到印制电路板覆铜板的一面，泡沫助焊剂发生槽如图 2-33 所示。

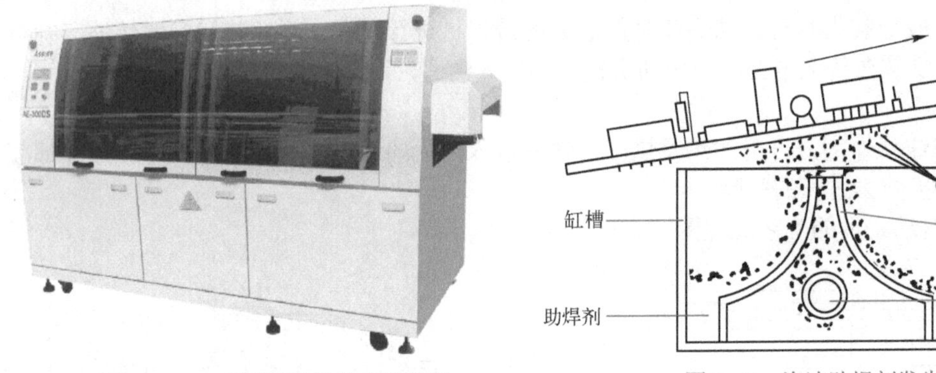

图 2-32 一种波峰焊机的实物外形

图 2-33 泡沫助焊剂发生槽

（2）气刀

气刀由不锈钢或塑料管制成，上面有一排小孔，向着印制电路板表面喷出压缩空气，将板上多余的助焊剂排除，并把元器件引脚和焊盘间的真空气泡吹破，使整个焊接面喷涂助焊剂，以提高焊接质量。

（3）热风器和两块预热板

热风器的作用是将印制电路板焊接面上的水淋状助焊剂逐渐加热，使其成糊状，增加助焊剂中活性物质的作用，同时也逐步缩小印制电路板和锡槽钎料的温差，防止印制电路板变形和助焊剂脱落。

热风器结构简单，一般由不锈钢板制成箱体，上加百叶窗口，其箱体底部安装一个小型电风扇，中间安装加热器。热风器示意图如图 2-34 所示，当风叶转动时，空气通过加热器后形成气流，经过百叶窗口对印制电路板进行预加热，温度一般控制为 40～50℃。

（4）波峰焊锡槽

波峰焊锡槽是完成印制电路板波峰焊的主要设备之一。熔化的焊锡在机械泵（或电磁泵）的作用下，由喷嘴源源不断喷出而形成波峰。波峰焊焊接方式示意图如图 2-35 所示，当印制电路板经过波峰时元器件被焊接。

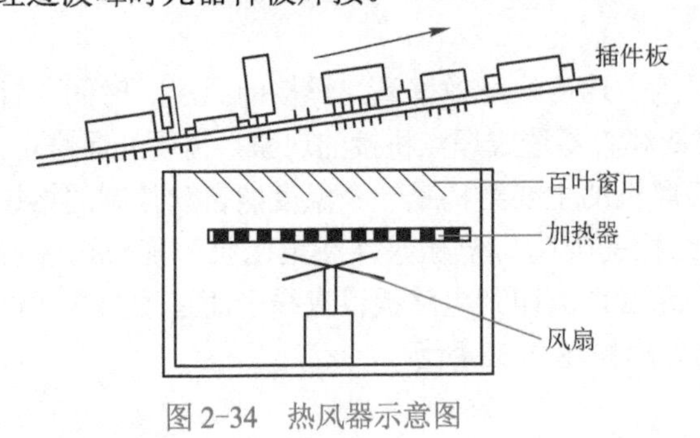

图 2-34 热风器示意图

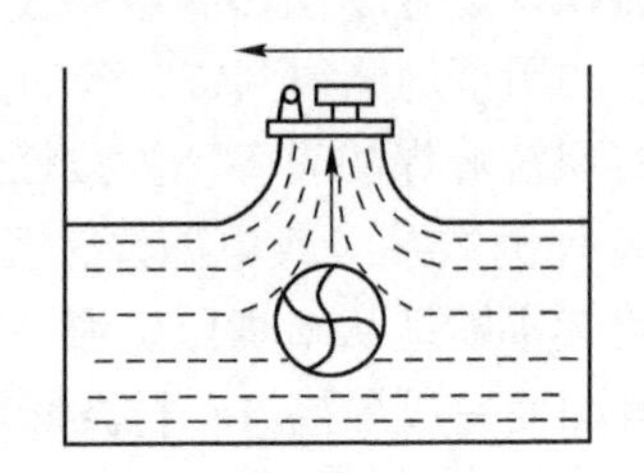

图 2-35 波峰焊焊接方式示意图

2. 波峰焊的工艺

波峰焊的工艺流程与设备规模、自动化焊接程度有关，但基本工艺流程是一致的，一般过程是：涂助焊剂→预热→波峰焊→冷却→清洗→检验。

（1）涂助焊剂

涂助焊剂的作用是去除焊件表面的氧化物，阻止焊接时焊件表面发生氧化等。常用的方法有波峰式、发泡式和喷射式等。其中发泡式喷涂应用最多。涂助焊剂后紧跟着用风吹匀，并除去多余的助焊剂，以提高波峰焊时浸锡的均匀性。

（2）预热

预热的作用是将焊剂加热到活化温度，清除焊件上的氧化物，减少元器件突受高温冲击而损坏的可能性，防止印制电路板在焊接时产生变形。预热的方式通常有辐射式和热风式，预热时间约为 40s。预热可使焊点光滑发亮。

（3）波峰焊

印制电路板由传导机构控制，经过波峰时与波峰相接触进行焊接。焊接系统一般采用双波峰，波峰焊时，印制电路板先接触第一个波峰，然后接触第二个波峰。第一个波峰是由窄喷嘴喷出的“湍流”波峰，流速快，对组件有较高的垂直压力，使钎料对尺寸小、贴装密度高的元器件有较好的渗透性。经过第一个波峰的产品，因浸焊时间短以及自身散热等因素，浸锡后有短路、锡多、焊点光洁度不够及焊接强度不足等焊接缺陷。因此必须进行浸锡不良的修正，这个动作由喷流面较宽阔、波峰较稳定的二级喷流进行。这是一个平滑的波峰，流动速度慢，有利于形成充实的焊缝，同时也能有效地消除焊端上过量的钎料，使焊接面上钎料润湿良好，消除可能出现的拉尖和桥接，保证焊接的可靠性。

（4）冷却

焊接完后要立即冷却。减少印制电路板受高热的时间，防止印制电路板变形，提高印制导线与基板的附着强度，增加焊接点的牢固性。常用的冷却方法有风冷和水冷，采用较多的是风冷。

（5）清洗

各种助焊剂均有一定的副作用，如不及时清洗干净焊剂的残渣，则会影响电路的电气性能和机械强度。

（6）检验

焊接结束后，应对焊接质量进行检查，少数漏焊可用手工烙铁补焊，问题较多时要从工艺分析原因。

3．波峰焊的操作要点

（1）焊接温度和时间

焊接温度是指焊接处与熔化的钎料相接触时的温度。温度太低会使焊点毛糙、不光滑及拉尖，造成虚假焊。温度过高易使钎料迅速氧化，还会造成印制电路板变形翘曲，烫伤元器件。较适合的焊接温度为 230～260℃，焊接时间为 3～4s。焊接温度的确定，还需视印制电路板的大小、元器件的多少和热容量大小、传送带速度以及环境气候不同而异。

（2）波峰的宽度、高度直接影响焊接质量

波峰高度不够易漏焊、挂焊及完成不了焊接过程。波峰过高易拉毛、堆锡及使钎料溢到印制电路板上面，造成整个印制电路板报废。波峰的最佳高度要视印制电路板厚度而定，一般要控制波峰顶端达到印制电路板厚度的 1/2～2/3 为好。可在焊接前用同样厚度的废板做个试验。

（3）焊接角度

焊接角度是指印制电路板通过波峰的倾斜角，也就是传送带与水平面之间的角度。焊接角度一般取5°～8°。适当的角度可以减少挂锡、拉毛及气泡等不良现象。

（4）传送带速度

印制电路板的传递速度决定了焊接时间。速度过慢，则焊接时间就长、温度就高，给印制电路板及元件带来不良影响。速度过快，则焊接时间过短，容易产生假焊、虚焊及桥接等不良现象。一般传送带速度取1～1.2m/min，视具体情况而定。冬季、板子线条宽、元器件多及元器件热容量大等情况时，速度可放慢一些，反之，速度可快一些。

波峰焊是将装有元器件的印制电路板与熔融钎料的波峰相接触从而实现焊接的一种方法。波峰焊接工艺是目前应用最广泛的自动化焊接工艺，不但生产效率高，而且焊接质量可以得到保证，焊点的合格率可达99.97%以上，因而在工厂里它取代了大部分传统的焊接工艺。波峰焊不仅用于焊接通孔元器件，还广泛用于表面组装技术（Surface Mount Technology，SMT）。

2.3.3 再流焊

再流焊也称为回流焊，是预先在印制电路板焊接部位（焊盘）施放适量和适当形式的钎料，然后贴放表面组装元器件，经固化（在采用焊膏时）后，再利用外部热源使钎料再次流动达到焊接目的的一种成组或逐点焊接工艺。再流焊接技术能完全满足各类表面组装元器件对焊接的要求，因为它能根据不同的加热方法使钎料再流，实现可靠的焊接连接。

1. 再流焊技术的特点

再流焊与波峰焊接技术相比具有一些以下特征。

1）再流焊工艺不需要把元器件直接浸渍在熔融的钎料中，所以元器件受到的热冲击小。但由于其加热方法不同，有时会施加给器件较大的热应力。

2）仅在需要部位施放钎料，能控制钎料施放量，避免桥接等缺陷的产生。

3）当元器件贴放位置有一定偏离时，由于熔融钎料表面张力的作用，只要钎料施放位置正确，就能自动校正偏离，使元器件固定在正常位置。

4）可以采用局部加热热源，从而可在同一基板上，采用不同焊接工艺进行焊接。

5）钎料中一般不会混入不纯物。使用焊膏时，能正确地保持钎料的组成。

2. 几种再流焊简介

再流焊根据传热方式的不同可分为：用于印制电路板整体加热的红外再流焊、气相再流焊、热风加热法及热板加热法等；用于印制电路板局部加热的激光再流焊、红外光束再流焊及热气流再流焊等。

（1）红外再流焊

红外再流焊的加热炉采用远红外辐射作为热源，根据热源和加热机理不同分为对流/红外再流焊和近红外再流焊两种。

对流/红外再流焊采用热空气自然对流的板式红外加热器，从红外板上产生的中等波长为2.5～5μm的红外线直接进行辐射加热。被焊元件吸收的全部热量中，辐射只占其中的40%，其余60%的热量从炉中热空气的对流中得到。

近红外再流焊采用石英辐射加热器，类似家用红外取暖器，从加热器产生的红外线波长为0.72～1000μm，其中1～5μm短波辐射的热量供焊接热处理用。被焊元件吸收的全部热量几乎都是从短波长范围的红外辐射中得到的，对流加热不到5%。

红外再流焊具有加热快、操作方便、价格便宜、红外炉结构简单和使用安全等优点。对流/红外再流焊是目前使用最广泛的 SMT 焊接方法。

（2）气相再流焊

气相再流焊也称为冷凝焊，它是利用饱和蒸汽热作为传热介质的一种自动化钎焊方法。其工作过程是把介质的饱和蒸汽转变成为相同温度下的液体，释放出潜热，使膏状钎料熔融浸润，从而使印制电路板上的所有焊点同时完成焊接。这种焊接方法的液体介质要有较高的沸点（高于铅锡钎料的熔点），有良好的热稳定性，不自燃。

气相再流焊的优点是受热均匀、温度精度高、无氧化及工艺过程简单，适合焊接柔性电路、插头及接插件等异形组件。不足之处是升温速度快（40℃/s）、介质液体及设备价格较高、有环境污染。

（3）激光再流焊

激光再流焊是利用激光束良好的方向性及功率密度高的特点，通过光学聚焦系统将激光束聚焦在很小的区域内，在很短的时间内使被加热处形成局部的加热区。这种加热高度局部化的特点，不产生热应力，热冲击小，热敏元器件不易损坏。这种设备通常将焊接过程和检验结合起来，焊接的同时可通过显示器检查焊接情况，保证焊点质量。设备用于焊接细间距器件时，优点尤为突出，可靠性较高。

激光再流焊是一种先进的焊接技术，它是对其他焊接方法的补充，不是代替，不能用于批量自动化生产。激光再流焊接设备价格昂贵，一般限于特殊领域中的应用，如焊接易损热敏器件等。另外，激光再流焊常用于密度 SMT 印制电路板组件的维修，切断多余的印制电路板连接，补焊添加更换的元器件．这样其他焊点不受热，保证维修质量。

2.3.4 焊接技术的发展趋势

1．焊件微型化

现代电子产品不断向微型化发展促进了微型焊件焊接技术的发展。印制电路板最小导线间距已小于 0.1mm，最小线宽为 0.06mm，最小孔径为 0.08mm。微电子器件轴向尺寸最小为 0.01mm，厚度为 0.01mm。显然，这种微型的焊件已很难用传统方法焊接了。

2．焊接方法多样化

（1）锡焊新技术

目前，焊接技术正在向自动化、智能化发展，波峰焊、再流焊技术日臻完善，发展迅速，其他焊接方法也随着微组装技术发展而不断涌现，已用于生产实践的就有丝球焊、TAB（带载自动焊）、倒装焊及真空焊等。

（2）特种焊接

锡焊以外的焊接方法，主要有高频焊、超声焊、电子束焊、激光焊、摩擦焊、爆炸焊及扩散焊等。

（3）无铅焊接

由于铅是有害金属，人们已经在探讨使用非铅钎料实现锡焊。目前已成功替代铅的有铟（In）、铋（Bi）以及镓基汞剂等。

（4）无加热焊接

用导电黏合剂将焊件黏起来，如同普通黏合剂黏接物品一样。

3. 设计生产计算机化

现代计算机及相关工业技术的发展，使制造业从对各个工序的自动控制发展到集中控制，即从设计、试验到制造，从原材料筛选、测试到整件装配检测，由计算机系统进行控制，组成计算机集成制造系统。焊接中的温度、焊剂浓度、印制电路板的倾斜及速度、冷却速度等均由计算机智能系统自动控制。

4. 生产过程绿色化

绿色是环境保护的象征。目前电子焊接中使用的焊剂、钎料及焊接过程、焊后清洗不可避免地影响环境和人们的健康。绿色化进程主要体现在以下两个方面：

1）使用无铅钎料。尽管由于经济上的原因尚未达到产业化，但正在向此方向努力。

2）免清洗技术。适应免洗焊膏，避免污染环境。

今后，随着现代电子技术的不断发展，传统的焊接方法将不断被改进和完善，而新的先进的高效率焊接方法也将不断涌现。

2.3.5 任务训练 手工浸焊

1. 训练目的

1）掌握导线端头、元器件和漆包线的浸焊技术。

2）掌握印制电路板的手工浸焊技术。

2. 训练器材

1）浸锡锅一台。

2）焊锡条与松香水若干。

3）刷子一把。

4）元器件与印制电路板若干。

5）镀银线（或漆包线）若干。

3. 训练内容与步骤

（1）导线端头的浸焊

1）在捻好头的导线蘸上助焊剂。

2）锡锅通电使锅中钎料熔化。

3）将导线垂直插入锡锅中，并且使浸渍层与绝缘层之间留有1～2mm的间隙，导线端头浸锡时间为1～3s，待润湿后取出。

（2）元器件的浸焊操作

1）用刀片刮除元器件引脚上的氧化膜，在引脚涂上松香水。

2）将元器件的引脚插入锡锅中1～3s，浸焊完成，取出元器件。

（3）漆包线的浸焊操作

1）将漆包线端头的绝缘漆刮除，在漆包线端头涂上松香水。

2）将漆包线端头插入锡锅中 1～3s，浸焊完毕，取出漆包线。

（4）印制电路板的浸焊

1）将元器件插入印制电路板中，浸渍松香助焊剂。

2）用夹具夹住印制电路板的边缘，与锡锅内的焊锡液成 30°～45° 的倾角进入焊锡液。

3）当印制电路板完全进入锡锅中后，应与锡液保持平行，浸入深度是印制电路板厚度的 50%～70%为宜，浸锡的时间为 3～5s。

4）浸焊完成后，仍按原浸入角度缓慢取出。

5）冷却且检查焊接质量。

（5）浸焊操作注意事项

1）操作者必须戴上防护眼镜、手套，穿上围裙。所有液态物体要远离锡槽，以免倒翻在锡槽内引起锡“爆炸”及焊锡喷溅。

2）为防止焊锡槽的高温损坏不耐高温的元器件和半开放性元器件，必须事前用耐高温胶带贴封这些元器件。对未安装元器件的安装孔也需贴上胶带，以免焊锡填入孔中。

思考与练习

1. 简述锡焊的形成过程。
2. 焊接时如何选择合适的电烙铁？
3. 焊接时如何选用钎料与焊剂？
4. 简述五步法手工焊接的过程。
5. 简述手工焊接技术的要领。
6. 什么是桥接？桥接形成的原因是什么？
7. 什么是虚焊？虚焊形成的原因是什么？
8. 简述印制电路板上元器件常用的拆卸方法。
9. 简述手工浸焊的步骤。
10. 简述波峰焊设备关键部件的功能。
11. 简述波峰焊工艺流程。

项目 3 印制电路板的设计与制作

学习目标

1）了解印制电路板种类及结构。
2）熟悉印制电路板的设计基础。
3）掌握印制电路板的手工制作方法。
4）熟悉印制电路板的生产工艺。
5）掌握印制电路板的质量检验方法。

素养目标

1）培养学生的探索、创新精神，具备印制电路板的设计、制作及质量检验能力。
2）培养学生的安全意识，养成遵守纪律、按照操作规程训练的习惯。
3）培养学生的敬业精神、团队意识和创新意识等，养成良好的职业素养。

印制电路板是电子产品的核心部件，它将设计好的电路制成导电线路，是元器件互连及组装的基板，通过印制电路板可以完成电路的电气连接和电路的组装，并实现电路的功能，是目前电子产品不可缺少的组成部分。本项目介绍印制电路板的相关知识，掌握印制电路板的设计、制作及组装等各种技能。

任务 3.1 印制电路板的设计

3.1.1
印制电路板的种类与结构

3.1.1 印制电路板的种类与结构

印制电路板（Printed Circuit Board，PCB）是按照一定工艺，在敷铜板上完成印制导线和导电图形加工的成品板。敷铜板是由一定厚度的铜箔通过黏合剂热压在绝缘基板上而形成的。印制电路板能够实现电子元器件之间的电气连接，具有导电和绝缘底板的双重作用。

1. 印制电路板的种类

印制电路板的种类很多，按其结构可分为单面印制电路板、双面印制电路板、多层印制电路板、软性印制电路板和平面印制电路板。

（1）单面印制电路板

单面印制电路板是在绝缘基板（厚度为 0.2～0.5mm）的一个表面敷有铜箔，通过印制和腐蚀的方法，在基板上形成印制电路，单面印制电路板如图 3-1 所示。它适合手工制作，适用于电子元器件密度不高的电子产品，如收音机等。

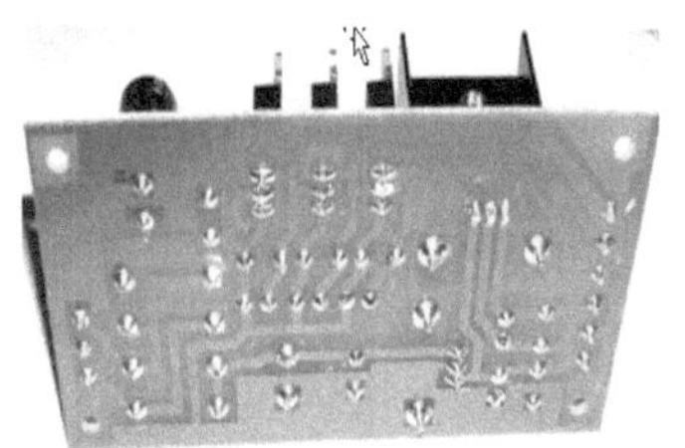

图 3-1　单面印制电路板

（2）双面印制电路板

双面印制电路板是在绝缘基板（其厚度为 0.2～0.5mm）的两面均敷有铜箔，可在基板的两面制成印制电路板，双面印制电路板如图 3-2 所示。但需要在两面铜箔之间安装金属化过孔，即在小孔内表面涂敷金属层，使之与夹在绝缘基板中间的印制电路接通。布线密度比单面印制电路板高，使用更为方便，适用于电性能要求较高的电子产品，如计算机、手机、仪器和仪表等。

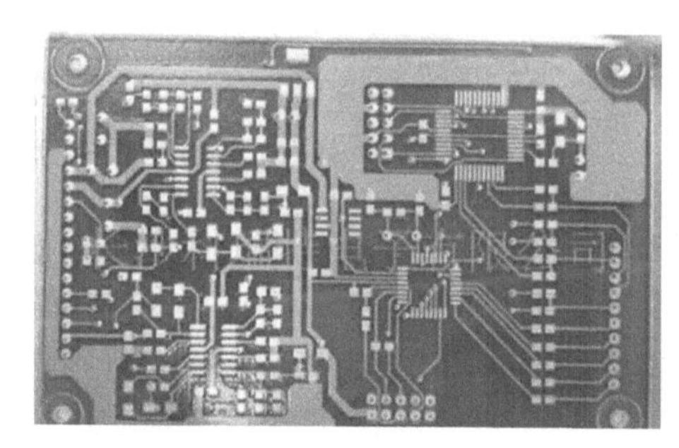
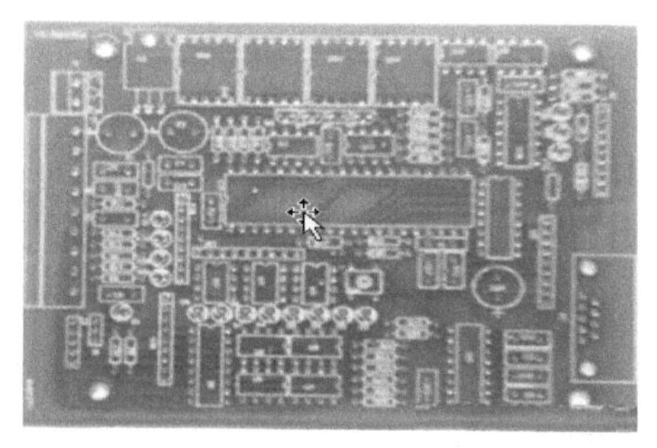

图 3-2　双面印制电路板

（3）多层印制电路板

多层印制电路板是在绝缘基板上制作三层及以上印制电路的印制电路板，多层印制电路板如图 3-3 所示。它是由几层较薄的单面板或双层面板黏合而成，其厚度一般为 1.2～2.5mm。为了把夹在绝缘基板中间的电路引出，多层印制电路板上安装元件的金属化过孔。

图 3-3　多层印制电路板

多层印制电路板与集成电路配合使用，可以减小电子产品的体积与重量，还可以增设屏蔽层，以提高电路的电气性能。随着电子技术的高速发展，电子产品越来越精密，电路板也就越来越复杂，多层电路板的应用也越来越广泛。

（4）软性印制电路板

软性印制电路板也称为柔性印制电路板，是以软层状塑料或其他软质膜性材料（如聚酯或聚亚胺的绝缘材料）为基板制成，其厚度为 0.25～1mm。软性印制电路板如图 3-4 所示。它也有单层、双层及多层之分，它可以自由弯曲、卷绕和折叠，在三维空间能任意移动和伸缩，可依照空间布局要求任意安排，适应电子产品向高密度、小型化和高可靠性方向发展的需要，在计算机、通信及仪表等电子产品上得到了广泛的应用，特别是随着可穿戴设备、柔性显示和智能设备的快速发展，对软性印制电路板的需求大幅增加。

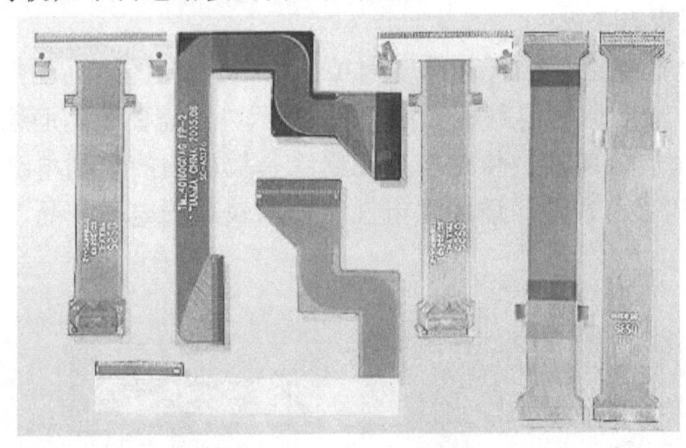

图 3-4 软性印制电路板

2．印制电路板的结构

一块完整的印制电路板主要包括以下几个部分：绝缘基板、铜箔、孔、阻焊层和丝印层。

（1）绝缘基板

印制电路板的绝缘基板是由高分子的合成树脂与增强材料组成的，合成树脂的种类很多，常用的有酚醛树脂、环氧树脂和聚四氟乙烯树脂等。增强材料一般有玻璃布、比例毡和纸等。它们决定了绝缘基板的机械性能和电气性能。常见的绝缘基板有以下几种。

1）酚醛纸层压板。酚醛纸层压板是由绝缘浸渍纸或棉纤维浸渍纸浸以酚醛树脂经热压而成。这种板的机械强度低、易吸水及耐高温较差，但价格便宜。这种绝缘基板广泛用于一般的电子产品中，而在恶劣的环境中不宜使用。

2）环氧酚醛玻璃布层压板。环氧酚醛玻璃布层压板是用玻璃布浸以环氧酚醛树脂和酚醛树脂配成的合成树脂经热压而成。由于使用了环氧树脂，所以环氧酚醛玻璃布层压板的黏结力强、电气及机械性能好、既耐化学溶剂又耐高温潮湿，但环氧酚醛玻璃布敷铜箔板的价格较贵。

3）酚醛玻璃布层压板。酚醛玻璃布层压板是用无碱玻璃布浸以酚醛树脂，经热压而成。它质量轻、电气及机械性能好，耐高温潮湿，主要用于工作温度和工作频率较高的电子产品中。

4）聚四氟乙烯层压板。聚四氟乙烯层压板是用无碱玻璃布浸渍聚四氟乙烯分散乳液经热压而成。它具有优良的电性能和化学稳定性，是一种能耐高温且有高绝缘性的新型材料，用于高频或超高频电路中。

除以上几种外，还有以聚苯乙烯、聚酯和聚酰亚胺等材料制成的绝缘基板。

（2）铜箔

铜箔是印制电路板表面的导电材料，它通过黏结剂黏贴在绝缘基板的表面，然后再制成印制导线和焊盘，在板上实现元器件的相互连接。因此，铜箔是印刷电路板的关键材料，必须有较高的导电率和良好的可焊性。铜箔表面不得有划痕、砂眼和皱折。铜箔的厚度为 18μm、

25μm、35μm、70μm和105μm。通常使用的铜箔厚度为35μm。

（3）孔

印制电路板的孔有元器件孔、工艺孔、机械安装孔及金属化孔等。它们主要是用于基板加工、元件安装、产品装配及不同层面之间的连接。元器件的安装孔用于固定元器件引线。安装孔的直径有0.8mm、1.0mm和1.2mm等尺寸，同一块电路板安装孔的尺寸规格应尽量少一些。金属化孔是把铜沉积在贯通两面导线或焊盘的孔壁上，使原来非金属的孔壁金属化，使双面印制电路板两面的导线或焊盘实现连通。

（4）阻焊层

阻焊层是指在印制电路板上涂敷的绿色阻焊剂。阻焊剂是一种耐高温涂料，除了焊盘和元器件的安装孔以外，印制电路板的其他部位均在阻焊层之下。这样可以使焊接只在需要焊接的焊点上进行，而将不需要焊接的部分保护起来。应用阻焊剂可以防止搭焊、连桥所造成的短路，减少返修、虚焊，提高焊接质量，减少焊接时受到的冲击，使板面不易起泡、分层，减少了潮湿气体和有害气体对板面的侵蚀。

（5）丝印层

丝印层一般用白色油漆制成，主要用于标注元器件的符号和编号，便于印制电路板装配时的电路识别。

3.1.2 印制电路板设计原则

印制电路板的电路设计是将电路原理图转换成印制电路板图的过程。通常有两种设计方法，一种是人工设计，另一种是计算机辅助设计，对于简单不需要批量生产的电路板，可采用人工设计的方法。

3.1.2
印制电路板设计原则

印制电路板的电路设计时，需要考虑电路的复杂程度、元器件的外形和重量、工作电流的大小和电路电压的高低等，以便选择合适的基板材料并确定印制电路板的类型，在设计印制导线的走向时，还要考虑到电路的工作频率，尽量减少导线间的分布电容和分布电感等。

为了使电路获得最佳性能，印制电路板设计时，应遵循以下几方面的原则。

1. 元器件布局原则

元器件布局时，首先要考虑PCB尺寸大小。PCB尺寸过大时，印制线路长，阻抗增加，抗噪声能力下降，成本也增加；过小，则散热不好，且邻近线条易受干扰。在确定PCB尺寸后，再确定特殊元器件的位置。最后，根据电路的功能单元，对电路的全部元器件进行布局。

（1）确定特殊元器件位置

1）在板面上的元器件应按照电路原理图的顺序尽量成直线排列，力求电路安装紧凑和密集，以缩短引线，减少分布电容，尽可能缩短高频元器件之间的连线，减少它们的分布参数和相互间的电磁干扰。

2）某些元器件或导线之间可能有较高的电位差，应加大它们之间的距离，以免放电引起意外短路。带强电的元器件应尽量布置在调试时手不易触及的地方。

3）重量超过15g的元器件，用支架加以固定，然后焊接。对体积大而重、发热量多的元器件，不宜装在印制电路板上，而应装在整机的机箱底板上，并考虑散热问题。热敏元器件应远离发热元器件。

4）对于电位器、可调电感线圈、可变电容器及微动开关等可调元器件的布局应考虑整机的结构要求。若是机内调节，应放在印制电路板上便于调节的地方；若是机外调节，其位置要与调节旋钮在机箱面板上的位置相适应。

5）应留出印制电路板的定位孔和固定支架所占用的位置。

（2）根据电路的功能单元，对电路的全部元器件进行布局

1）按照电路信号流程来安排各个功能电路单元的位置，使布局便于信号流通，并使信号尽可能保持方向一致。如果电路要求必须将整个电路分成几块进行安装，则应使每一块装配好的印制电路板成为具有独立功能的电路，以便于单独进行调试和维护。

2）以每个功能电路的核心元器件为中心，围绕它来进行布局。元器件要均匀、整齐且紧凑地排列在PCB上，尽量减少和缩短各元器件之间的引线和连接。

3）在高频下工作的电路，要考虑元器件之间的分布参数。一般电路应尽可能使元器件平行排列。这样，不但美观，而且焊接容易，易于批量生产。

4）位于印制电路板边缘的元器件，离印制电路板边缘一般不小于2mm。印制电路板的最佳形状为矩形，长宽比为3∶2或4∶3。印制电路板面尺寸大于200mm×150mm时，应考虑印制电路板所受的机械强度。

2. 布线原则

（1）地线的布设

1）一般将公共地线布置在印制电路板的边缘，便于将印制电路板安装在机架上，也便于与机架地相连接。导线与印制电路板的边缘应留有一定的距离（不小于板厚），便于安装导轨和进行机械加工，还能提高电路的绝缘性能。

2）在各级电路的内部，应防止因局部电流而产生的地阻抗干扰，采用一点接地是最好的办法。但在实际布线时并不一定能绝对做到，而是尽量使它们安排在一个公共区域之内。

3）当电路工作频率在30MHz以上或是工作在高速开关的数字电路中，为了减少地阻抗，常采用大面积覆盖地线，这时各级的内部元器件接地也应贯彻一点接地的原则，即在一个小的区域内接地。

（2）输入、输出端导线的布设

为了减小导线间的寄生耦合，在布线时要按照信号的流通顺序进行排列，电路的输入端和输出端应尽可能远离，输入端和输出端之间最好用地线隔开。在图3-5a中，由于输入端和输出端靠得过近，且输出导线过长，将会产生寄生耦合，如图3-5b的布局就比较合理。

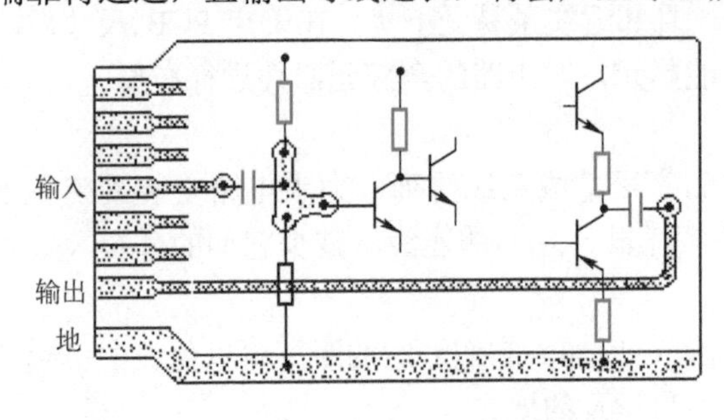

a)

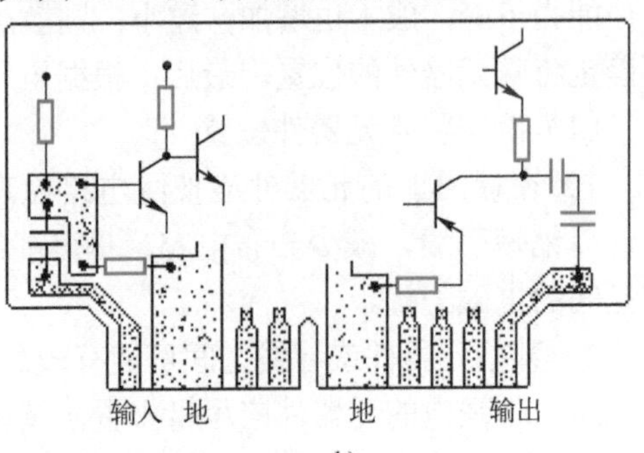

b)

图3-5 输入端和输出端导线的布设

a) 输入端和输出端靠得过近 b) 输入端和输出端之间用地线隔开

（3）高频电路导线的布设

对于高频电路必须保证高频导线、晶体管各电极的引线、输入和输出线短而直，若线间距离较小要避免导线相互平行。高频电路应避免用外接导线跨接，若需要交叉的导线较多，最好采用双面印制电路板，将交叉的导线印制在板的两面，这样可使连接导线短而直，在双面板两面的印制线应避免互相平行，以减小导线间的寄生耦合，最好成垂直布置或斜交，双面印制电路板高频导线的布设如图 3-6 所示。

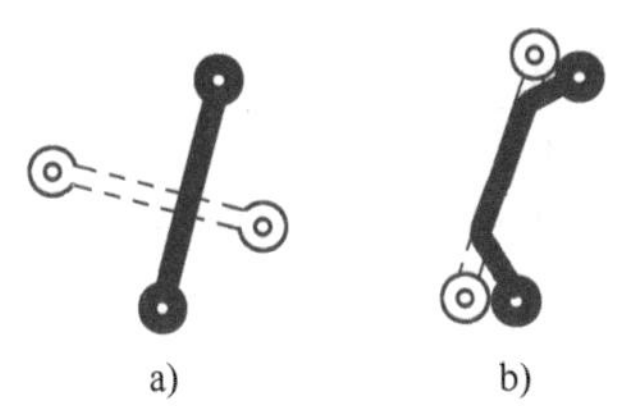

图 3-6　双面印制电路板高频导线的布设

a) 正确　b) 不正确

（4）印制电路板的对外连接

印制电路板的对外连接有多种形式，可根据整机结构要求而确定。一般采用以下两种方法。

1）用导线互连。将需要对外进行连接的接点，先用印制导线引到印制电路板的一端，导线应从被焊点的背面穿入焊接孔，导线互连图如图 3-7 所示。

对于电路有特殊需要如连接高频高压外导线时，应在合适的位置引出，不应与其他导线一起走线，以避免相互干扰，图 3-8 为高频屏蔽导线的外接方法。

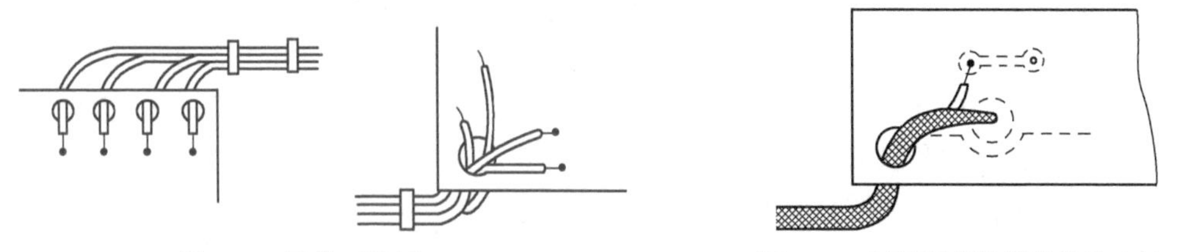

图 3-7　导线互连图　　图 3-8　高频屏蔽导线的外接方法

2）用印制电路板接插式互连。簧片式插头与插座如图 3-9 所示，为印制电路板接插的簧片式互连，将印制电路板的一端制成插头形状，以便插入有接触簧片的插座中去。针孔式插头与插座如图 3-10 所示，是采用针孔式插头与插座的连接，在针孔式插头的两边设有固定孔与印制电路板固定，在插头上有 90° 弯针，其一端与印制电路板接点焊接，另一端可插入插座内。

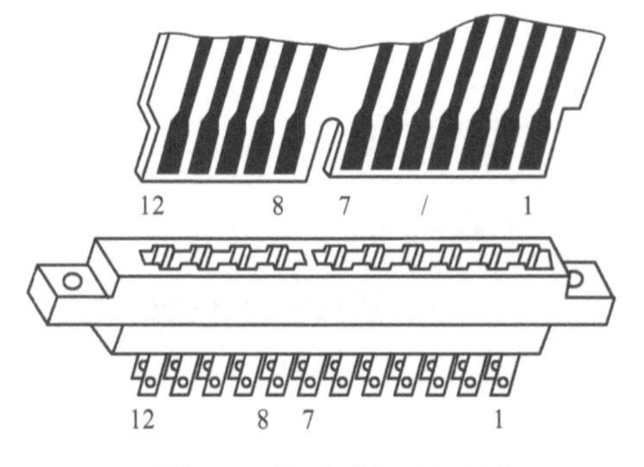

图 3-9　簧片式插头与插座

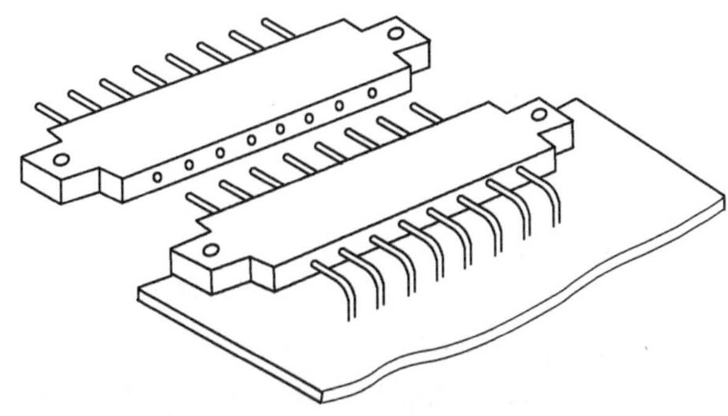

图 3-10　针孔式插头与插座

3.1.3 印制导线的尺寸和图形

设计印制电路板时，当元器件布局和布线初步确定后，就要具体地设计与绘制印制电路图形。将会遇到确定印制导线宽度、导线间距及图形的格式等问题，印制电路的设计尺寸和图形格式关系到印制电路板的总尺寸和电路性能，不能随便选择，应遵循以下原则。

1. 印制导线的宽度

一般情况下，印制导线应尽可能宽一些，这有利于承受电流和制造方便。建议导线宽度优先采用 0.5mm、1.0mm、1.5mm 和 2.0mm。

印制导线具有一定的电阻，通过电流时将产生热量和电压降。通过导线的电流越大，温度越高。导线长期受热后，铜箔会因粘贴强度降低而脱落。因此，要控制工作温度就要控制导线的电流。一般可采用导线的最大电流密度不超过 $20A/mm^2$。

0.05mm 厚的导线宽度与允许电流、电阻的关系见表 3-1。

表 3-1 0.05mm 厚的导线宽度与允许电流、电阻的关系

线宽/mm	0.5	1.0	1.5	2.0
I/A	0.8	1.0	1.3	1.9
$R/\Omega\cdot m^{-1}$	0.7	0.41	0.31	0.25

2. 印制导线的间距

导线间距与焊接工艺有关，采用浸焊或波峰焊时，间距要大些，手工焊间距可小些。一般情况下，建议导线间距等于导线宽度，最小导线间距应不小于 0.4mm。

在高压电路中，相邻导线间存在着高电位梯度，必须考虑其影响，印制导线间的击穿将导致基板表面炭化、腐蚀和破裂。在高频电路中，导线间距将影响分布电容的大小，从而影响着电路的损耗和稳定性。因此导线间距的选择应根据基板材料、工作环境和分布电容大小等因素来确定。最小导线间距还同印制电路板的加工方法有关，选用时应综合考虑。

3. 印制导线的形状

印制导线的形状可分为平直均匀形、斜线均匀形、曲线均匀形及曲线非均匀形。印制导线形状如图 3-11 所示。

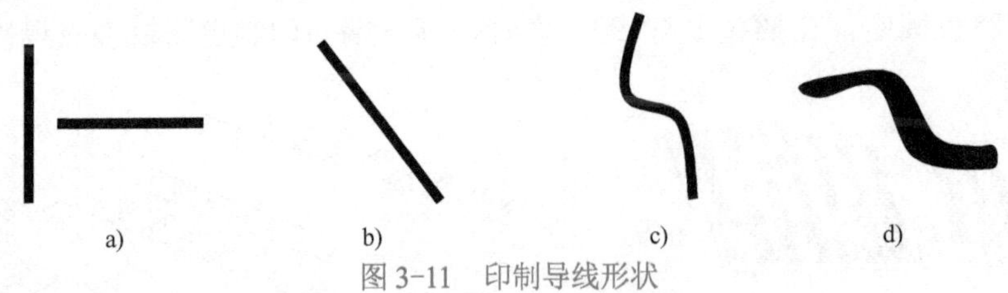

图 3-11 印制导线形状

a) 平直均匀形 b) 斜线均匀形 c) 曲线均匀形 d) 曲线非均匀形

印制导线的图形除要考虑机械、电气因素外，还要考虑美观大方。所以在设计印制导线的形状时，应遵循如图 3-12 所示的原则。具体如下：

1）同一印制电路板的导线宽度（除地线外）最好一样。

2）印制导线应走向平直，不应有急剧的弯曲和出现尖角，所有弯曲与过渡部分均须用圆弧连接。

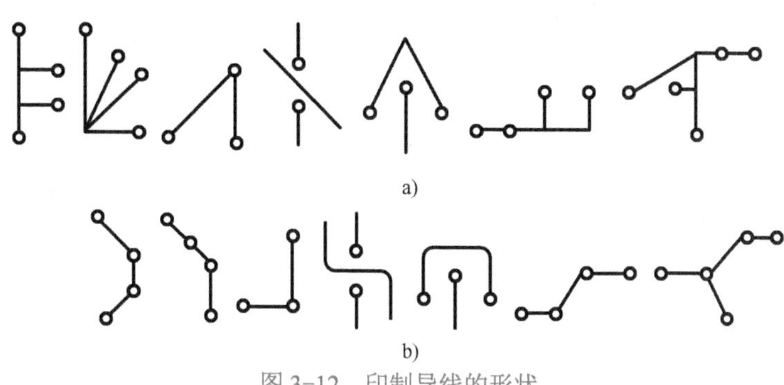

图 3-12　印制导线的形状

a) 避免采用　b) 优先采用

3）印制导线应尽可能避免有分支，如必须有分支，分支处应圆滑。

4）印制导线尽可能避免长距离平行，对双面布设的印制导线不能平行，应交叉布设。

5）如果印制电路板面需要大面积的铜箔，例如电路中的接地部分，则整个区域应镂空成栅状，栅状铜箔如图 3-13 所示。这样在浸焊时能迅速加热，并保证涂锡均匀。此外还能防止板受热变形，防止铜箔翘起和剥脱。

6）当印制导线宽度超过 3mm 时，最好在印制导线中间开槽成两根并行的连接线，导线中间开槽如图 3-14 所示。

图 3-13　栅状铜箔

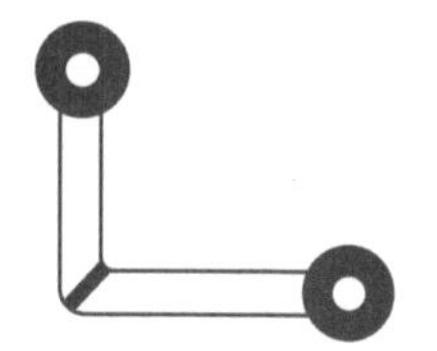

图 3-14　导线中间开槽

焊盘是指印制导线在焊接孔周围的金属部分，连接盘的尺寸取决于焊接孔的尺寸。焊接孔是指固定元器件引线或跨接线贯穿基板的孔。显然，焊接孔的直径应该稍大于焊接元器件的引线直径。连接盘的直径 D 应大于焊接孔内径 d，一般取 $D=(2\sim3)d$，焊盘尺寸如图 3-15 所示。

连接盘的形状有不同选择，圆形连接盘用得最多，因为圆焊盘在焊接时，焊锡将自然堆焊成光滑的圆锥形，结合牢固、美观。但有时，为了增加连接盘的黏附强度，也采用正方形、椭圆形和长圆形连接盘。连接盘的常用形状如图 3-16 所示。

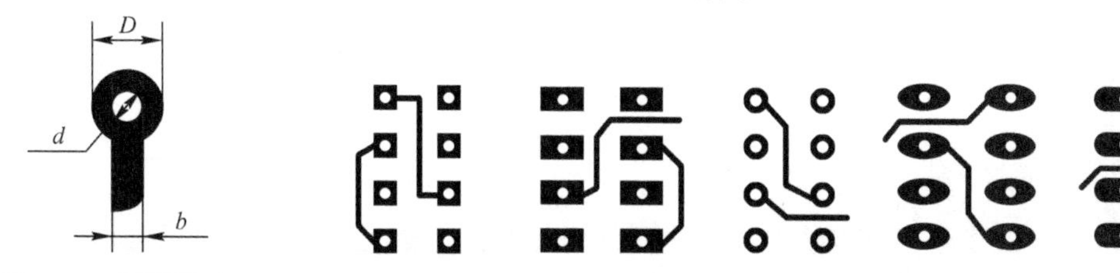

图 3-15　焊盘尺寸

图 3-16　连接盘的常用形状

若焊盘与焊盘间的连线合为一体，如水上小岛，故称为岛形焊盘，如图 3-17 所示。岛形焊盘常用于元器件的不规则排列中，有利于元器件的密集和固定，并可大量减少印制导线的长度与数量。此外，焊盘与印制导线合为一体后，铜箔面积加大，使焊盘和印制导线的抗剥离强度大大增加。岛形焊盘多用在高频电路中，它可以减少接点和印制导线的电感，增大地线的屏蔽面积，减少接点间的寄生耦合。

图 3-17 岛形焊盘

3.1.4 印制电路板电路的干扰及抑制

干扰现象在整机调试中经常出现，其原因是多方面的。不仅有外界因素造成的干扰（如电磁波），而且印制电路板绝缘基板的选择、布线不合理及元器件布局不当等都可能造成干扰，这些干扰在电路设计和 PCB 设计中如予以重视，则可避免。相反，如果不在设计中考虑，便会出现干扰，使设计失败。

1. 电源干扰及抑制

任何电子产品都需要供电，并且绝大多数直流电源是由交流电源通过变压、整流及稳压后供电的。供电电源的整流、滤波效果会直接影响整机的技术指标。电源电路的工艺布线和印制电路板设计不合理都会产生干扰，这里主要包含交流电源的干扰和直流电源电路产生的电场对其他电路造成的干扰。所以在印制电路板上布线时，交直流回路不能彼此相连，电源线不要平行大环线走线；电源线与信号线不要靠得太近，并避免平行等。

2. 热干扰及抑制

元器件在工作中都有一定程度的发热，尤其是功率较大的元器件所发出的热量会对周边温度比较敏感的元器件产生干扰，若热干扰得不到很好的抑制，那么整个电路的电性能就会发生变化。为了对热干扰进行抑制，可采取以下措施。

（1）发热元器件的放置

不要贴板放置，可以移到机壳之外，也可以单独设计为一个功能单元，放在靠近边缘容易散热的地方。比如微型计算机电源、贴于机壳外的功率放大管等。另外，发热量大的元器件与小热量的元器件应分开放置。

（2）大功率元器件的放置

应尽量靠近印制电路板边缘布置，在垂直方向时应尽量布置在印制电路板上方。

（3）温度敏感元器件的放置

对温度比较敏感的元器件应安置在温度最低的区域，千万不要将它放在发热元器件的正上方。

（4）器件的排列与气流

非特定要求，一般设备内部均以空气自由对流进行散热，故元器件应以纵式排列；若强制散热，元器件可横式排列。另外，为了改善散热效果，可添加与电路原理无关的零部件以引导热量对流。元器件的排列与气流关系如图 3-18 所示。

3. 共阻抗干扰及抑制

共阻抗干扰由 PCB 上大量的地线造成。当两个或两个以上的回路共用一段地线时，不同的回路电流在共用地线上产生一定压降，此压降经放大就会影响电路性能；当电流频率很高时，会产生很大的感抗而使电路受到干扰。为了抑制共阻抗干扰，可采用如下措施。

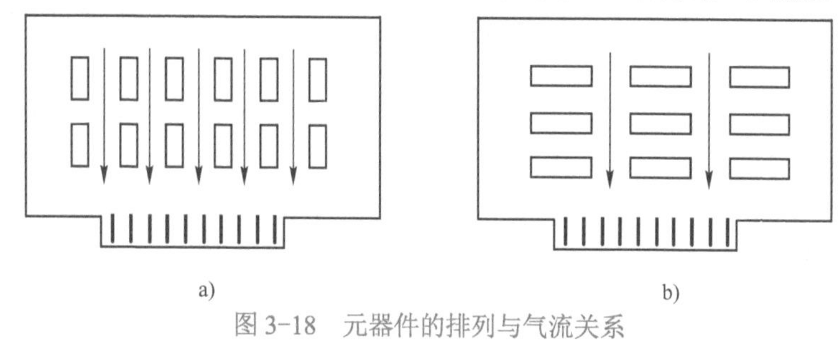

图 3-18 元器件的排列与气流关系

a) 自由对流纵式排列 b) 强制散热横式排列

（1）一点接地

使同级单元电路的几个接地点尽量集中，以避免其他回路的交流信号窜入本级，或本级中的交流信号窜入其他回路中去。适用于信号频率小于 1MHz 的低频电路，如果信号频率为 1～10MHz 而采用一点接地时，其地线长度应不超过波长的 1/20。总之，一点接地是消除地线共阻抗干扰的基本原则。

（2）就近多点接地

PCB 上有大量公共地线分布在板的边缘，且呈现半封闭回路（防磁场干扰），各级电路采取就近接地，以防地线太长，适用于信号频率大于 10MHz 的高频电路。

（3）汇流排接地

汇流排由铜箔板镀银而成，PCB 上所有集成电路的地线都接到汇流排上。汇流排具有条形对称传输线的低阻抗特性，在高频电路中，可提高信号传输速度，减少干扰。汇流排接地示意图如图 3-19 所示。

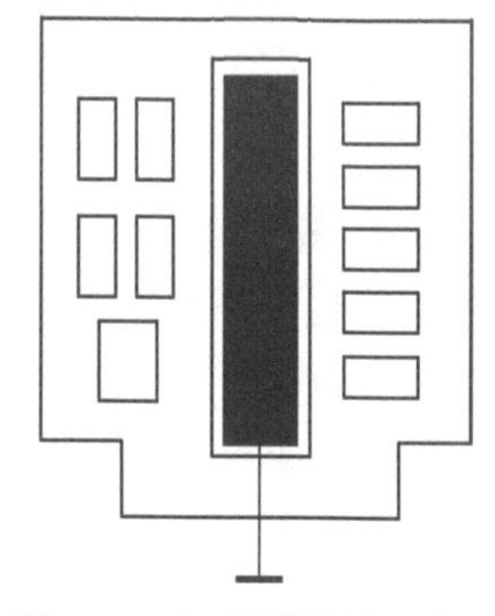

图 3-19 汇流排接地示意图

（4）大面积接地

在高频电路中将 PCB 上所有不用的面积均布设为地线，以减少地线中的感抗，从而削弱在地线上产生的高频信号，并对电场干扰起到屏蔽作用。

（5）加粗接地线

若接地线很细，接地电位则随电流的变化而变化，致使电子设备的定时信号电平不稳，抗噪声性能变坏，其宽度至少应大于 3mm。

（6）D-A（数-模）电路的地线分开

两种电路的地线各自独立，然后分别与电源端地线相连，以抑制它们相互干扰。

4. 电磁干扰及抑制

电磁干扰是由电磁效应而造成的干扰，由于 PCB 上的元器件及布线越来越密集，如果设计不当就会产生电磁干扰。为了抑制电磁干扰，可采取如下措施。

（1）合理布设导线

印制导线应远离干扰源且不能切割磁力线；避免平行走线，双面板可以交叉通过，单面板可以通过“飞线”跨过；避免成环，防止产生环形天线效应；时钟信号布线应与地线靠近，对于数据总线的布线应在每两根之间夹一根地线或紧挨着地址引线放置；为了抑制出现在印制导线终端的反射干扰，可在传输线的末端对地和电源端各加接一个相同阻值的匹配电阻。

（2）采用屏蔽措施

可设置大面积的屏蔽地线和专用屏蔽线以屏蔽弱信号不受干扰，屏蔽线防止电磁干扰。

（3）去耦电容的配置

在直流供电电路中，负载的变化会引起电源噪声并通过电源及配线对电路产生干扰。为抑制这种干扰，可在单元电路的供电端接一个 10～100μF 的电解电容器；可在集成电路的供电端配置一个 680pF～0.1μF 的陶瓷电容器或 4～10 个芯片配置一个 1～10μF 的电解电容器；对 ROM（只读存储器）、RAM（随机存储器）等芯片应在电源线（VCC）和地线（GND）间直接接入去耦电容等。

3.1.5　印制电路板的人工设计

1．印制电路板材料选择

印制电路板的材料选择要考虑电气、机械特性以及价格、制造成本等因素。电气特性是指基材的绝缘电阻、抗电弧性、印制导线电阻、击穿强度、抗剪强度和硬度。机械特性是指基材的吸水性、热膨胀系数、耐热性、抗挠曲强度、抗冲击强度、抗剪强度和硬度。

酚醛纸基层压板的机械强度低，易吸水及耐高温性能较差，表面绝缘电阻较低，但价格便宜。一般适用于民用电子产品。环氧酚醛玻璃布层压板的电气及机械性能好，耐化学溶剂，耐高温、耐潮湿，表面绝缘电阻高，但价格较贵。一般适用于仪器、仪表及军用电子产品。以上两种基材均可制成单面的、双面的或多层的、阻燃型的或是可燃型的印制电路板。可根据电路的要求选用。

2．印制电路板的厚度

印制电路板厚度的确定，主要是考虑对印制电路板上元器件重量的承受能力和使用中承受机械负荷的能力。如果只在印制电路板上装配集成电路、小功率晶体管、电阻及电容等小功率元器件，在没有较强的负荷振动条件下，使用厚度为 1.5mm（尺寸在 500mm×500mm 之内）的印制电路板即可。如果板面较大或支撑强度不够，应选择 2～2.5mm 厚的板。印制电路板的厚度已标准化，其尺寸为 1.0mm、1.5mm、2.0mm 和 2.5mm 几种，最常用的为 1.5mm 和 2.0mm。

对于尺寸很小的印制电路板，如计算器、电子表等，为了减小重量和降低成本，可选用更薄一些的敷铜箔层压板来制作。对于多层印制电路板的厚度也要根据电路的电气性能和结构要求来决定。

3．印制电路板形状和尺寸的确定

印制电路板的尺寸与印制电路板的加工和装配有密切关系，从装配工艺的角度考虑：一方面是便于自动化组装，使设备的性能得到充分利用，能使用通用化、标准化的工具和夹具，另一方面是便于将印制电路板组装成不同规格的产品，安装方便，固定可靠。

印制电路板的外形应尽量简单，一般为长方形，应尽量避免采用异形板。印制电路板的尺寸应尽量靠近标准系列的尺寸，以便简化工艺，降低加工成本。

4．印制电路板坐标尺寸图的设计

用手工绘制 PCB 图时，可借助于坐标纸上的方格准确地表达在印制电路板上元器件的坐标位置。在设计和绘制坐标尺寸图时，应根据印制电路图并考虑元器件布局和布线的要求。

典型元器件是全部安装元器件中在几何尺寸上具有代表性的元器件，它是布置元器件时的基本单元。估算一下典型元器件的尺寸和其他大元器件尺寸相当于典型元器件的倍数，即一个大元器件在几何尺寸上相当于几个典型元器件，将它们的尺寸加在一起，就可以算出整个印制电路板需要多大尺寸。

阻容元器件、晶体管等应尽量使用标准跨距，以适应元器件引线的自动成型。各元器件的安装孔的圆心必须设置于坐标格的交点上。

5．根据电气原理图绘制印制排版连线图

根据电气原理图绘制印制排版连线图是用简单线条表示印制导线的走向和元器件的连接，在排版连线图中应尽量避免导线的交叉，但可以在元器件处交叉。在印制电路板几何尺寸已确定的情况下，从排版连线图中可以看出元器件的基本位置，当然，当电路比较简单时，也可以不画排版连线图，而直接画排版设计草图。

排版设计草图一般应用方格纸绘制，所用比例一般选用 2∶1 或 4∶1。首先，根据已给的印制电路板尺寸及各安装孔尺寸，画出印制电路板的外轮廓。然后查元器件手册（或测量实物），确定有关元器件的尺寸及跨距。在具体绘制时，可将各元器件剪成纸型，放置在方格纸上以确定其位置，也可应用绘图模板来绘制。再根据排版连线图上元器件大体位置及其连线方向，精确布置元器件及孔的位置（最好放在坐标格的交点上），并用单线画出印制导线的走向。

3.1.6　印制电路板的计算机设计

计算机的发展为电路原理图和 PCB 设计提供了强有力的手段。在电子行业中，借助计算机软件对产品进行设计已经成为一种趋势。现在流行使用类似 Altium Designer、PADS 和 OrCAD 等软件来绘制印制板图。由于 Altium Designer 功能相对完善、容易掌握、使用方便且资料丰富，因此受到广泛欢迎。下面以 Altium Designer 17 为例进行介绍。

1．Altium Designer 17

Altium Designer 17 是原 Protel 软件开发商 Altium 公司推出的一体化的电子产品开发系统，运行于 Windows 操作系统。它在单一设计环境中集成板级和 FPGA（现场可编程门阵列）系统设计、基于 FPGA 和分立处理器的嵌入式软件开发以及 PCB 版图设计、编辑和制造，并集成了现代设计数据管理功能。

Altium Designer 软件通过把原理图设计、PCB 绘制编辑、拓扑逻辑自动布线、信号完整性分析和设计输出等技术融合，为设计者提供了全新的设计解决方案，使设计者可以轻松进行设计，熟练使用这一软件必将使电路设计的质量和效率大大提高。

2．启动 Altium Designer 17

在“开始”菜单中，执行“开始”→“所有程序”→“Altium”→“Altium Designer”，启动 Altium Designer 17。

启动程序后，屏幕出现 Altium Designer 17 的启动界面，启动完成后，系统自动进入设计主窗口，如图 3-20 所示。

3．创建 PCB 文件

Altium Designer 17 的 PCB 设计通常是先建立 PCB 工程项目文件，然后在该项目文件下建立原理图、PCB 等其他文件，建立的项目文件将显示在“Projects”选项卡中。

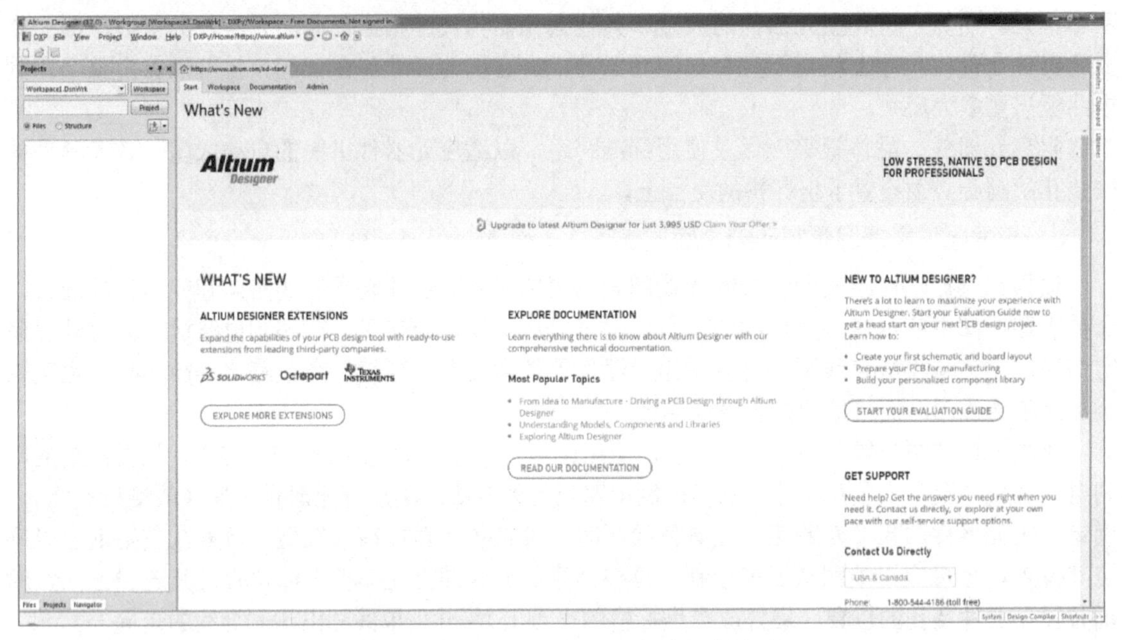

图 3-20 Altium Designer 17 启动完成界面

1）新建 PCB 项目。执行菜单“File”→“New”→“Project”，Altium Designer 17 系统会创建一个名为“PCB_Project_1.PrjPcb”的空白工程项目文件，选择保存位置，如图 3-21a 所示，单击“OK”按钮，此时的文件显示在“Projects”选项卡中，如图 3-21b 所示，在新建的项目文件“PCB_Project_1.PrjPcb”下显示的是空文件夹“No Documents Added”。

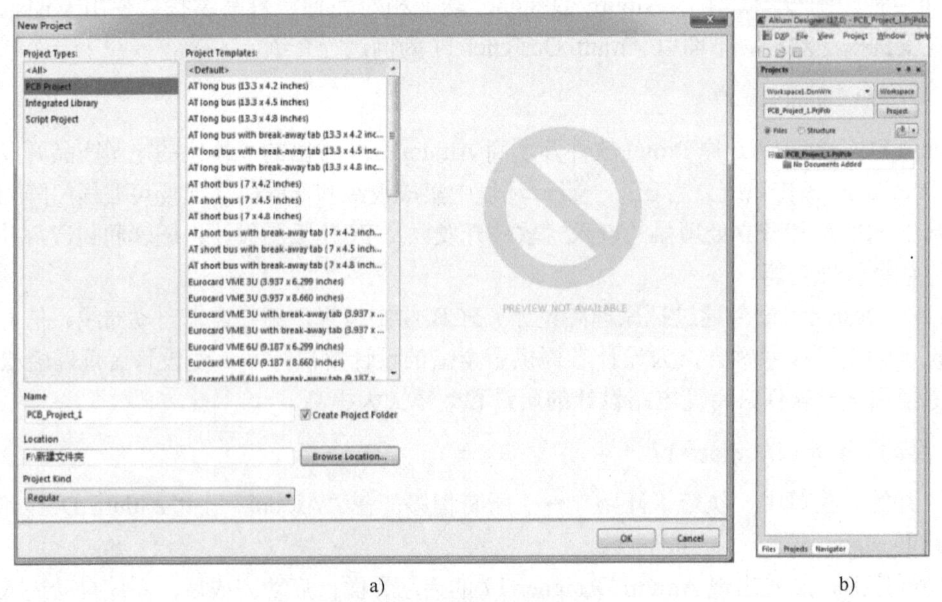

a) b)

图 3-21 新建 PCB 项目

a) 选择保存位置 b)“Projects”选项卡

2）保存项目。建立 PCB 项目文件后，一般要将项目文件另存为自己需要的文件名，并保存到指定的文件夹中。

右击“PCB_Project_1.PrjPcb”项目名，在弹出的快捷菜单中选择“Save Project As”，屏幕弹出另存项目对话框，更改保存的文件名为“单管放大电路”后，单击“保存”按钮完成项目保存，图 3-22 为更名后的项目文件。

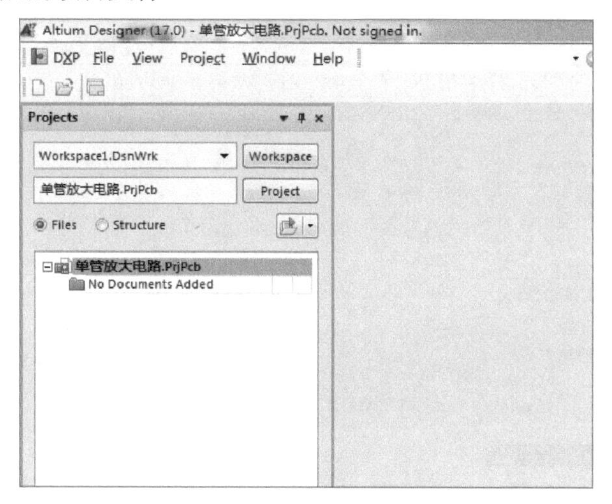

图 3-22　更名后的项目文件

4．用 Altium Designer 17 设计电路原理图

下面以“单管放大电路”为例介绍原理图设计方法。

（1）新建原理图文件

1）执行菜单“File”→“New”→“Schematic”添加原理图文件；也可以右击项目文件名，在弹出的快捷菜单中选择“Add New to Project”→“Schematic”，新建原理图文件如图 3-23 所示。

2）右击原理图文件“Sheet1.SchDoc”，在弹出的菜单中选择“Save As”，屏幕弹出一个对话框，将文件改名为“单管放大电路”并保存，如图 3-24 所示。

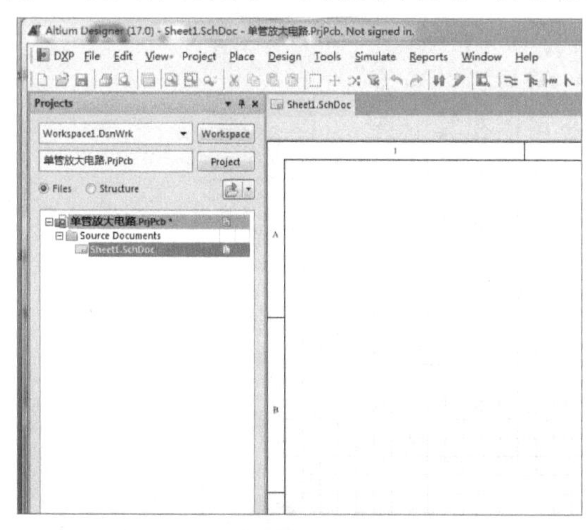

图 3-23　新建原理图文件

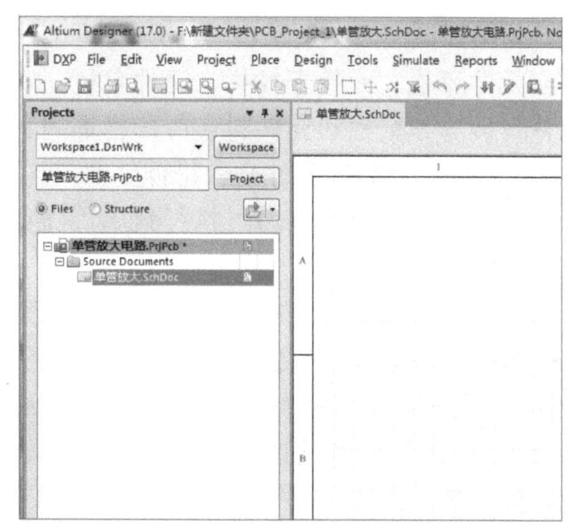

图 3-24　保存原理图文件

（2）设置自定义图纸和标题栏

原理图建立完成后，要对图纸的大小、方向等参数进行设定。本例电路图纸采用自定义，尺寸为 650mil×400mil（$1\text{mil}=25.4\times10^{-6}\text{m}$）。

1）设置自定义图纸。执行菜单“Design”→“Document Options”，弹出“Document Options”对话框，选中“Sheet Options”选项卡，选中“Use Custom style”复选框（见图3-25中①处），进行自定义图纸设置，具体设置如图3-25所示。注意：进行自定义前必须选中“Use Custom style”复选框。

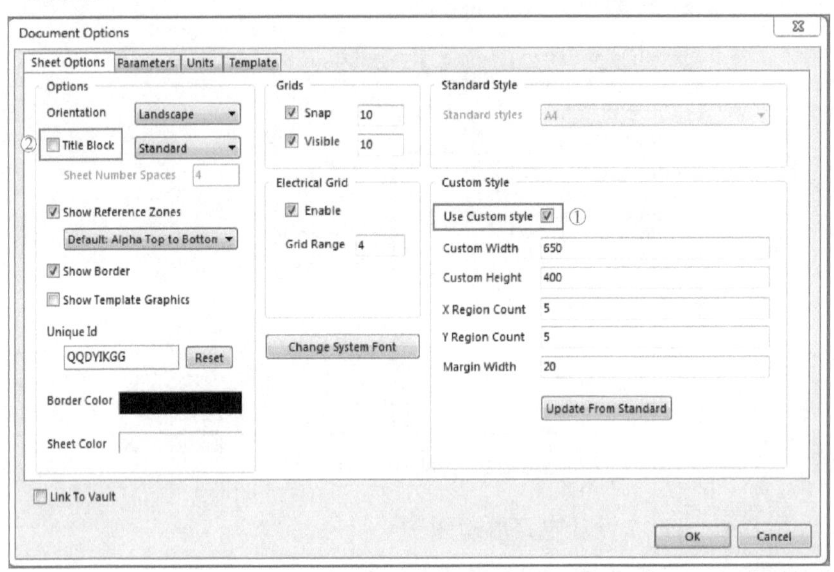

图3-25 设置图纸和标题栏

2）设置自定义标题栏。在图3-25中，去除“Title Block”复选框（见图3-25中②处），图纸上将不显示标准标题栏，此时用户可以自行定义标题栏，标题栏一般定义在图纸的右下方。

（3）设置元件库与元件放置

1）加载元件库。单击原理图编辑器右上方的“Libraries”标签，弹出如图3-26所示的“Libraries”控制面板，该控制面板中包含元件库栏、元件查找栏、元件名栏、当前元件符号栏、当前元件封装等参数栏和元件封装图形栏等内容，用户可以在其中查看相应信息，以判断元件是否符合要求。

加载元件库也可以通过执行菜单“Design”→“Add/Remove Library”实现。

单击“Libraries”按钮，弹出可用元件库对话框，选择“Installed”选项卡，完成元件库的加载，如图3-27所示。在原理图设计中，常用元件库为Miscellaneous Devices.IntLib和Miscellaneous Connectors.IntLib，它们包含了常用的电阻、电容、二极管、晶体管、变压器、按键开关和接插件等元器件。

2）放置元件。

① 通过元件库控制面板放置元件。本例中要用到三种元件，即电阻、电解电容和晶体管，它们都在Miscellaneous Devices.IntLib库中，设计前需先安装该库。这里以放置晶体管2N3904为

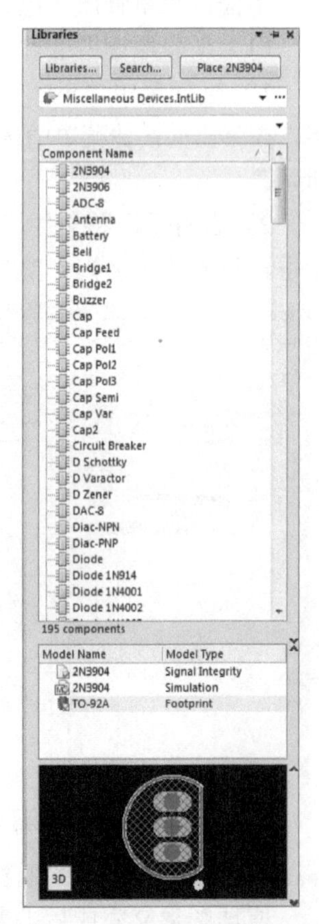

图3-26 “Libraries”控制面板

例介绍元件放置。

选中所需元件库，该元件库的元件将出现在元件列表中，找到晶体管 2N3904，控制面板中将显示它的元件符号和封装图，如图 3-28 所示。单击“Place 2N3904”按钮，将光标移到工作区中，此时元件以虚框的形式附在光标上，将元件移到合适的位置后，再次单击，元件就放到图样上，此时系统仍处在放置元件状态，可继续放置该类元件，右击退出放置状态。

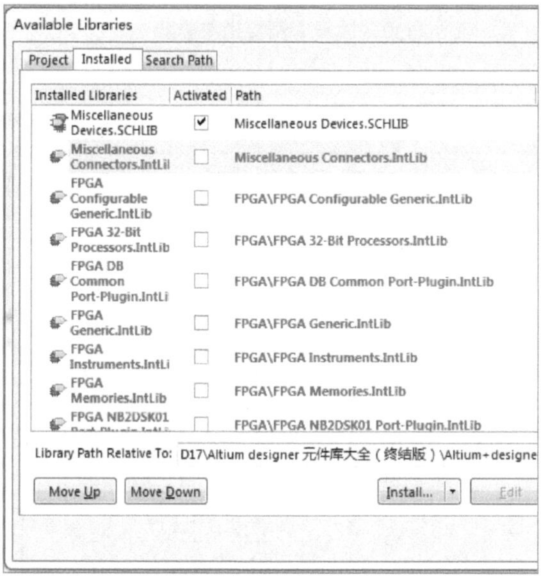

图 3-27　加载元件库

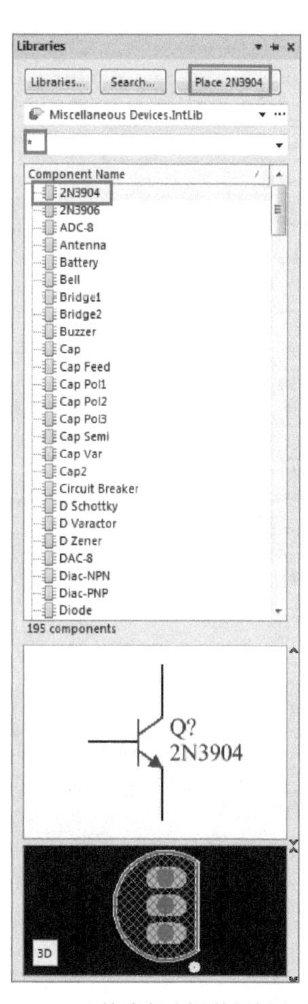

图 3-28　元件库控制面板放置元件

② 通过菜单放置元件。单击菜单栏“Place”→“Part”，在弹出的对话框中：“Physical Component”栏（见图 3-29 中①处）中输入需要放置的元件名称，如电阻为 RES2；“Designator”栏（见图 3-29 中②处）中输入元件标号，如 R1；“Comment”栏（见图 3-29 中③处）中输入标称值或元件型号，如 10K；“Footprint”栏（见图 3-29 中④处）用于设置元件的 PCB 封装形式，系统默认电阻封装为 AXIAL-0.4，如图 3-29 所示。

所有输入内容输入完毕，单击“OK”按钮，此时元件便出现在光标处，单击放置元件。

放置元件时，如不知道元件在那个元件库中，可以使用搜索功能，查找元件所在库并放置元件。

（4）放置电源接地符号和电路的 I/O 端口

单击“Place”→“Power Port”，放置电源接地符号；单击“Place”→“Port”，放置电路的

I/O 端口，如图 3-30 所示。由于在放置符号时，初始出现的是电源符号 VCC，此时按〈Tab〉键，弹出“Power Port”的属性设置对话框，若要放置接地符号，除了修改符号风格外，还必须将“Net”修改为 GND（见图 3-30 中①处）。

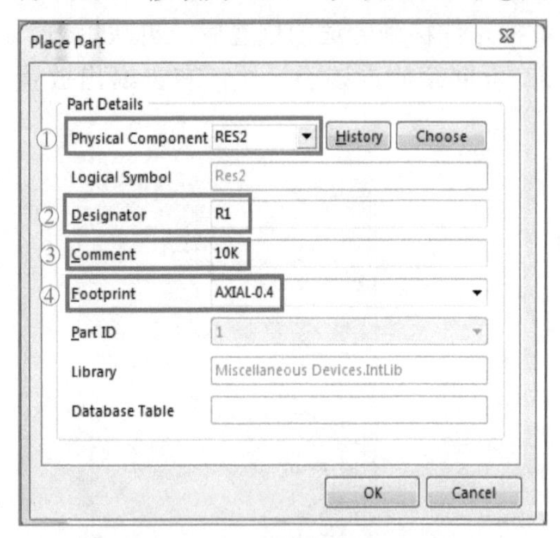

图 3-29 通过菜单放置元件

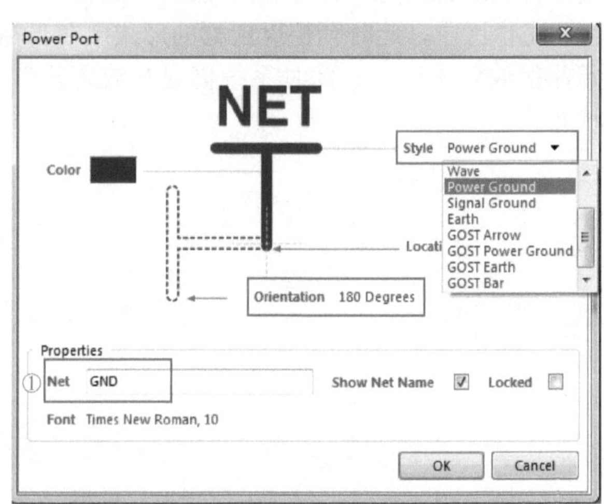

图 3-30 放置电源接地符号和电路的 I/O 端口

放置完元件的电路如图 3-31 所示。

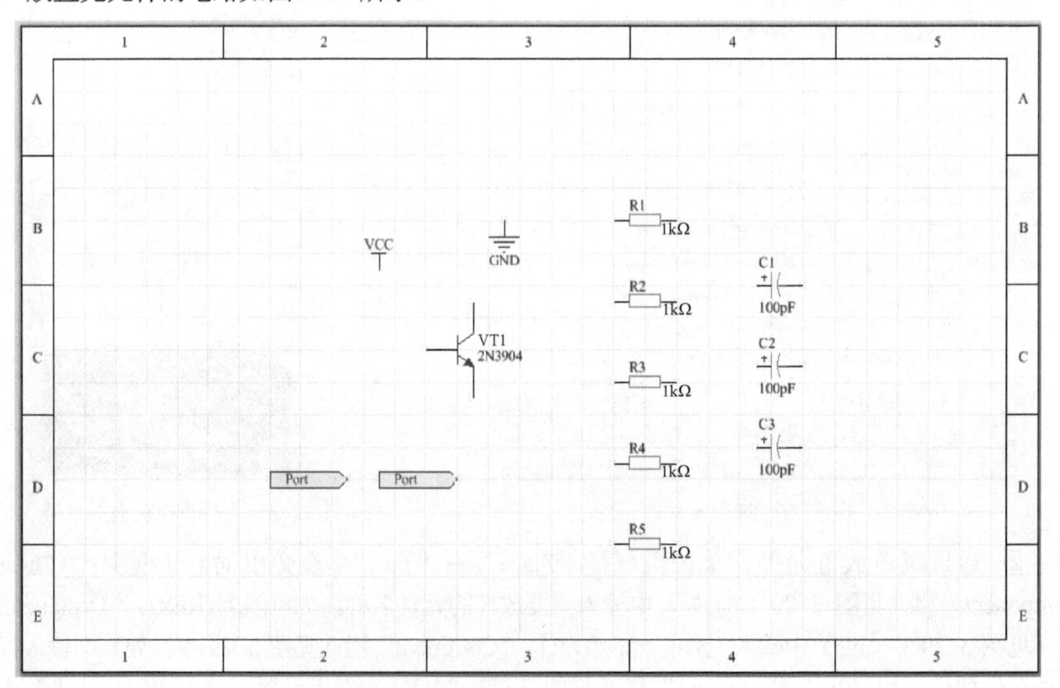

图 3-31 放置完元件的电路

（5）调整元件布局与电气连接

1）元件选中与取消选中。选中对象的方法如下。

① 执行菜单“Edit”→“Select”，可以选择“Inside Area”/“Outside Area”或“All”。

② 单击工具栏按钮 选取对象。

③ 直接用鼠标点取，这种方法每次只能选取一个对象，如要同时选取多个对象，可以按

〈Shift〉键的同时单击点取多个对象。

解除选取状态的方法如下。

① 执行菜单“Edit”→“Deselect”，可以选择“Inside Area”/“Outside Area”或“All On Current Document”/“All Open Document”进行解除选定状态。

② 单击工具栏按钮 解除选取状态。

③ 在空白处单击鼠标解除选中状态。

2）移动元件。常用的方法是单击选中要移动的元件，并按住鼠标左键不放，将元件拖动到要放置的位置。同时选中多个元件，按住其中的一个可进行一组元件的移动。

3）元件的旋转。单击点住要旋转的元件不放，按〈Space〉键逆时针旋转 90°，按〈X〉键水平方向翻转，按〈Y〉键垂直方向翻转（注意必须在英文输入状态下才有效）。

4）元件的删除。要删除某个元件，可单击要删除的元件，按〈Delete〉键删除该元件，也可以执行菜单“Edit”→“Delete”，单击要删除的元件进行删除。

5）全局显示全部对象。元件布局调整完毕，执行菜单“View”→“Fit All Objects”，全局显示所有对象，此时可以观察布局是否合理。

完成元件布局调整的单管放大电路如图 3-32 所示。

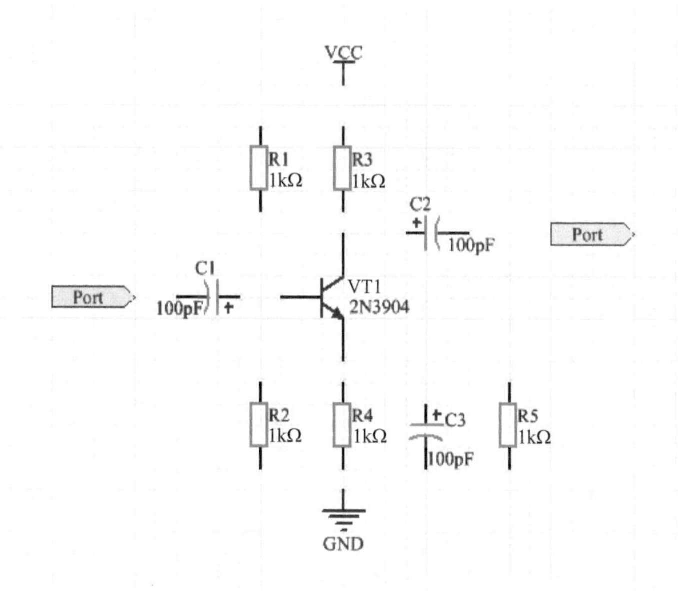

图 3-32 完成元件布局调整的单管放大电路

6）放置导线。执行菜单“Place”→“Wire”，或单击配线工具栏的按钮 ，光标变为“×”形，处在画导线状态，此时按〈Tab〉键，弹出“wire”属性对话框，可以修改连线粗细和颜色，一般情况下不做修改。

在放置导线的状态下，按〈Shift+Space〉键来切换，可以依次切换导线转角为 90°、45°和任意角度。

7）放置节点。当两条导线呈“T”形相交时，系统会自动放置节点，但对于呈“十”字交叉的导线，不会自动放置节点，必须手动放置，执行菜单“Place”→“Manual Junction”进行节点放置。

8）元件属性调整。在放置元件状态时，按〈Tab〉键，或者在放置好元件后双击该元件，会弹出元件属性对话框，图 3-33 为电阻的元件属性对话框，主要设置如图。

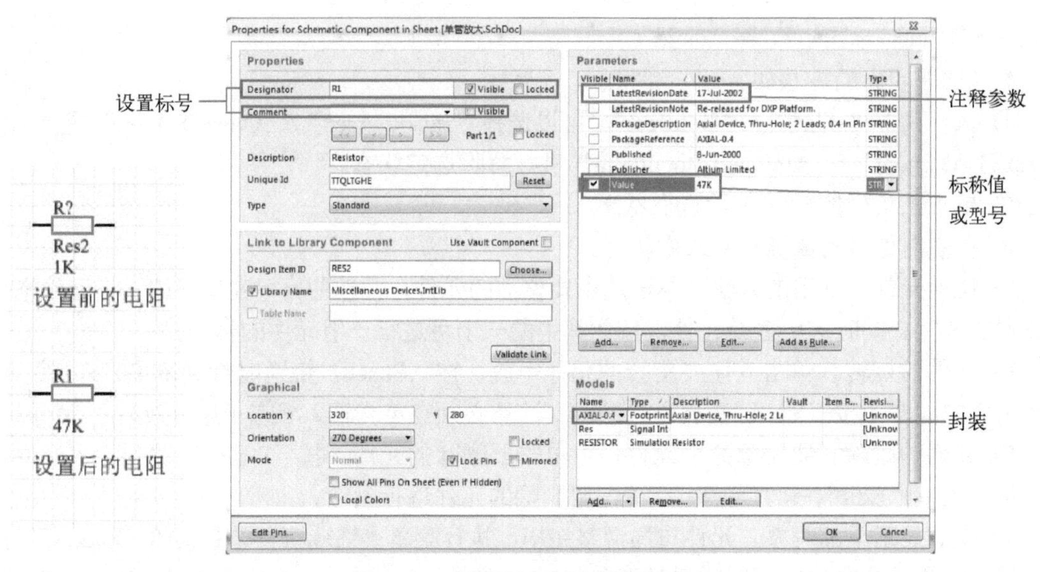

图 3-33 电阻的元件属性对话框

元件属性调整后的电路图如图 3-34 所示。

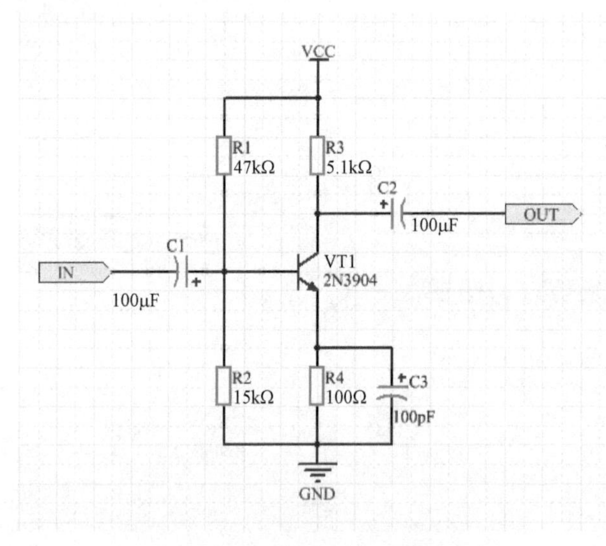

图 3-34 元件属性调整后的电路图

（6）文件保存与退出

1）文件的保存。执行菜单“File”→“Save”，或单击主工具栏上的按钮，可自动按原文件名保存，同时覆盖原先的文件。在保存时如果不希望覆盖原文件，可采用另存的方法，执行菜单“File”→“Save As”，在弹出的对话框中输入新的存盘文件名后单击“OK”按钮即可。

2）文件的退出。若要退出当前原理图编辑状态，可执行菜单“File”→“Close”，也可右击项目文件名，在弹出的快捷菜单中选择“Close Project”关闭项目文件。

5. 用 Altium Designer 17 设计 PCB

在原理图设计的基础上，PCB 图设计的流程如图 3-35 所示。

（1）PCB 文件的建立

PCB 文件的建立有以下 3 种方法。

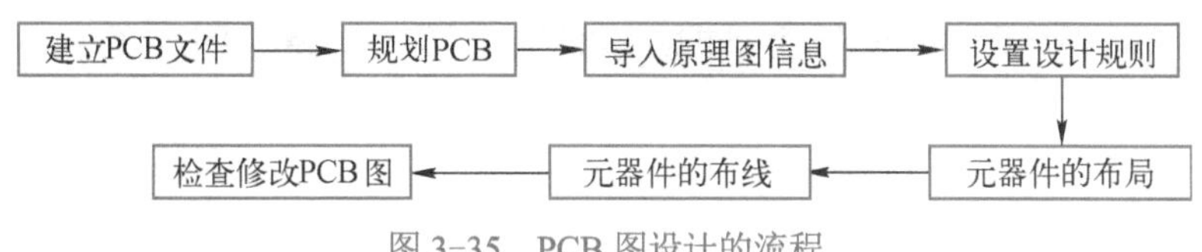

图 3-35 PCB 图设计的流程

1）利用菜单“File”→“New”→“PCB”生成 PCB 文件，或者在 PCB 项目文件名上右击，在弹出的快捷菜单中选择“Add New to Project”→“PCB”，手动生成一个 PCB 文件，再对 PCB 的各种参数进行设置。

2）通过向导生成 PCB 文件。该方法在生成 PCB 文件的同时直接设置 PCB 的各种参数。

3）利用模板生成 PCB 文件。进行 PCB 设计时可以将常用的 PCB 文件保存为模板文件，在进行新的设计时直接调用这些模板文件即可。

（2）规划 PCB

规划 PCB 就是定义 PCB 的机械轮廓和电气轮廓。PCB 的机械轮廓是指电路板的物理外形和尺寸，需要根据公司和制造商的要求进行相应的规划。PCB 的电气轮廓是指电路板上放置元件和布线的范围，电气轮廓一般定义在禁止布线层上，是一个封闭的区域。

通常在一般的电路设计中仅规划 PCB 的电气轮廓，本例中采用公制规划。

1）执行菜单“Design”→“Board Options”，在弹出的对话框中设置“Unit”为 Metric（公制）；或者在工作区域右击，在弹出的快捷菜单中选择“Options”→“Board Options”进行“Unit”设置，如图 3-36a 所示。在工作区域右击，在弹出的菜单中选择“Snap To Grids”，捕获栅格 X、Y 和元件网格均为 0.5mm。

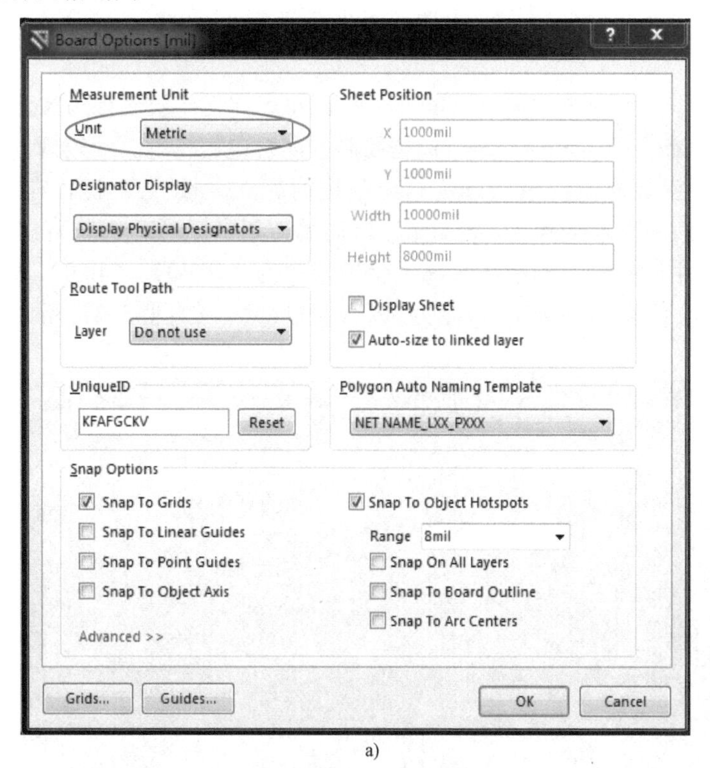

a)

图 3-36 规划 PCB

a) 进行“Unit”设置

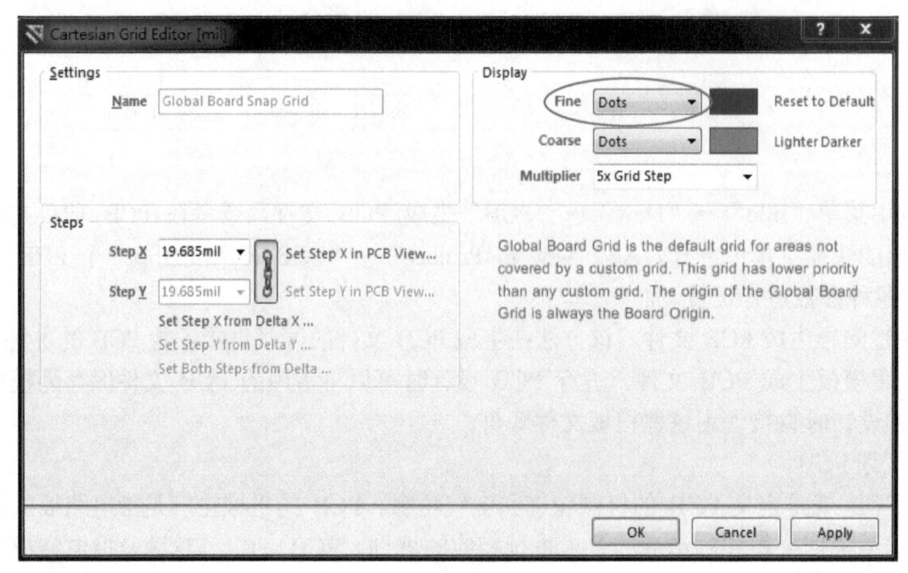

b)

图 3-36 规划 PCB（续）

b) 修改“Display”选项

2）在工作区域按〈G〉键，在下拉菜单中选择“Grid Properties”或者工作区域按〈Ctrl+G〉键，弹出菜单“Cartesian Grid Editor”，修改“Display”选项中的“Fine”，将栅格变为栅点（Dots），如图 3-36b 所示。

3）执行菜单“Edit”→“Origin”，设置相对坐标原点。设定后，沿原点往右为+x 轴，往上为+y 轴。

4）单击工作区下方标签中的“Keep Out Layer”，将当前工作层设置为 Keep Out Layer。

5）执行菜单“Place”→“Line”进行边框绘制，闭合电气轮廓。一般规划 PCB 从坐标原点开始，将光标移至坐标原点，单击确定第一条边的起点，按〈J〉键，在弹出菜单中选择“New Location”，在其中输入坐标（70,0）光标自动跳转到坐标（70,0），双击确定连线终点，绘出第一条边线，采用同样的方法继续画线，坐标依次为（70,40）、（40,0）、（0,0），绘制一个尺寸为 70mm×40mm 的闭合边框，以此为 PCB 的尺寸，如图 3-37 所示，PCB 尺寸为 70mm×40mm。

图 3-37 PCB 边框绘制

（3）原理图信息的导入

1）单击工作区上方的“单管放大电路.SchDoc”文件标签，切换到原理图编辑器。单击“Design”→“Update PCB Document 单管放大电路.PcbDoc”，将弹出“Engineering Change Order”对话框，如图 3-38a 所示。

2）单击对话框左下角的“Validate Changes”按钮，如图 3-38b 所示；验证更新内容是否存在错误。如没有发现错误，则软件在“Check”栏中显示对钩。

3）确认没有错误后，单击“Execute Changes”按钮。系统将完成原理图信息的导入，如图 3-38c 所示，然后单击“Close”按钮。这时可看到 PCB 图布线框的右侧出现了导入的所有元器件的封装，如图 3-38d 所示。

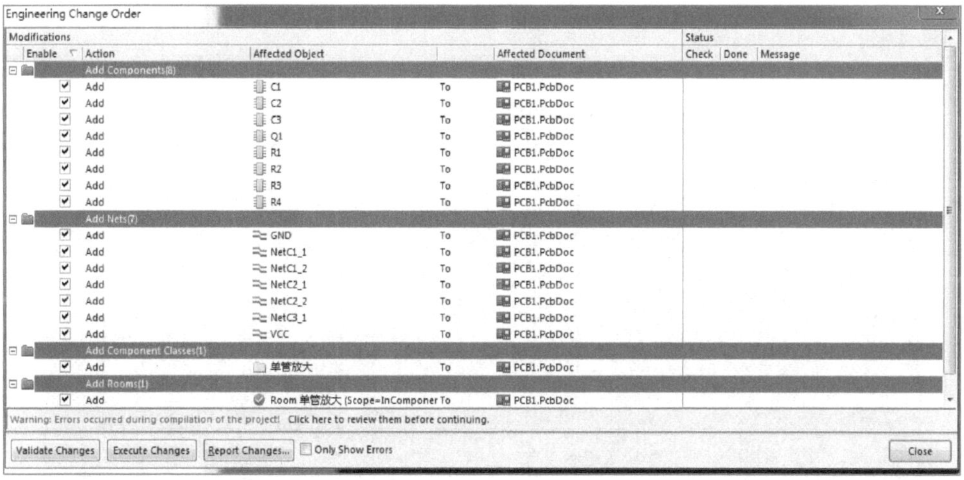

a)

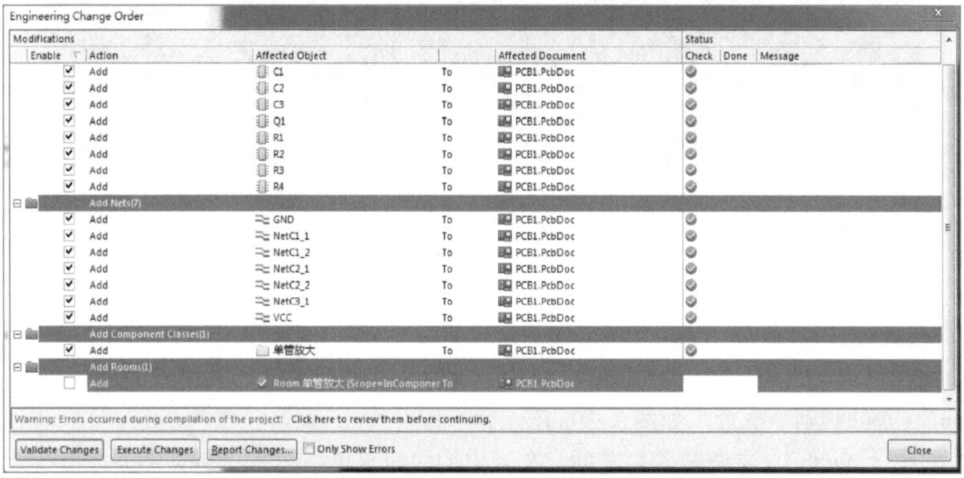

b)

图 3-38　原理图信息的导入

a）“Engineering Change Order”对话框　b）“Check”栏中显示对钩

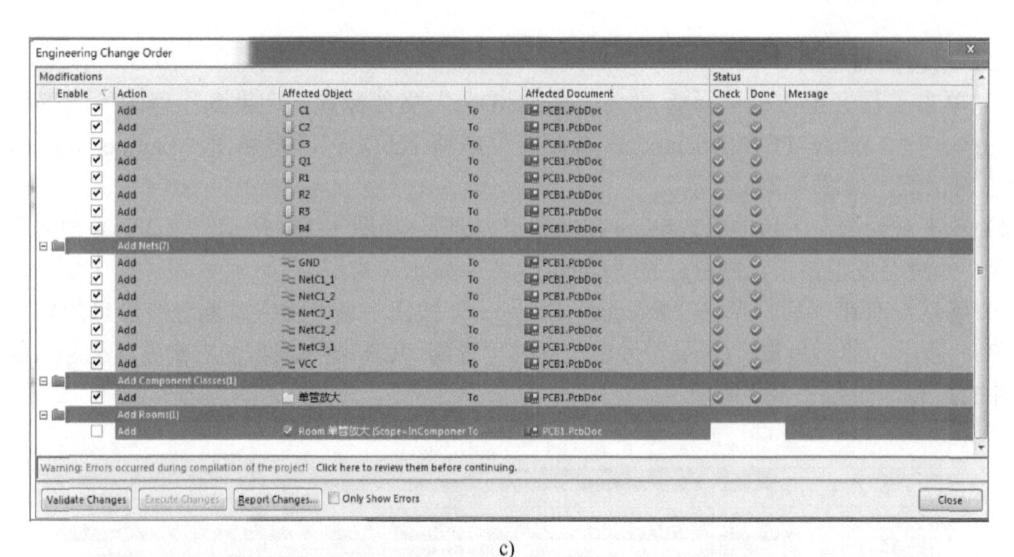

c)

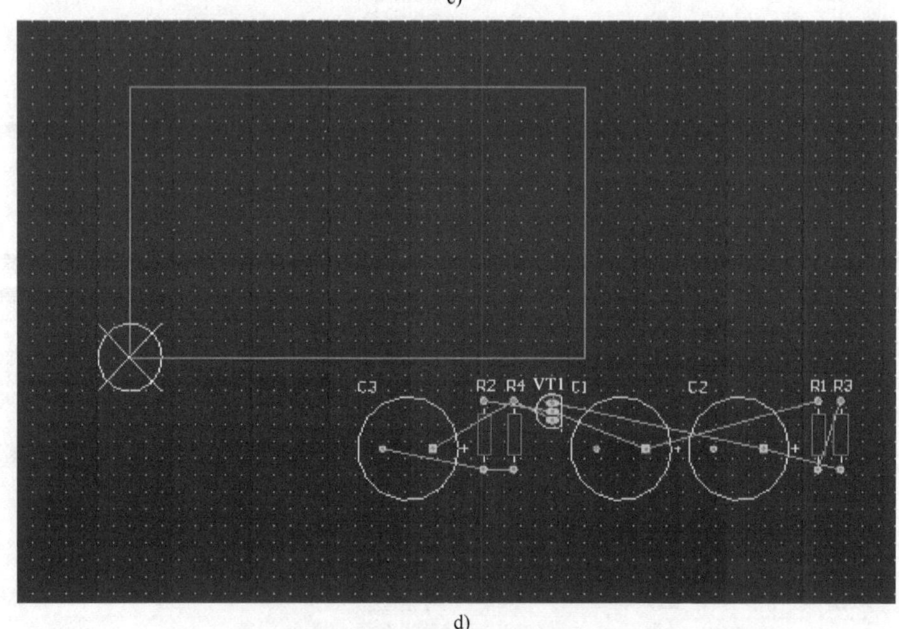

d)

图 3-38 原理图信息的导入（续）

c) 导入原理图信息 d) 导入的元器件的封装

（4）设置设计规则

1）执行菜单“Design”→“Rules”，弹出“PCB Rules and Constrains Editor”对话框，双击“Routing”（走线规则）选项，如图 3-39a 所示。

2）右击“Width”（走线宽度）选项，在弹出的快捷菜单中选择“New Rule…”。

3）单击“Width1”下面的“Width”选项，在右侧的对话框中将“Name”选项改为“12V OR GND”，如图 3-39b 所示。

4）在“Full Query”栏中输入“InNet（‘12V’）OR InNet（‘GND’）”，如图 3-39c 所示，这样就使范围设置为将规则应用到两个网络中。

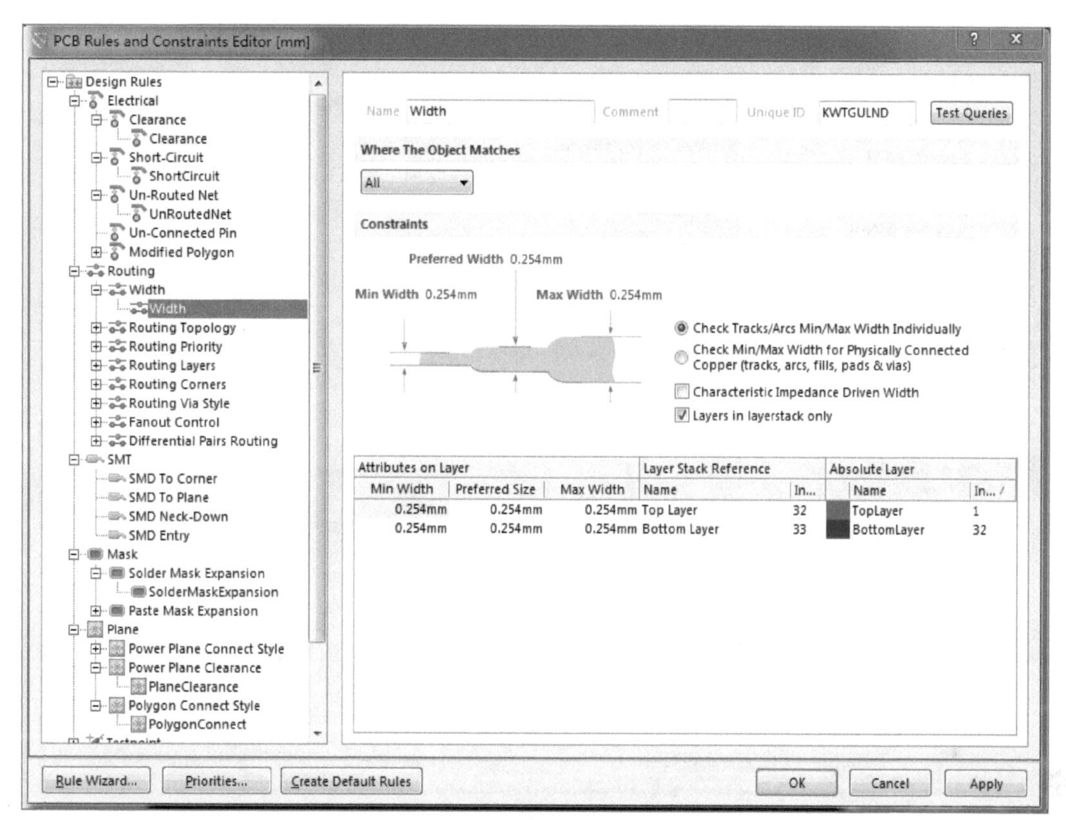

a)

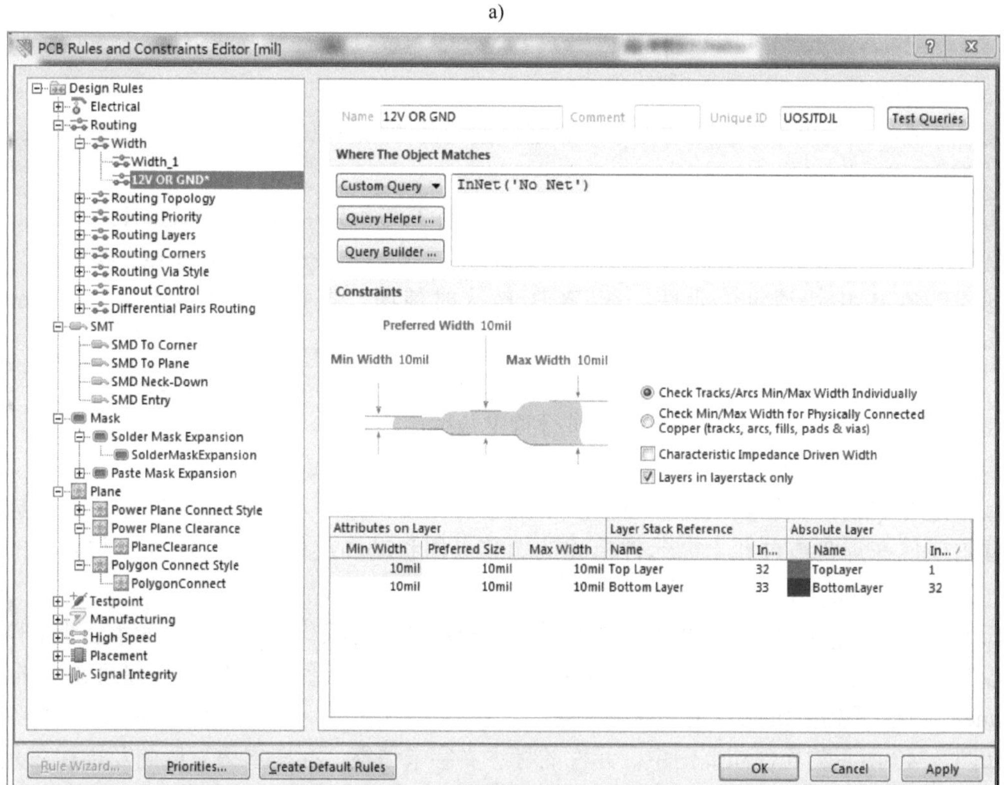

b)

图 3-39　设置设计规则

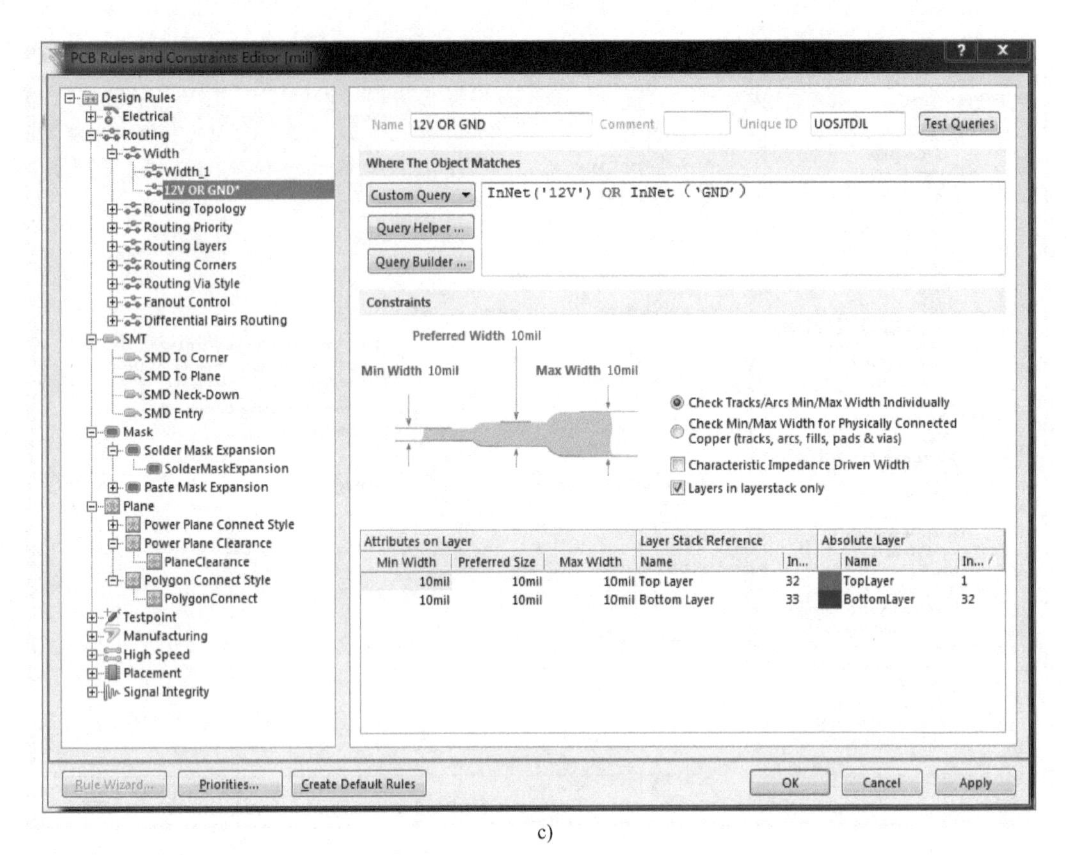

c)

图 3-39 设置设计规则（续）

（5）元器件布局

元器件的布局简单理解就是遵循布局原则，把元器件按照原理图的顺序放置。

1）手工移动元件。

① 用鼠标移动元件。光标移到元件上，按住鼠标左键不放，将元件拖动到目标位置。

② 使用菜单命令移动元件。执行菜单“Edit”→“Move”→“Component”实现。

③ 在 PCB 中快速定位元件，在 PCB 较大时使用。执行菜单“Edit”→“Jump”→“Component”，输入要查找的元件标号，单击“OK”按钮，光标跳转到指定元件上。

2）旋转元件。单击选中元件，按住鼠标左键不放，同时按〈X〉键进行水平翻转，按〈Y〉键进行垂直翻转，或按〈Space〉键进行指定角度旋转。

3）元件标注的调整。元件布局调整后，往往元件标注的位置过于杂乱，布局结束还必须对元件标注进行调整，一般要求排列要整齐，文字方向要一致，不能将元件的标注文字放在元件的框内或压在焊盘或过孔上。元件标注的调整采用移动和旋转的方式进行，与元件的操作相似。

在 Altium Designer 17 中，系统默认的元件注释是处于隐藏状态的，一般为了便于读图，应将其设置为显示状态。在 PCB 电路图中，双击要修改的元件，弹出元件属性对话框，在“Comment”区，取消“hide”前的对钩即可。

如图 3-40 所示的元件布局图中，元件的标注文字未调整，存在重叠、反向及堆积在元件上的问题，由于该元件的标注文字在顶层丝印层上，有些标号被元件覆盖。为保证 PCB 的可读性，必须手工移动好元件的标注，经过调整标注后的电路布局如图 3-41 所示。

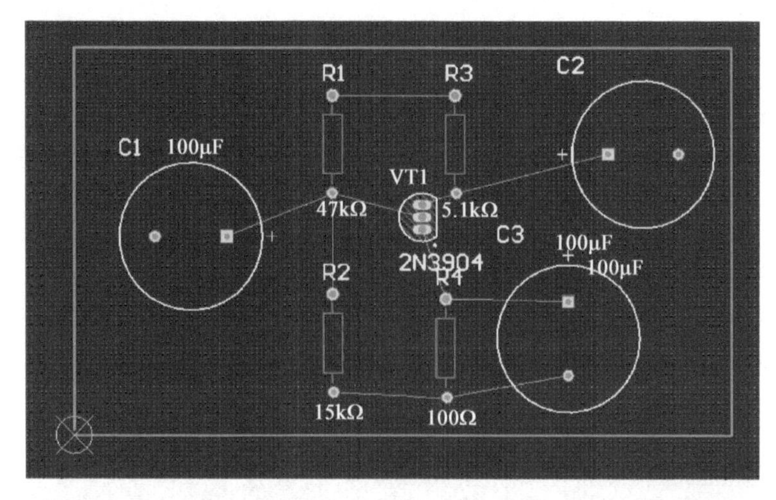

图 3-40　元件标注未调整

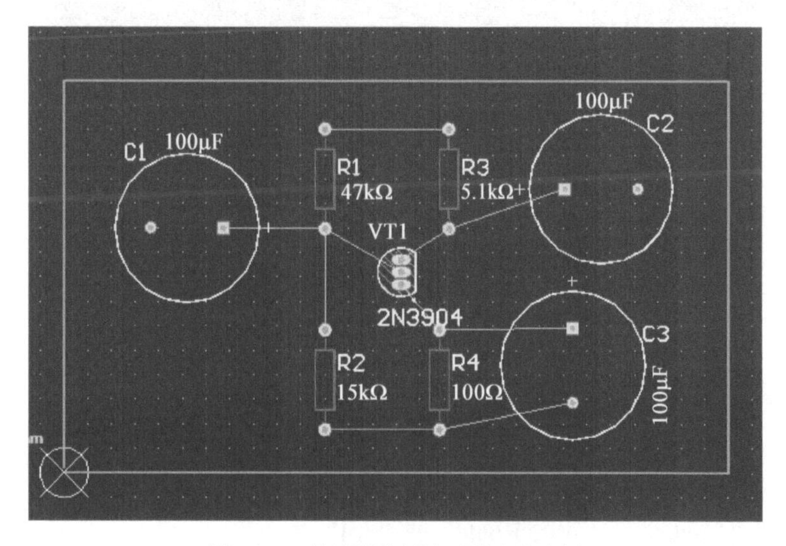

图 3-41　经过调整标注后的电路布局

（6）元器件布线

1）手动布线。

① 设置工作层。执行菜单“Design”→“Board Layers & Colors”，弹出的“View Configurations”对话框中，在要设置为显示状态的工作层后的“show”复选框内单击打钩，选中该层，单击确认。

本例中采用单面布线，元件采用通孔式元件，故选中 Bottom Layer（底层）、Top Overlay（顶层丝印层）、Keep-out Layer（禁止布线层）及 Multi-Layer（焊盘多层）。

PCB 单面布线的布线层为 Bottom Layer，故在工作区的下方单击“Bottom Layer”标签，选中工作层为 Bottom Layer。

② 通过“Place”→“Track”的方式布线。执行菜单“Place”→“Track”，进入放置 PCB 导线状态，系统默认放置线宽为 10mil 的连线，图 3-42 为连线示意图，其中图 3-42a～c 分别为连线前、连线中和完成连线的示意图。

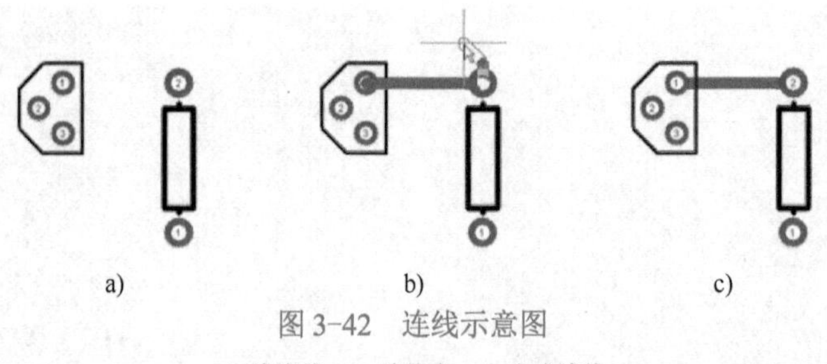

图 3-42 连线示意图

a) 连线前 b) 连线中 c) 完成连线

若在放置连线的初始状态时按〈Tab〉键，可以修改线宽和线所在的层。本例中设计的是单面板，故布线层为 Bottom Layer（底层），手动布线后的 PCB 如图 3-43 所示。

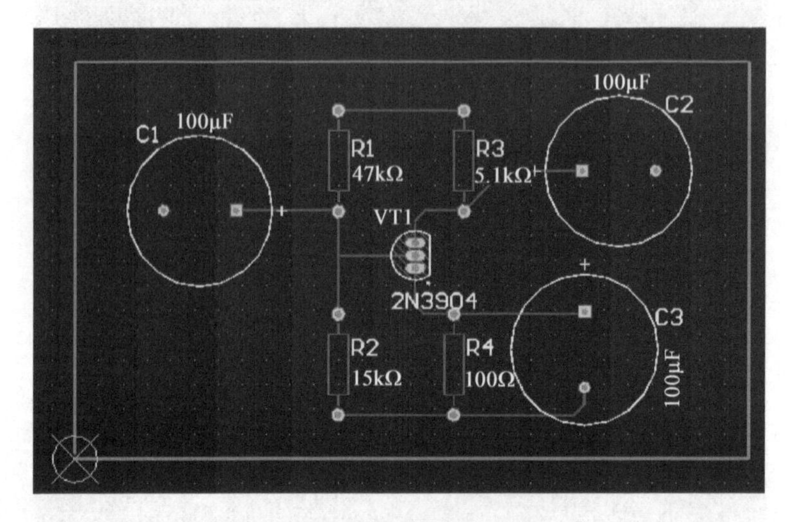

图 3-43 手动布线后的 PCB

2）自动布线。

① 执行菜单“Route”→“Auto Route”→“All”。

② 选择“Route All”即可。

③ 若取消自动布线，执行“Route”→“Un-Route”→“All”即可取消。

（7）对 PCB 图进行检查修改

绘制完 PCB 后要对其进行检查、修改，导线能加粗的尽量加粗，必要时可添加敷铜、泪滴焊盘。

要想设计出性能优良、布局布线完美的 PCB，不仅要熟练掌握软件的使用，还要通过大量的实践。

3.1.7 任务训练 设计印制电路板

1. 训练目的

1）掌握 PCB 的手动设计方法。

2）掌握 PCB 的计算机辅助设计方法。

2．训练内容与步骤

（1）PCB 的手动设计

1）选择一个较简单的电路，按电路原理图要求绘制草图。

2）进行元器件布局，确定焊盘。

3）导线设计、绘制。

4）反复修改、完善，确定 PCB 设计图。

（2）用 Altium Designer 17 设计 PCB

1）在电路原理图设计的基础上，建立一个 PCB 文件。

2）规划 PCB。

3）导入电路原理图信息。

4）设置设计规则

5）遵循布局原则，把元器件按照原理图的顺序放置。

6）元器件的手动布线和自动布线。

7）对 PCB 图进行检查修改。

任务 3.2　印制电路板的制作

在进行电子产品研制、设计及样品制作等过程中，往往需要制作少量 PCB，进行产品性能分析试验。如在专业制版厂加工，不仅周期长，而且很不经济，因此，掌握手工制作 PCB 的方法是很有必要的。

3.2.1　刀刻法制作印制电路板

对于一些图形简单、线条较少的 PCB，可以用贴图刀刻法来制作，此法适用于保留铜箔面积较大的图形。

3.2.1
刀刻法制作印制电路板

1．裁取敷铜板

用刀刻法制作 PCB 时，一般采用厚度为 1mm 的单面敷铜板

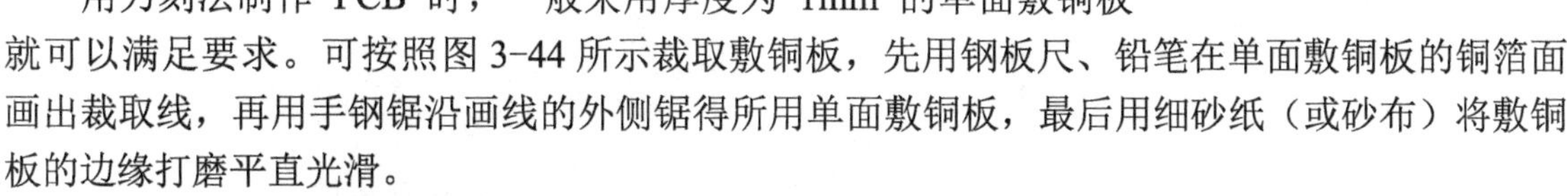

就可以满足要求。可按照图 3-44 所示裁取敷铜板，先用钢板尺、铅笔在单面敷铜板的铜箔面画出裁取线，再用手钢锯沿画线的外侧锯得所用单面敷铜板，最后用细砂纸（或砂布）将敷铜板的边缘打磨平直光滑。

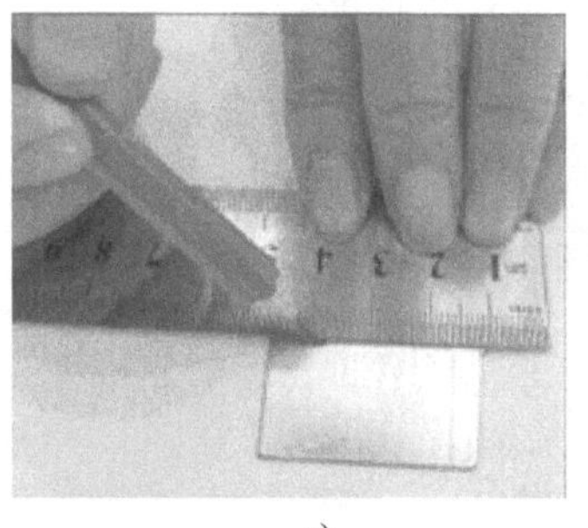

a)

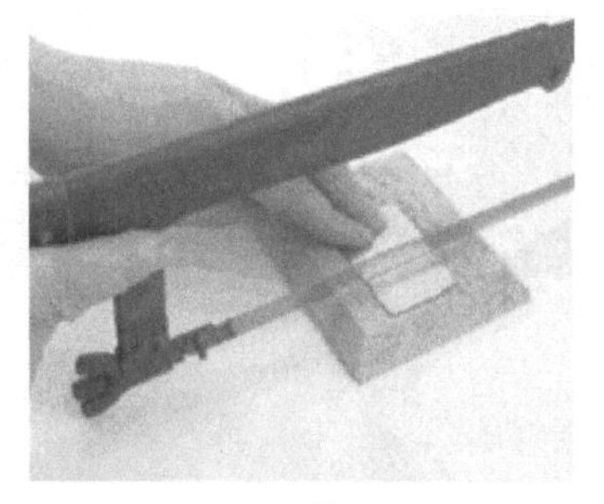

b)

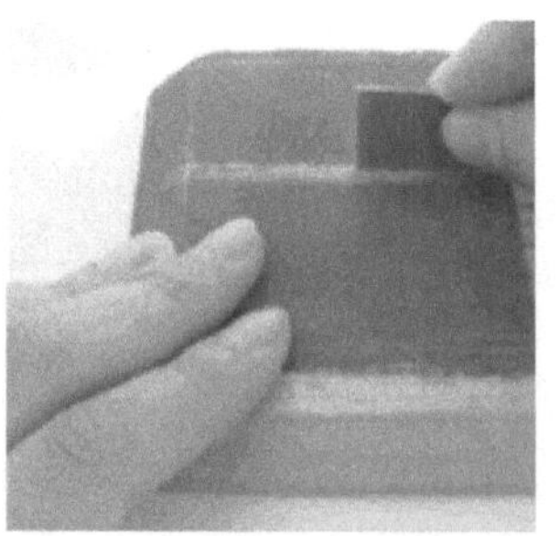

c)

图 3-44　裁取敷铜板

a) 画出裁取线　b) 锯下所用单面敷铜板　c) 用细砂纸打磨

注意：画裁取线时最好紧靠敷铜板的一个直角，这样只需要画两条裁取直线即可；锯敷铜板时不要沿画线走锯，否则锯取的敷铜板经砂纸打磨后尺寸就会小于要求许多。

2．刀刻敷铜板

刻制 PCB 所用的工具是：刻刀、钢板尺和尖嘴钳（用直头手术钳效果更佳），刀刻敷铜板如图 3-45 所示，可分为画除箔线、刻透除箔线和剥掉除箔条三大步骤来完成。对于残留的铜箔，可用刻刀铲除。对于刀口存在的毛刺和铜箔上的氧化物等，可用细砂纸（或砂布）打磨至光亮。

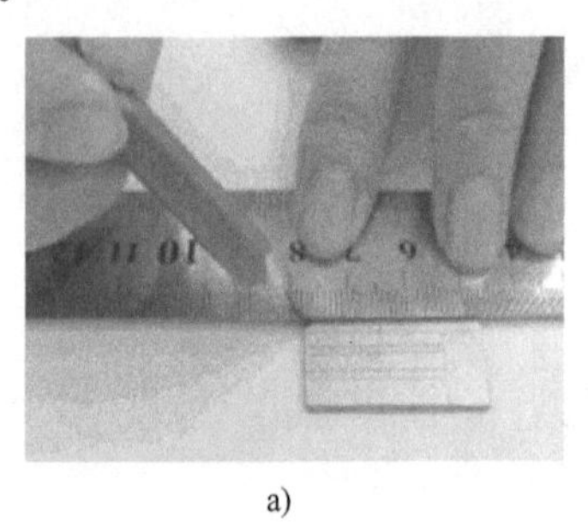
a)

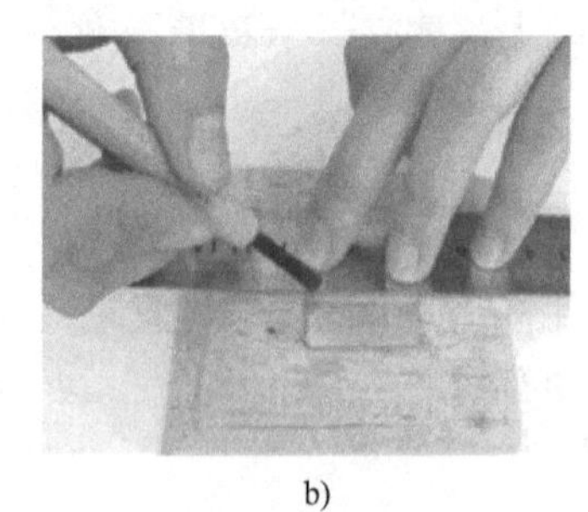
b)

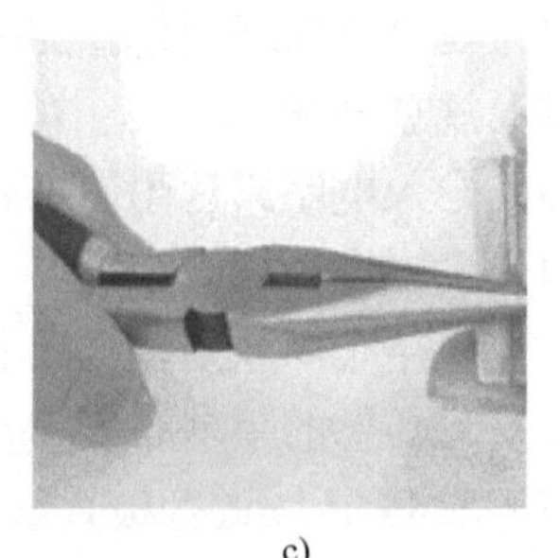
c)

图 3-45 刀刻敷铜板

a) 画除箔线 b) 刻透除箔线 c) 剥掉除箔条

3．钻孔

刻好的 PCB，在业余条件下可将元器件直接焊在有铜箔的一面，这样可省去在 PCB 上钻元器件安装孔的麻烦，而且可以很直观地对照着 PCB 接线图焊接元器件，不易出错，这对于简单的电路尤为适用。但是大多数制作还是要求给 PCB 钻出元器件安装孔。钻孔前，先用锥子在需要钻孔的铜箔上扎出一个凹痕，这样钻孔时钻头才不会滑动。如嫌用锥子扎凹痕吃力，可用尖头冲子（或铁钉）在焊点处冲个小坑。钻孔时，按照如图 3-46 所示钻孔，钻头要对准铜箔上的凹痕，钻头要和电路板垂直，并适当地施加压力。钻孔时注意，装插一般小型元器件引脚的孔径应为 0.8～1mm，稍大元器件引脚和电线的孔径应为 1.2～1.5mm，装固定螺钉的孔径为 3mm，应根据元器件引脚的实际粗细等选择合适的钻头。如果没有适当大小的钻头，可先钻一个小孔，再用斜口小刀把它适当扩大就行；对于个别更大的孔，可用尖头小钢锉或圆锉来进一步加工。

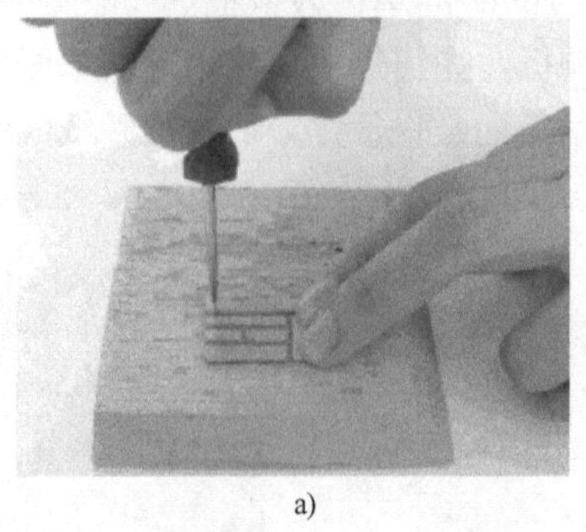
a)

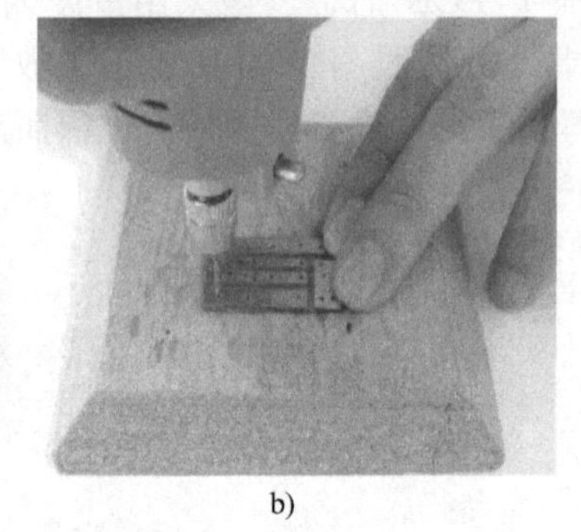
b)

图 3-46 钻孔

a) 用锥子在铜箔上扎出一个凹痕 b) 用钻头在铜箔的凹痕处钻孔

4．涂助焊剂

钻完孔的 PCB，按照如图 3-47 所示涂刷“松香水”，用细砂纸轻轻打磨（或用粗橡皮擦除）铜箔表面的污物和氧化层后还需要用小刷子在铜箔面均匀地涂刷上松香酒精溶液（俗称为“松香水”），自然风干即可。涂刷松香酒精溶液的目的是：保护铜箔不被氧化，便于焊接。

a)

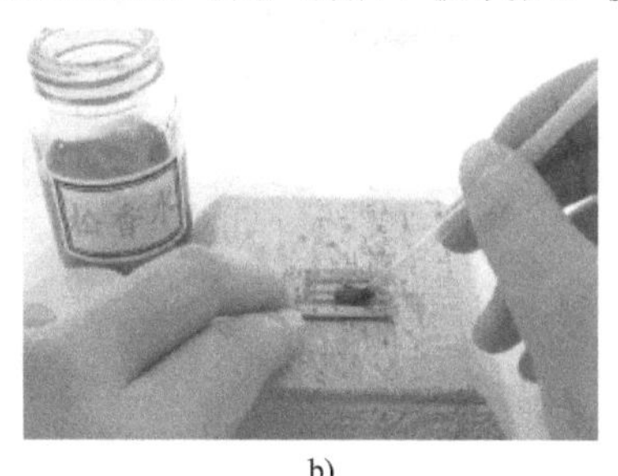

b)

图 3-47　涂刷“松香水”

a) 细砂纸打磨铜箔表面的污物和氧化层　b) 涂刷松香酒精溶液

3.2.2　热转印法制作印制电路板

将热转印纸上的电路图形，通过加热转印到敷铜板上的方法称为热转印法。其制作 PCB 步骤如下。

1. 裁取敷铜板

按设计尺寸把敷铜板裁成所需要的大小和形状。先用钢板尺、铅笔在单面敷铜板的铜箔面画出裁取线，再用切板机沿画线的外侧锯得所用单面敷铜板，最后用细砂纸（或砂布）将敷铜板的边缘打磨平直、光滑。

2. 打印印制电路图

将设计好的 PCB 图打印在热转印纸上。注意打印转印纸的光滑面，打印机要选择搓纸能力强、打印速度相对较慢的机型。搓纸能力不强的机型很可能无法送纸打印。打印速度快的机型打印在转印纸上的碳粉光滑着墨面附着碳粉不牢固，容易脱落。打印好的转印纸禁止折弯和受摩擦，以避免碳粉脱落，且马上进入转印步骤。

3. 热转印

热转印是将转印纸上附着的碳粉（附着不是很牢）转印到敷铜板上，该步骤操作一定要小心，否则容易引起碳粉脱落、移位和断线，导致制作的 PCB 性能不良。

1）将转印纸上有碳粉走线的地方紧贴在敷铜板的铜箔上，然后将其包好固定，务必要贴紧且不能左右移动，否则转印时容易出现碳粉走线移位、断线的情况。

2）将敷盖转印纸的敷铜板送到热转印机或塑封机转印，热转印如图 3-48 所示。转印机或塑封机事先预热保持在 150℃左右，为保证所有碳粉全部转印到敷铜板上，可同一走向多转印几次。若敷铜板平整无翘曲，则也可用不带蒸气的电熨斗熨烫几次，也可获得同样的效果。

3）待敷铜板冷却后（务必要冷却，否则容易引起碳粉脱落），再轻轻揭开转印纸，可见到敷铜板上已附着碳粉走线。

4. 修图

检查热转印后电路图形，是否有遗漏焊盘与导线。然后用油性笔对于热转印后缺损或断线的地方进行修补，以保证图形质量。

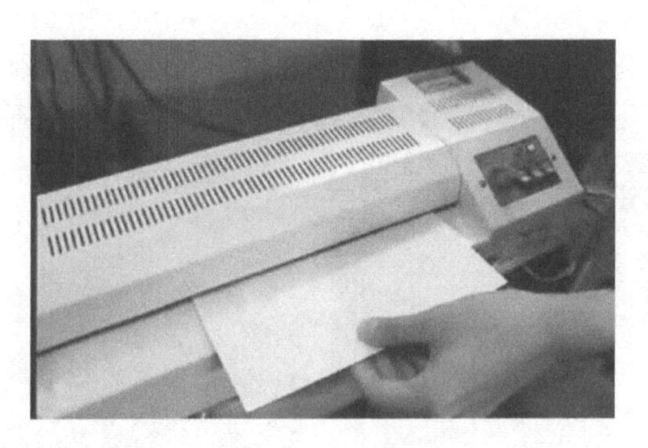

图3-48 热转印

5. 腐蚀

用三氯化铁溶液把敷铜板上裸露的铜箔腐蚀掉。其具体过程如下。

将三氯化铁放进敞开容器（玻璃、瓷器或塑料材质）中，按1∶2倒入热水（冷水也可，水温越高，腐蚀速度越快），不断地摇晃容器，待三氯化铁溶解后，放入敷铜板，铜箔面朝上，以避免铜箔上的碳粉因与容器底摩擦而脱落；经常摇动容器以加快腐蚀速度，待未被碳粉覆盖的铜箔被腐蚀完毕后，取出敷铜板，用清水洗干净擦干，这时敷铜板上只剩下被碳粉敷盖的铜箔。腐蚀敷铜板如图3-49所示。

图3-49 腐蚀敷铜板

6. 钻孔

钻孔前，根据焊盘孔径选择合适的钻头，一般采用直径为1mm的钻头，对于少数元器件端子较粗的插孔，例如电位器端子孔，需用直径为1.2mm以上的钻头钻孔。用微型电钻（或钻床）钻孔时，进刀不要过快，以免将铜箔挤出毛刺。如果制作双面板，敷铜板和PCB布线图要有3个以上的定位孔，先用合适的钻头将它钻透，以利于反面连线描图时定位。钻头钻入电路板的瞬间电路板不能移动，否则极易导致脆而硬的钻头折断。钻孔完毕用小刀除去孔的毛边。

7. 清洗表面

用香蕉水清洗掉敷铜板上的碳粉，或用细砂纸仔细打磨掉敷铜板上的碳粉。

8. 涂助焊剂

敷铜板冲洗晾干后即涂助焊剂（可用已配好的松香酒精溶液），涂助焊剂后可使板面得到保护，提高可焊性。

3.2.3　用感光板制作印制电路板

用感光板制作电路板的过程如下。

1．裁取感光板

按设计尺寸把感光板裁成所需要的大小和形状。裁取流程和前面方法一样，先用钢板尺、铅笔在敷铜板的铜箔面画出裁取线，再用切板机沿画线的外侧锯得所用敷铜板，最后用细砂纸（或砂布）将敷铜板的边缘打磨平直光滑。

2．打印印制电路图

将设计好的 PCB 图打印在菲林纸。选用激光打印机打印效果好。打印印制电路图如图 3-50 所示。

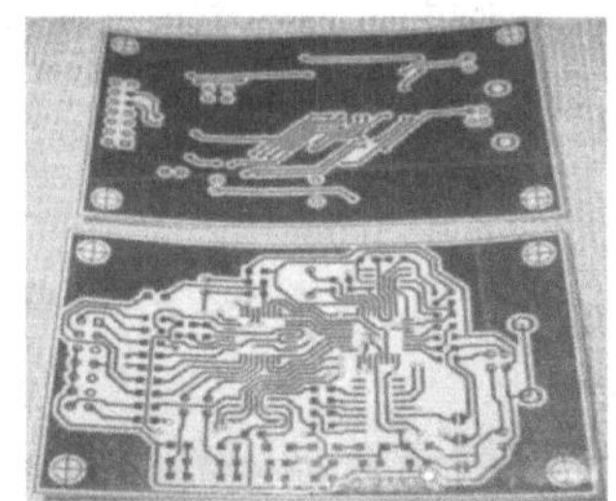

图 3-50　打印印制电路图

3．曝光

曝光过程操作如图 3-51 所示。

1）取出感光板，轻轻揭去保护膜，可以看到感光板铜皮面被一层绿色的化学物质所覆盖，这层绿色的东西就是感光膜，如图 3-51a 所示。

a)　b)　c)

图 3-51　曝光

a) 揭去感光板的保护膜　b) 涂有感光膜的一面贴在打印电路图菲林纸上　c) 在荧光灯下曝光

2）用一个玻璃相框，取下盖板，将打印好的菲林纸轻轻铺在相框的玻璃板上，然后把感光板涂有感光膜的一面贴在打印电路图菲林纸上，如图3-51b所示。再装上相框的后盖板，固定压紧。

3）曝光，曝光的方法有几种：太阳照射曝光、荧光灯曝光及专用的曝光机曝光，可以根据情况灵活选择。曝光的时间要根据曝光光源的照射强度，以及不同厂家生产的感光板对曝光时间要求的不同，具体时间请参考厂家的说明。在这里选用荧光灯曝光，如图3-51c所示，时间大约12min，但时间不要太短，那样会导致曝光不充分。

4．显影

显影操作过程如下。

1）配制显影剂。将粉末状显影剂与水混合放入水槽，粉末显影剂和水的比例为1∶20，适当搅拌使显影剂溶化均匀。

2）将曝光后的感光板放入水槽中，轻轻晃动，使其充分接触显影液，待显影充分后，可以看到PCB已经附在上面了。

5．腐蚀

将三氯化铁与水按1∶2比例混合，不断地摇晃容器，待三氯化铁溶解后，放入敷铜板，铜箔面朝上，轻轻晃动水槽，使溶液形成对流，可以加快腐蚀速度。十几分钟后，将腐蚀好的PCB取出，用水冲洗干净。腐蚀如图3-52所示。

a)

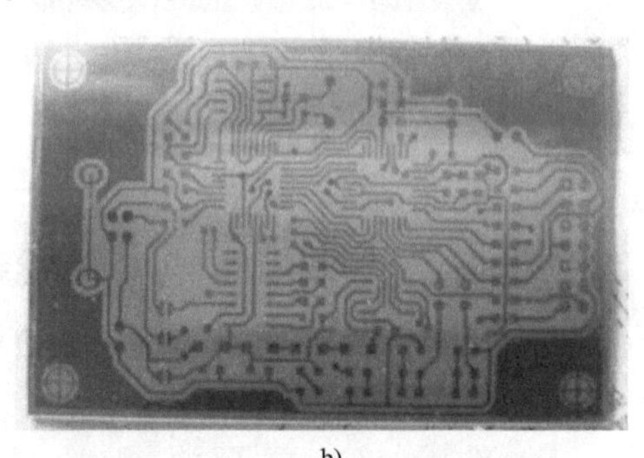

b)

图3-52 腐蚀

a) 在腐蚀液中放入敷铜板 b) 腐蚀后的敷铜板

6．钻孔

钻孔前，根据焊盘孔径选择合适的钻头，钻头钻入电路板的瞬间电路板不能移动，否则极易导致脆而硬的钻头折断。钻孔完毕用小刀除去孔的毛边。

7．清洗表面、涂助焊剂

用香蕉水清洗掉敷铜板上的碳粉，或用细砂纸仔细打磨掉敷铜板上的碳粉，然后涂上助焊剂。

3.2.4 任务训练 制作印制电路板

1．训练目的

1）熟悉PCB手工制作的方法。

2）能够完成PCB的制作。

2. 训练器材

1）敷铜板	1 块
2）三氯化铁	若干
3）直流稳压电源套件	1 套
4）图样、直尺和橡皮等画图工具	1 套
5）微型电钻	1 个

3. 训练内容与步骤

（1）热转印法制作 PCB

1）裁取敷铜板。按设计尺寸把敷铜板裁成所需要的大小和形状。再用细砂纸（或砂布）将敷铜板的边缘打磨平直、光滑。

2）打印印制电路图。将设计好的 PCB 图打印在热转印纸上。

3）热转印。将覆盖转印纸的敷铜板送到热转印机或塑封机转印。

4）修图。检查热转印后电路图形，是否有遗漏焊盘与导线。然后用油性笔对于热转印后缺损或断线的地方进行修补，以保证图形质量。

5）腐蚀。用三氯化铁溶液把敷铜板上裸露的铜箔腐蚀掉。

6）钻孔。根据焊盘孔径选择合适的钻头，对准电路板焊盘中心进行钻孔。钻孔完毕用小刀除去孔的毛边。

7）清洗表面。用香蕉水清洗掉敷铜板上的碳粉，或用细砂纸仔细打磨掉敷铜板上的碳粉。

8）涂助焊剂。敷铜板冲洗晾干后即涂助焊剂（可用已配好的松香酒精溶液），涂助焊剂后可使板面得到保护，提高可焊性。

（2）用感光板制作 PCB

1）裁取感光板。按设计尺寸把感光板裁成所需要的大小和形状。

2）打印印制电路图。将设计好的 PCB 电路图打印在菲林纸上。

3）曝光。取出感光板，轻轻揭去保护膜，用一个玻璃相框，将打印好的菲林纸轻轻铺在相框的玻璃板上，然后把感光板涂有感光膜的一面贴在打印电路图菲林纸上，选用荧光灯曝光约为 12min。

4）显影。配制好显影剂，将曝光后的感光板放入水槽中，轻轻晃动，使其充分接触显影液。

5）腐蚀。用三氯化铁溶液把敷铜板上裸露的铜箔腐蚀掉。

6）钻孔。根据焊盘孔径选择合适的钻头，对准 PCB 焊盘中心进行钻孔。

7）清洗表面、涂助焊剂。用香蕉水清洗掉敷铜板上的碳粉，或用细砂纸仔细打磨掉敷铜板上的碳粉，然后涂上助焊剂。

任务 3.3　印制电路板的生产工艺及质量检验

3.3.1　印制电路板的生产工艺

工厂生产 PCB 的制造工艺发展很快，不同类型和不同要求的 PCB 采取不同的生产工艺流程。

单面 PCB 的印制图形比较简单，一般采用丝网漏印的方法转移图形，然后，蚀刻出 PCB。图 3-53 为一单面 PCB 生产工艺流程。

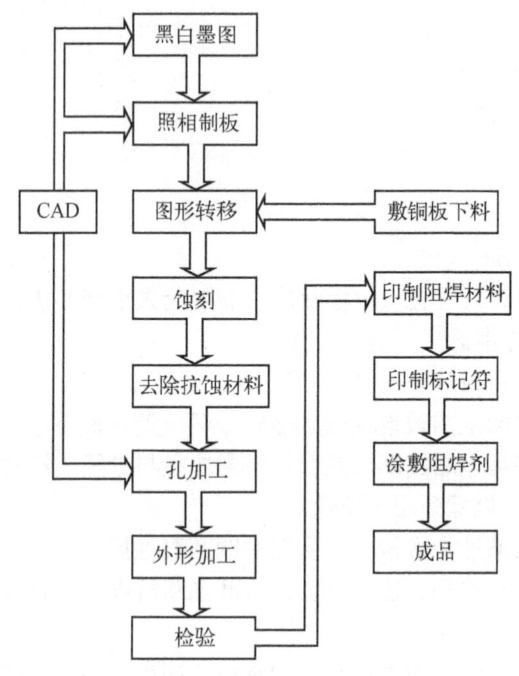

图 3-53 单面 PCB 生产工艺流程

双面 PCB 两面都有导电图形，面积比单面板大了一倍。双面 PCB 的生产工艺一般分为工艺导线法、掩蔽法和图形电镀蚀刻法等几种，图形电镀蚀刻法的生产工艺流程如图 3-54 所示。

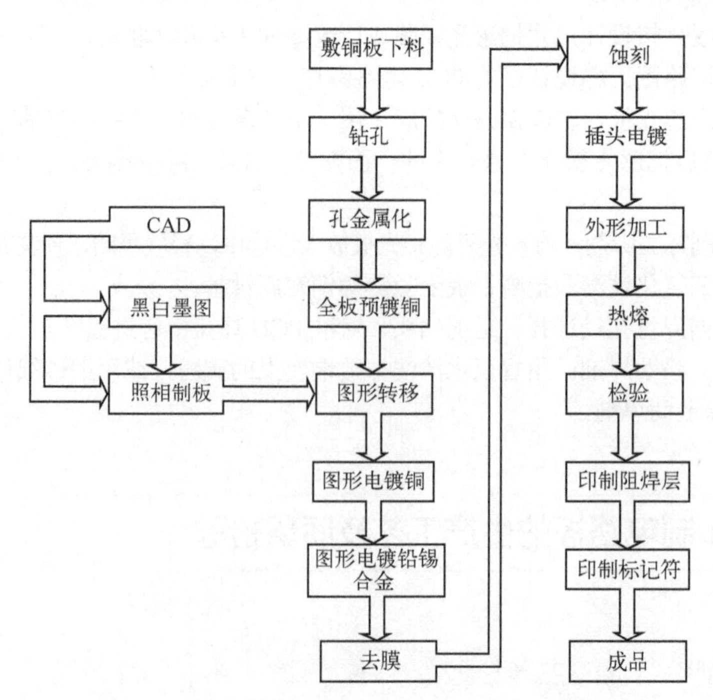

图 3-54 图形电镀蚀刻法的双面 PCB 生产工艺流程

工厂生产PCB一般要经过几十道工序，每一道技术工艺都有具体的工序及操作方法。一般要经历胶片制板、图形转移、蚀刻、过孔和铜箔处理、助焊和阻焊处理等过程。

1. 胶片制板

（1）绘制照相底图

制作一块标准的PCB，一般需要绘制3种不同的照相底图：制作导电图形的底图，制作PCB表面阻焊层的底图，制作标志PCB上所安装元器件的位置及名称等文字符号的底图。

1）绘制照相底图的要求。

① 底图尺寸一般应与布线草图相同。对于高精度和高密度的PCB底图，可适当扩大比例，以保证精度要求。

② 焊盘大小、焊盘位置、焊盘间距、插头尺寸、印制导线宽度及元器件安装尺寸等均应按草图所标尺寸绘制。

③ 焊盘之间、导线之间、焊盘与导线之间的最小距离不应小于草图中注明的安全距离。

④ 注明PCB的技术要求。

2）绘制照相底图的步骤。

① 确定图样比例，画出底图边框线。

② 按比例确定焊盘中心孔，确保孔位及孔心距的尺寸。

③ 绘制焊盘，注意内外径尺寸应按比例画。

④ 绘制印制导线。

⑤ 绘制或剪贴文字符号。

3）绘制照相底图的方法。

手工绘图：用墨汁在铜板纸上绘制照相底图。其优点是简单，绘制灵活。缺点是导线宽度不均匀，效率低。常用于新产品研制或小批量试制。

贴图：利用专职的图形符号和胶带，在图样或聚酯薄膜上依据布线草图贴出PCB的照相底图。贴图需在透射式灯光台上进行，并用专制的贴图材料。贴图法速度快、修改灵活、线条连续、轮廓清晰光滑且易于保证质量，故应用较广。

（2）照相制板

用绘制好的底图照相制板，板面尺寸应通过调整相机焦距准确达到PCB的尺寸，相板要求反差大、无砂眼。

照相制板的过程为：软片剪裁→曝光→显影→定影→水洗→干燥→修板。双面板的相板应保持正反面的焦距一致。

2. 图形转移

把相板上的印制电路图形转移到敷铜板上，称为图形转移。图形转移的方法很多，常用的有丝网漏印法和光化学法等。

（1）丝网漏印

丝网漏印简称为丝印，也是一种古老的工艺。丝网漏印法是将所需要的印制电路图形制在丝网上，然后用油墨通过丝网板将电路图形漏印在铜箔板上，形成耐腐蚀的保护层，再经过腐蚀去除保护层，最后制成PCB。简单的丝网漏印装置如图3-55所示。

图3-55　简单的丝网漏印装置

由于丝网漏印法具有操作简单、生产效率高、质量稳定及成本低廉等优点，所以广泛用于PCB的制作。目前，丝网漏印法在工艺、材料和设备上都有较大的突破，现在已能印制宽为2mm的导线。丝网漏印法的缺点是，所制作的PCB的精度比光化学法的差；对品种多、数量少的产品，生产效率比较低，并且要求丝印人员有熟练的操作技术。

（2）光化学法

光化学法分为直接感光法和光敏干膜法两种。

1）直接感光法。直接感光法采用蛋白感光胶和聚乙醇感光胶涂敷在敷铜板上，工艺过程为：敷铜板表面处理→涂感光胶→曝光→显影→固膜→修板。它的缺点是生产效率低，难于实现自动化，本身耐蚀性差，适用于批量较大、精度要求不高的单面和双面PCB的生产。

2）光敏干膜法。光敏干膜法的工艺过程与直接感光法相同，只是不适用感光胶，而是使用一种薄膜作为感光材料，这种薄膜由聚酯薄膜、感光胶膜和聚乙烯薄膜三层材料组成，感光胶膜夹在中间，使用时揭掉外层的保护膜，使用贴膜机把感光胶膜贴在敷铜板上。

光敏干膜法在提高生产效率、简化工艺和提高制板质量等方面优于其他方法。

3. 蚀刻

蚀刻也称为腐蚀，是指利用化学或电化学方法，将涂有抗蚀剂并经感光显影后的PCB上未感光部分的铜箔腐蚀除去，在PCB上留下精确的电路图形。

制作PCB有多种蚀刻工艺可以采用，这些方法可以除去未保护部分的铜箔，但不影响感光显影后的抗蚀剂及其保护下的铜导体，也不腐蚀绝缘基板及黏结材料。工业上最常用的蚀刻剂有三氧化铁、过硫酸铵、铬酸及碱性氯化铜。其中三氧化铁的价格低廉且毒性较低，碱性氯化铜的腐蚀速度快，能蚀刻高精度、高密度的PCB，并且铜离子又能再生回收，也是一种经常采用的方法。

4. 过孔和铜箔处理

1）金属化孔。金属化孔就是把铜沉积在贯通两面导线或焊盘的孔壁上，使原来非金属的孔壁金属化，也称为沉铜。在双面和多层PCB中，这是一道必不可少的工序。

实际生产中要经过：钻孔→去油→粗化→浸清洗液→孔壁活化→化学沉铜→电镀→加厚等一系列工艺过程才能完成。

金属化孔的质量非常关键，要求金属层均匀、完整，与铜箔连接可靠。

2）金属涂敷。金属涂敷就是为提高印制电路的导电性、可焊性、耐磨性、装饰性及延长PCB的使用寿命，提高电气可靠性，往往在PCB铜箔上进行金属涂敷，常用的涂敷材料有金、银和铅锡合金等。

5. 助焊和阻焊处理

PCB经表面金属处理后，根据不同需要可进行助焊和阻焊处理。涂助焊剂可提高可焊性；

而在高密度铅锡合金板上，为了使板面得到保护，确保焊接的准确性，可在板面上加阻焊剂，使焊盘裸露，其他部位均在阻焊剂层下。阻焊涂料分热固化型和光固化型两种，色泽为深绿或浅绿色。

3.3.2　印制电路板质量检验

PCB 制作完成后，必须进行质量检验，只有检验合格才能进行下一步的装配焊接。

3.3.2
印制电路板质量检验

1. 目视检验

目视检验是用肉眼检验所能见到的一些情况，一般检验如下内容：

1）PCB 的翘曲度是否过大，过大时可采用手工进行矫正。

2）PCB 上的注字、符号是否被腐蚀掉，或因腐蚀不够造成字迹、符号不清。

3）导线上有无沙眼或断线，线条边缘上有无锯齿状缺口，不该连接的导线间有无短路。

4）PCB 表面是否光滑、平整，是否有凹凸点或划伤的痕迹。

5）PCB 上有无漏钻孔、钻错孔或四周铜箔被钻破的情况。

6）导线图形的完整性如何，用照相底片覆盖在 PCB 上，测定一下导线宽度、外形是否符合要求。

7）PCB 的外边缘尺寸是否符合要求。

2. 连通性检验

多层 PCB 需进行连通性检验。一般借助万用表测量电阻、电流和电压等来判断印制电路图形是否连通。

3. 可焊性检验

可焊性检验是用来测量元器件焊接到 PCB 上时焊锡对印制图形的润湿能力，一般用润湿、半润湿和不润湿来表示。

1）润湿。钎料在导线和焊盘上可自由流动及扩展，形成黏附性连接。

2）半润湿。钎料先润湿焊盘的表面，然后由于润湿不佳而造成焊锡回缩，结果在基底金属上留下一薄层钎料。在焊盘表面一些不规则的地方，大部分钎料都形成了钎料球。

3）不润湿。钎料虽然在焊盘的表面上堆积，但未和焊盘表面形成黏附性连接。

4. PCB 的绝缘电阻

PCB 的绝缘电阻是 PCB 绝缘部件对外加直流电压所呈现出的一种电阻。在 PCB 上，此项测试既可以在同一层上的各条导线之间进行，也可以在两个不同层之间进行。选择两根或多根间距紧密、电气上绝缘的导线，先测量其间的绝缘电阻；再加速湿热一个周期（将试样垂直放在试验箱的框架上，箱内相对湿度约为 100%，温度为 42～48℃，放置几小时到几天）后，置于室内条件下恢复一小时，再测量它们之间的绝缘电阻。

5. 镀层附着力

检查镀层附着力的一种方法是胶带试验法。把透明胶带横贴于要测的导线上，并将此胶带用手按压，使气泡全部排除，然后掀起胶带的一端，大约与 PCB 呈 90° 时扯掉胶带，扯胶带时应快速猛扯，扯下的胶带完全干净没有铜箔附着，说明该板的镀层附着力合格。

思考与练习

1．印制电路板的种类有哪些？各有什么特点？

2．一块完整的印制电路板由哪几部分组成？

3．印制电路板设计时应遵循哪些原则？

4．印制电路板设计一般有哪些步骤？

5．热转印法制作印制电路板有哪些步骤？

6．用感光板制作印制电路板的步骤有哪些？

7．工厂生产印制电路板的基本工艺流程是什么？

8．简述用 Altium Designer 17 软件绘制电路原理图的过程。

9．简述用 Altium Designer 17 软件设计 PCB 图的流程。

10．印制电路板质量检验包括哪些内容？

项目 4 表面组装元器件的识别与焊接

学习目标

1）了解表面组装技术的特点。
2）会识别表面组装元器件。
3）掌握表面组装元器件的手工焊接工艺。
4）熟悉表面组装元器件的自动焊接工艺。

素养目标

1）培养学生的探索、创新精神，具备表面组装元器件的手工焊接和拆焊能力。
2）培养学生的安全意识，养成遵守纪律、按照操作规程训练的习惯。
3）培养学生的敬业精神、团队意识和创新意识等，养成良好的职业素养。

现代电子产品对微型化、集成化要求越来越高，传统的通孔安装技术逐步向新一代电子组装技术过渡。用 SMT 组装的电子产品具有体积小、性能好、功能全和价位低的综合优势，已广泛地应用于航空、航天、通信、计算机、医疗电子、汽车、照相机、办公自动化和家用电器行业的电子产品装联中。

任务 4.1 认知表面组装技术

表面组装技术（Surface Mounting Technology，SMT）是一种直接将表面贴装元器件（SMC/SMD）贴装、焊接到 PCB 表面规定位置的电路装联技术。它是目前电子组装行业里最流行的一种技术和工艺。

任务 4.1
认知表面组装技术

表面组装技术改变了传统的 PCB 通孔基板插装元器件方式，实现了电子产品组装的高密度、高可靠性、小型化、低成本以及生产的自动化，被广泛地应用在计算机、手机和精密仪表等电子产品中。

4.1.1 表面组装技术的发展过程

目前，电子应用技术的迅速发展，表现出智能化、网络化和多媒体化的特点，这种发展趋势和市场需求推动了电路组装技术向高密度、高速化和标准化方向发展，迫使对在通孔基板 PCB 上插装电子元器件的工艺方式进行革命，电子产品的装配技术必然全方位地转向 SMT。

从 20 世纪 60 年代到现在，表面组装技术的发展经历了三个阶段。

第一阶段（1960—1975 年）：主要技术目标是把小型化的片式元器件应用在混合集成电路的生产制造中，同时 SMT 开始大量使用在石英电子表和电子计算器等产品中。

第二阶段（1976—1985 年）：促进电子产品迅速小型化，多功能化，开始广泛应用于摄像机、录像机和数码相机等产品中，同时用于表面安装的自动化设备被大量研制开发出来，片式元器件的组装工艺也已经成熟，为SMT的高速发展打下了基础。

第三阶段（1985年至今）：主要目标是降低成本，改进生产设备，提高电子产品的性能价格比。

随着SMT的成熟，工艺可靠性的提高，应用在军事和投资类（汽车、计算机和工业设备）领域的电子产品迅速发展，同时，大量涌现的自动化表面装配设备及工艺手段，使片式元器件在PCB上的使用高速增长，加速了电子产品总成本的下降。

表面组装技术的重要基础之一是表面组装元器件，其发展需求和发展程度也主要受SMC/SMD发展水平的制约，为此，SMT的发展历史与SMC/SMD发展历史基本是同步的。

20世纪60年代，飞利浦公司研制出可表面组装的纽扣状微型元器件供手表工业使用。这种元器件已发展成为现在的表面组装用的小外形集成电路封装（SOIC）。它的引线分布在元器件两侧，引线的中心间距为1.27mm，引线数多达28针以上。

在20世纪70年代初期，日本开始使用方形扁平封装的集成电路（QFP）来制造计算器。QFP的引线分布在元器件的四边，引线的中心间距为0.65mm或更小，引线数多达几百针。美国又研制出塑封有引线芯片载体（PLCC）元器件、无引线陶瓷芯片载体（LCCC）全密封元器件，该阶段初期SMT的水平以组装引线中心间距为1.27mm的SMC/SMD为标志，20世纪80年代逐步进步为可组装0.65mm和0.3mm细引线间距SMC/SMD阶段，进入20世纪90年代后，0.3mm细引线间距SMC/SMD的组装技术和组装设备趋向成熟。

现阶段SMT与SMC/SMD的发展相适应，在发展和完善引线间距0.3mm及以下的超细间距组装技术的同时，正在发展和完善球阵列封装（BGA）、芯片尺寸封装（CSP）元器件的组装技术。

我国SMT的应用起步于20世纪80年代初期，随着电子信息产业的迅速发展，20世纪80年代中期以来，我国的SMT进入高速发展阶段，20世纪90年代初已成为完全成熟的新一代电路组装技术，并逐步取代通孔插装技术。

4.1.2 表面组装技术的特点

SMT与传统通孔插装技术（Through Hole Technology，THT）相比，根本区别在于“贴”和“插”。THT与SMT如图4-1所示。

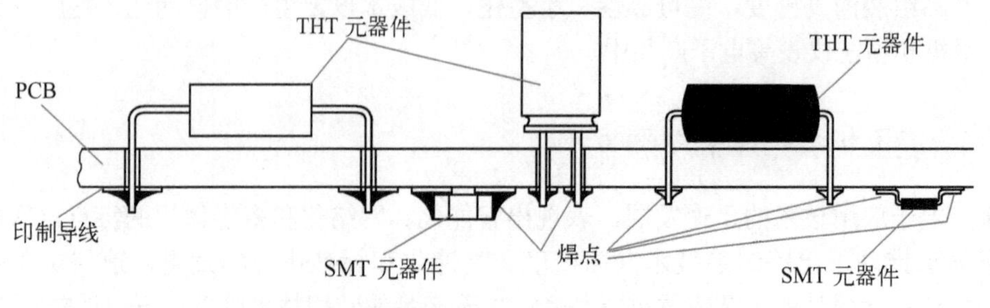

图4-1 THT与SMT

THT采用有引线元器件，在PCB上设计好电路连接导线和安装孔，元器件的引线插入PCB上预先钻好的通孔中，通过焊接技术形成可靠的焊点，建立长期的机械和电气连接，元器件的主体和焊点分布在基板两侧。采用这种方法，由于元器件有引线，当电路密集到一定程度后，就无法解决缩小体积的问题了，同时，引线间相互接近导致的故障、引线长度引起的干扰也难以排除。

SMT 是把片状结构的小型化元器件，按照电路的要求放置在 PCB 的表面上，通过焊接工艺组装成具有一定功能的电子产品。焊点和元器件都在同一侧，在 PCB 上通孔只用来连接电路板两面的导线，孔的数量要少得多，孔的直径也小得多，这样使 PCB 的装配密度得到极大提高。

SMT 和 THT 的方式相比，具有以下优越性。

1）高密集。表面组装元件（Surface Mounted Component，SMC）、表面组装器件（Surface Mount Device，SMD）的体积只有传统元器件的 1/10～1/3，可以装在 PCB 的两面，有效利用了 PCB 的面积，减轻了 PCB 的重量。

2）高可靠。SMC 和 SMD 无引脚或引脚很短，重量轻，因而抗振能力强，失效率比 THT 至少降低一个数量级，大大提高产品可靠性。

3）高性能。SMT 的密集安装减小了电磁干扰和射频干扰，尤其高频电路中减小了分布参数的影响，提高了信号传输速度，改善了高频特性，使整个产品性能提高。

4）高效率。SMT 更适合自动化大规模生产。

5）低成本。SMT 使 PCB 面积减小，成本降低；无引脚和短引脚使 SMD、SMC 成本降低；安装中省去引脚成型、打弯和剪线等工序；频率特性提高，减小调试费用；焊点可靠性提高，减小调试和维修成本。

任务 4.2 表面组装元器件的识别

表面组装元器件又称为贴片元器件，是一种无引线或有极短引线的小型标准化的元器件，问世于 20 世纪 60 年代，此后得到迅速发展。

4.2.1 表面组装元器件的种类

表面组装元器件按形状可分为薄片矩形、圆柱形和扁平异形等；按元器件的功能分无源器件（SMC）、有源元件（SMD）和机电元器件；习惯上把无源表面安装元件（如片式电阻、电容和电感等）称为 SMC，而将有源表面组装元件（如小外形晶体管 SOT 及各种不同封装的表面贴装集成电路）称为 SMD。表面组装元器件按照使用环境可分为非气密性封装元器件和气密性封装元器件；非气密性封装元器件对工作环境的要求一般为 0～70℃，气密性封装元器件的工作温度范围为-55～+125℃。

表面组装元器件的分类见表 4-1。

表 4-1 表面组装元器件的分类

类别	封装	种类
无源表面组装元器件 SMC	矩形片式	厚膜和薄膜电阻、热敏电阻、压敏电阻、陶瓷电容、钽电容、片式电感和石英晶体等
	圆柱形	碳膜电阻、金属膜电阻、陶瓷电容和热敏电容等
	异形	电位器、微调电位器、铝电解电容、微调电容、线绕电感器、晶体振荡器和变压器等
	复合片式	电阻网络、电容网络和滤波器等

（续）

类　别	封　装	种　类
有源表面组装元器件SMD	圆柱形	二极管
	陶瓷组件（扁平）	无引线陶瓷封装载体（Leadless Ceramic Chip Carrier，LCCC）、陶瓷球组件（Ceramic Ball Grid Array，CBGA）
	塑料组件（扁平）	小外形晶体管（Small Out-Line Transistor，SOT）、带引线的塑料芯片载体（Plastic Leaded Chip Carrier，PLCC）、四侧引脚扁平封装（Quad Flat Package，QFP）、球阵列封装（Ball Grid Array，BGA）、芯片级封装（Chip Scale Package，CSP）
机电元器件	异形	继电器、开关、连接器、延迟器和薄膜微型电动机等

4.2.2 表面组装元器件（SMC）

无源表面组装元器件（SMC）包括片式电阻器、片式电容器和片式电感器等，常见 SMC 手绘外形如图 4-2 所示。

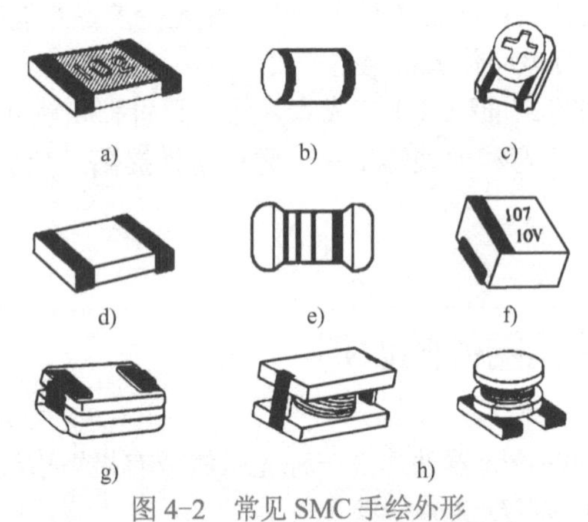

图 4-2 常见 SMC 手绘外形

a) 矩形片式电阻器 b) 圆柱形贴装电阻器 c) 片式电位器 d) 矩形片式电容器
e) 圆柱形贴装电容器 f) 片式钽电解电容器 g) 膜压型片式电感器 h) 片式电感器

长方体 SMC 根据其外形尺寸的大小划分成几个系列型号，现有两种表示方法：一种是公制，日本产品大多数采用公制系列；另一种是英制，欧美产品大多数采用英制系列。在我国，这两种系列都可以使用。例如，公制系列的 3216（英制 1206）的矩形贴片元件，长为 3.2mm（0.12in，in 表示英寸，1 in≈0.0254 m），宽为 1.6mm（0.06in）。

系列型号的发展变化也反映了 SMC 元件的小型化过程：5750（2220）→4532（1812）→3225（1210）→3216（1206）→2012（0805）→1608（0603）→1005（0402）→0603（0201）。表面组装元器件的外形尺寸见表 4-2。

表 4-2 表面组装元器件的外形尺寸

英制代码	0201	0402	0603	0805	1206	1210	1812	2220
公制代码	0603	1005	1608	2012	3216	3225	4532	5750
实际尺寸/mm（长×宽）	0.6×0.3	1.0×0.5	1.6×0.8	2.0×1.2	3.2×1.6	3.2×2.5	4.5×3.2	5.7×5.0

1. 表面组装电阻器

表面组装电阻器按封装外形，可分为矩形片状电阻器和圆柱形状片式电阻器两种，表面组装电阻器一般为黑色，外形稍大的片式电阻器在外表标出阻值大小，外形太小的表面未标出电阻值，而是标注在包装袋上。表面组装电阻器按制造工艺可分为厚膜型（RN 型）和薄膜型（RK 型）两大类。

1）片状表面组装电阻器。片状表面组装电阻器一般是用厚膜工艺制作的。在一个高纯度氧化铝（Al_2O_3，96%）基底平面上网印二氧化钌（RuO_2）电阻浆来制作电阻膜，改变电阻浆料成分或配比，就能得到不同的电阻值。也可以用激光在电阻膜上刻槽微调电阻值，然后再印制玻璃浆覆盖电阻膜，并烧结成釉保护层，最后把基片两端做成焊端。片状表面组装电阻器如图 4-3 所示。

2）圆柱形表面组装电阻器（MELF）。MELF 可以用薄膜工艺来制作，在高铝陶瓷基柱表面溅射镍铬合金膜或碳膜，在膜上刻槽调整电阻值，两端压上金属焊端，再涂覆耐热漆形成保护层并印上色环标志。圆柱形表面组装电阻器如图 4-4 所示。MELF 主要有以下三种：碳膜 ERD 型、金属膜 ERO 型和跨接用的 0Ω 电阻器。

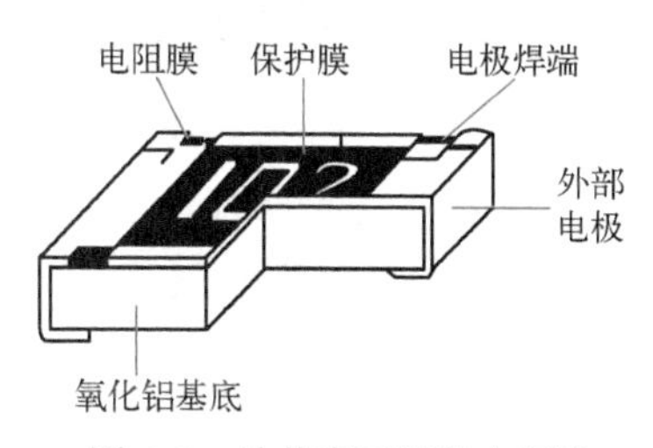

图 4-3　片状表面组装电阻器

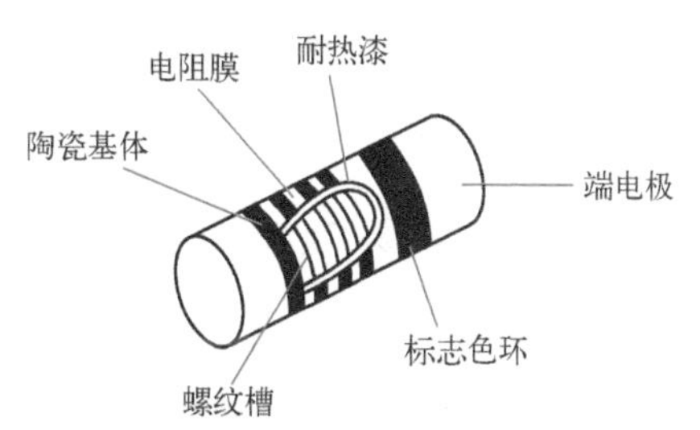

图 4-4　圆柱形表面组装电阻器

与矩形片式电阻器相比，MELF 无方向性和正反面，包装使用方便，装配密度高，固定到 PCB 上有较高的抗弯曲能力，特别是噪声电平和 3 次谐波失真都比较低，常用于高档音响电器产品中。

3）SMC 电阻排（电阻网络）。表面组装电阻排是电阻网络的表面安装形式。电阻网络按结构可分为 SOP 型、芯片功率型、芯片载体型和芯片阵列型。根据用途不同，电阻网络有多种电路形式。图 4-5 为电阻排实物外形。

图 4-5　电阻排实物外形

4）SMC 电位器。表面组装电位器又称为片式电位器。它包括片状、圆柱状及扁平矩形结构等各种类型。标称阻值范围为 100Ω～1MΩ，阻值允许偏差为±25%，额定功耗系列为 0.05W、0.1W、0.125W、0.2W、0.25W 和 0.5W。阻值变化规律为线性。

2．表面组装电容器

表面组装电容器有无极性电容器和有极性电容器（电解电容器），其中无极性电容器的种类又可分为片式陶瓷电容器、片式有机薄膜电容器及片式云母电容器等。目前使用较多的主要有两种：陶瓷系列（瓷介）的电容器和钽电解电容器，其中瓷介电容器约占 80%，其次是钽和铝电解电容器。有机薄膜和云母电容器使用较少。

1）SMC 多层陶瓷电容器。SMC 多层陶瓷电容器又称为独石电容器，是用量最大、发展最快的片式元件品种。表面安装陶瓷电容器多以陶瓷材料为电容介质，多层陶瓷电容器是在单层盘状电容器的基础上构成的，电极深入电容器内部，并与陶瓷介质相互交错，通常是无引脚矩形结构，外层电极与片式电阻相同，SMC 多层陶瓷电容器如图 4-6 所示。

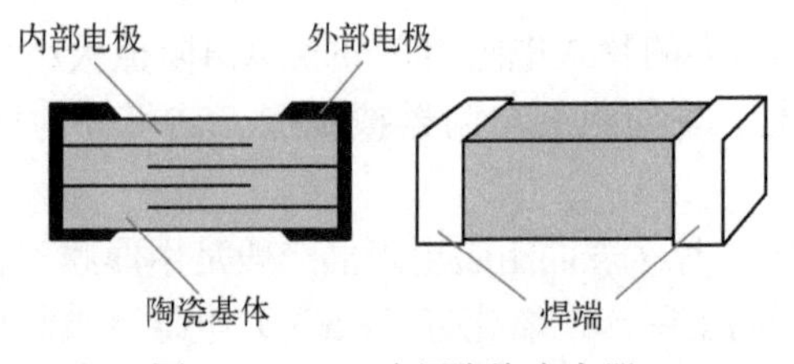

图4-6 SMC多层陶瓷电容器

2）SMC电解电容器。SMC电解电容器有铝电解电容器和钽电解电容器两种。铝电解电容器的容量和额定工作电压的范围比较大，因此做成贴片形式比较困难，一般是异形。

钽电解电容以金属钽作为电容介质，可靠性很高，单位体积容量大，在容量超过0.33μF时，大都采用钽电解电容器。钽电解电容器的外形都是片状矩形，SMC钽电解电容器的结构如图4-7所示。按封装形式的不同，分为裸片型、模塑封装型和端帽型3种。

3）云母电容器。云母电容器采用天然云母作为电解质，做成矩形片状，片状云母电容器的结构如图4-8所示。由于它具有耐热性好、损耗低、Q值和精度高、易做成小电容等特点，特别适合在高频电路中使用，近年来已在无线通信、硬盘系统中大量使用。

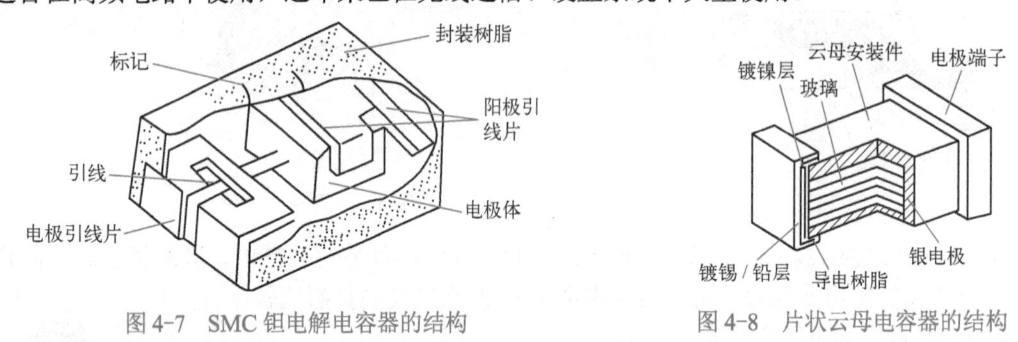

图4-7 SMC钽电解电容器的结构　　图4-8 片状云母电容器的结构

3. 表面组装电感器

表面组装电感器除了与传统的插装电感器有相同的扼流、退耦、滤波、调谐、延迟及补偿等功能外，还在LC调谐器、LC滤波器及LC延迟线等多功能器件中体现了独到的优越性。

由于电感器受线圈制约，片式化比较困难，故其片式化晚于电阻器和电容器，其片式化率也低。尽管如此，电感器的片式化仍取得了很大的进展，不仅种类繁多，而且相当多的产品已经系列化、标准化，并已批量生产。

1）绕线型表面组装电感器。绕线型表面组装电感器实际上是在传统的卧式绕线电感器稍加改进而成的。制造时将导线（线圈）缠绕在磁心上。低电感时用陶瓷做磁心，大电感时用铁氧体做磁心，绕组可以垂直也可水平。绕线后再加上端电极。端电极也称为外部端子，它取代了传统的插装式电感器的引线，以便表面组装。由于所用磁心不同，故结构上也有多种形式。

① 工字形结构。这种电感器是在工字形磁心上绕线制成的，图4-9a为开磁路工字形结构、图4-9b为闭磁路工字形结构。

② 槽形结构。槽形结构是在磁性体的沟槽上绕上线圈而制成的，如图4-9c所示。

③ 棒形结构。这种结构的电感器与传统的卧式棒形电感器基本相同，它是在棒形磁心上绕线而成的。只是它用适合表面安装用的端电极代替了插装用的引线。

④ 腔体结构。这种结构是把绕好的线圈放在磁性腔体内，加上磁性盖板和端电极而成，如

图 4-9d 所示。

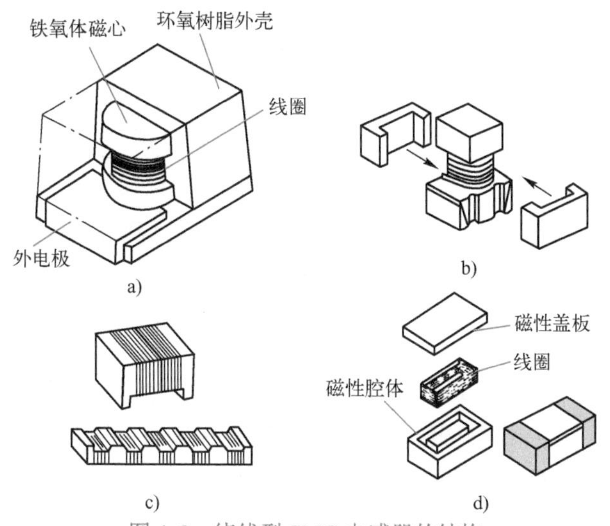

图 4-9　绕线型 SMC 电感器的结构

a) 开磁路工字形结构　b) 闭磁路工字形结构　c) 槽形结构　d) 腔体结构

2）多层型 SMC 电感器。多层型 SMC 电感器也称为多层型片式电感器（MLCI），它的结构和多层型陶瓷电容器相似，制造时由铁氧体浆料和导电浆料交替印刷叠层后，经高温烧结形成具有闭合磁路的整体。导电浆料经烧结后形成的螺旋式导电带，相当于传统电感器的线圈，被导电带包围的铁氧体相当于磁心，导电带外围的铁氧体使磁路闭合。多层型 SMC 电感器如图 4-10 所示。

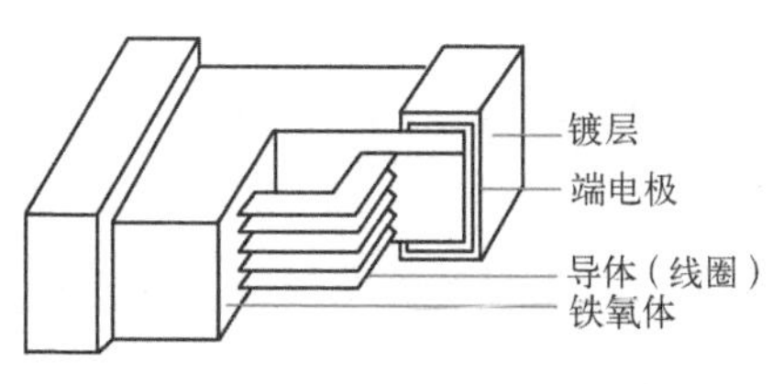

图 4-10　多层型 SMC 电感器

3）卷绕型 SMC 电感器。卷绕型 SMC 电感器是在柔性铁氧体薄片（生料）上，印刷导体浆料，然后卷绕成圆柱形，烧结后形成一个整体，做上端电极即可。

卷绕型 SMC 电感器与绕线型 SMC 电感器相比，它的尺寸较小，某些卷绕型 SMC 电感器可用铜或铁做电极材料，成本较低。但因为是圆柱体的，组装时接触面积较小，所以表面安装性不甚理想，目前应用范围不大。

4.2.3　表面组装元器件（SMD）

表面组装元器件 SMD 的分立器件包括各种分立半导体器件，有二极管、晶体管及场效应晶体管，也有由两三只晶体管、二极管组成的简单复合电路。

典型 SMD 分立器件的外形如图 4-11 所示，电极引脚数为 2～6 个。二极管类器件一般采用两端或 3 端 SMD 封装，小功率晶体管类器件一般采用 3 端或 4 端 SMD 封装，4～6 端 SMD 器件内大多封装了两只晶体管或场效应晶体管。

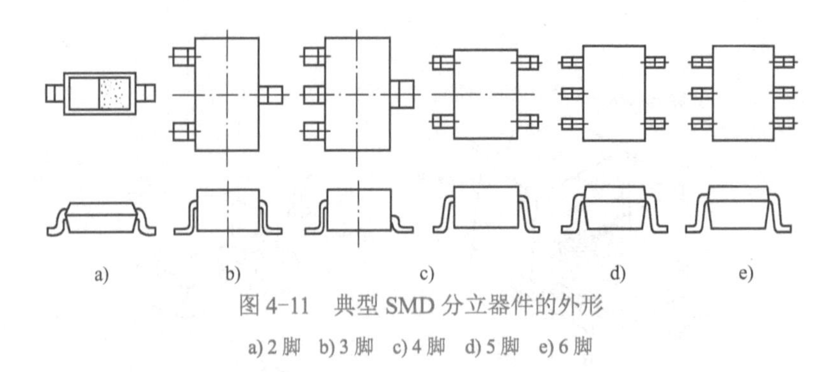

图4-11 典型SMD分立器件的外形

a) 2脚 b) 3脚 c) 4脚 d) 5脚 e) 6脚

1. SMD二极管

SMD二极管有无引线柱形玻璃封装和片状塑料封装两种。无引线柱形玻璃封装二极管是将管芯封装在细玻璃管内，两端以金属帽为电极。常见的有稳压、开关和通用二极管，功耗一般为0.5～1W。外形尺寸为ϕ1.5mm×3.5mm和ϕ2.7mm×5.2mm两种。SMD二极管如图4-12所示。

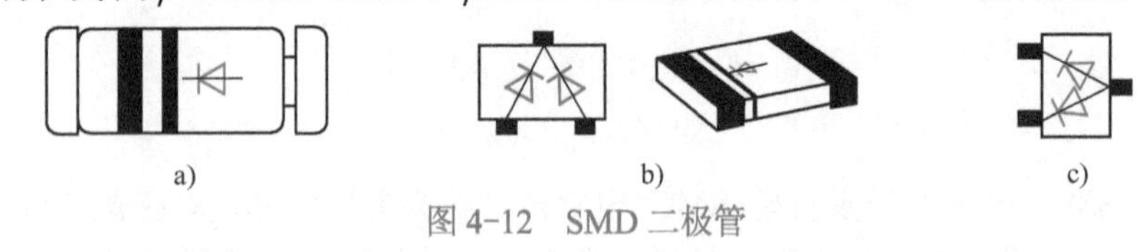

图4-12 SMD二极管

a) 圆柱形无端子二极管 b) 矩形薄片二极管 c) SOT型片状二极管

塑料封装二极管一般做成矩形片状，额定电流为150mA～1A，耐压为50～400V，外形尺寸为3.8mm×1.5mm×1.1mm。还有一种SOT-23封装的片状二极管，多用于封装复合二极管，也可用于高速开关二极管和高压二极管，这类二极管由于引脚数多于两个，而且型号没有印在器件表面上，为区别是二极管还是晶体管，使用时必须检查器件包装编带上的标签来确认。

2. 小外形塑封晶体管

小外形塑封晶体管采用带有翼形短引线的塑料封装，可分为SOT-23、SOT-89、SOT-143和SOT-252几种尺寸结构，产品有小功率管、大功率管、场效应晶体管和高频管几个系列。

SOT-23是通用的表面安装晶体管，SOT-23有3条翼形引脚，如图4-13a所示。

SOT-89适用于较高功率的场合，它的3个电极（E、B、C）是从管子的同一侧引出，管子底面有金属散热片与集电极相连，晶体管芯片黏结在较大的铜片上，以利于散热，如图4-13b所示。

SOT-143有4条翼形短引脚，对称分布在长边的两侧，引脚中宽度偏大一点的是集电极，这类封装常见双栅场效应晶体管及高频晶体管，如图4-13c所示。

SOT-252封装与SOT-89相似，3个电极从管子的同一侧引出，SOT-252封装的功耗为2～50W，应用于大功率晶体管，如图4-13d所示。

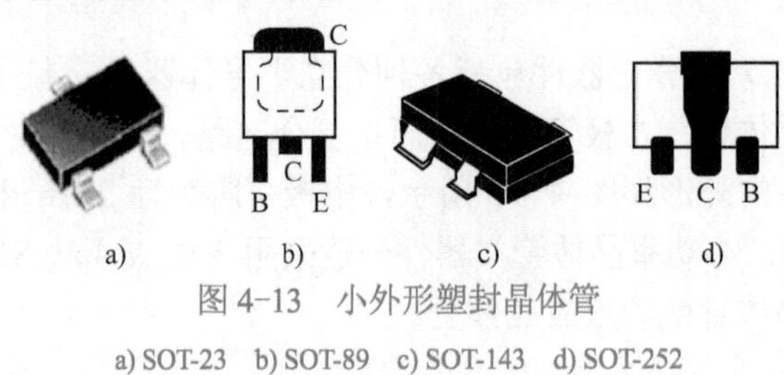

图4-13 小外形塑封晶体管

a) SOT-23 b) SOT-89 c) SOT-143 d) SOT-252

3. SMD 集成电路及其封装

SMD 集成电路包括各种数字电路和模拟电路的集成器件，封装对集成电路起着机械支撑和机械保护、传输信号和分配电源、散热、环境保护等作用。SMD 集成电路的封装方式主要有 SOP 型、QFP 型、LCCC 型、PLCC 型和 BGA 型等，品种繁多。

1）SOP。SOP 由双列直插式封装（DIP）演变而来，引脚分布在器件的两边，其引脚数目在 28 个以下，具有两个不同的引脚形式：一种具有“翼形”引脚，一种具有“J”形引脚，常见于线性电路、逻辑电路和随机存储器。SOP 如图 4-14 所示。

图 4-14　SOP

2）QFP。矩形四边都有电极引脚的 SMD 集成电路叫作 QFP，QFP 集成电路如图 4-15a 所示。其中 PQFP（Plastic QFP）芯片四角有突出（角耳），如图 4-15b 所示。薄型 TQFP 封装的厚度已经降为 1.0mm 或 0.5mm。QFP 也采用翼形的电极引脚。QFP 芯片一般都是大规模集成电路，在商品化的 QFP 芯片中，电极引脚数目最少为 28 脚，最多可能达到 300 脚以上，引脚间距最小为 0.4mm（最小极限为 0.3mm），最大为 1.27mm。

图 4-15　QFP 集成电路

a) QFP 集成电路实物外形　b) 四角有突出的 PQFP

3）LCCC。LCCC 是陶瓷芯片载体封装的 SMD 集成电路中没有引脚的一种封装；芯片被封装在陶瓷载体上，无引线的电极焊端排列在封装底面上的四边，电极数目为 18～156 个，间距有 1.0mm 和 1.27mm 两种，分无引线 A 型、B 型、C 型和 D 型，LCCC 集成电路如图 4-16 所示。

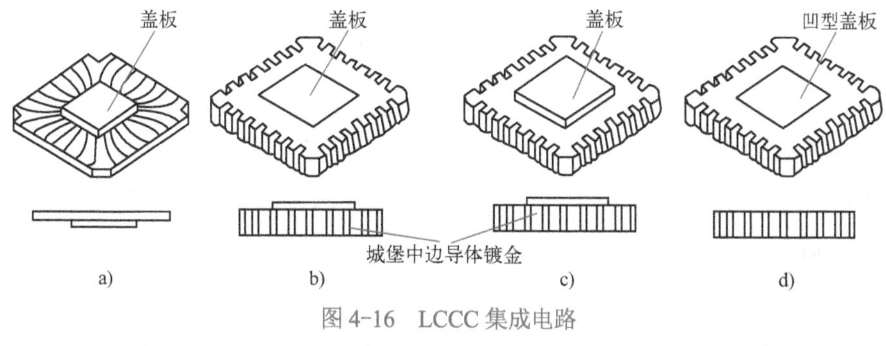

图 4-16　LCCC 集成电路

a) 无引线 A 型　b) 无引线 B 型　c) 无引线 C 型　d) 无引线 D 型

LCCC 引出端子的特点是在陶瓷外壳侧面有类似城堡状的金属化凹槽和外壳底面镀金电极相连，提供了较短的信号通路，电感和电容损耗较低，可用于高频工作状态，如微处理器单元、门阵列和存储器。

LCCC 集成电路的芯片是全密封的，可靠性高但价格高，主要用于军用产品中，并且必须考虑器件与电路板之间的热膨胀系数是否一致的问题。

4）PLCC。PLCC 是集成电路的有引脚塑封芯片载体封装，它的引脚向内钩回，叫作钩形（J 形）电极，电极引脚数目为 16～84 个，间距为 1.27mm，PLCC 实物外形如图 4-17 所示。PLCC 集成电路大多是可编程的存储器。芯片可以安装在专用的插座上，容易取下来对其中的数据进行改写；为了减少插座的成本，PLCC 芯片也可以直接焊接在 PCB 上，但用手工焊接比较困难。

图 4-17 PLCC 实物外形

5）BGA。BGA 是大规模集成电路中一种极富生命力的封装方法。20 世纪 90 年代后期，BGA 方式已经大量应用。导致这种封装方式出现的根本原因是集成电路的集成度迅速提高，芯片的封装尺寸必须缩小。BGA 方式用于封装大规模集成电路。BGA 是将原来器件 PLCC/QFP 的 J 形或翼形电极引脚，改变成球形引脚；QFP 和 BGA 集成电路如图 4-18 所示。把从器件本体四周“单线性”顺列引出的电极，变成本体底面之下“全平面”式的格栅阵排列。这样，既可以疏散引脚间距，又能够增加引脚数目。目前，使用较多的 BGA 的 I/O 端子数是 72～736，预计将达到 2000。焊球阵列在器件底面可以呈完全分布或部分分布，如图 4-18b～d 所示。

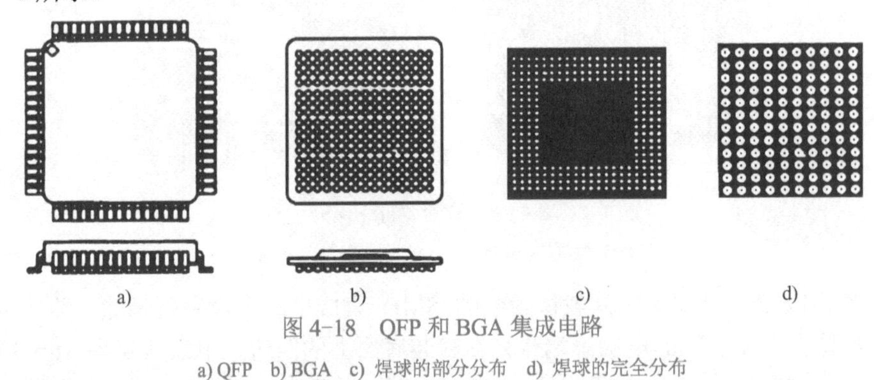

图 4-18 QFP 和 BGA 集成电路

a) QFP b) BGA c) 焊球的部分分布 d) 焊球的完全分布

4.2.4 任务训练 识别表面组装元器件

1. 训练目的

识别表面组装元器件。

2. 训练器材

含有大量 SMC/SMD 的电路板一块。

3. 训练内容

准备一块有大量 SMC/SMD 的 PCB，对 PCB 上的各类 SMC/SMD 的类型以及引脚顺序等进行识别。比如：彩色电视机调谐（高频头）PCB，识别 SMC/SMD 用 PCB 如图 4-19 所示。

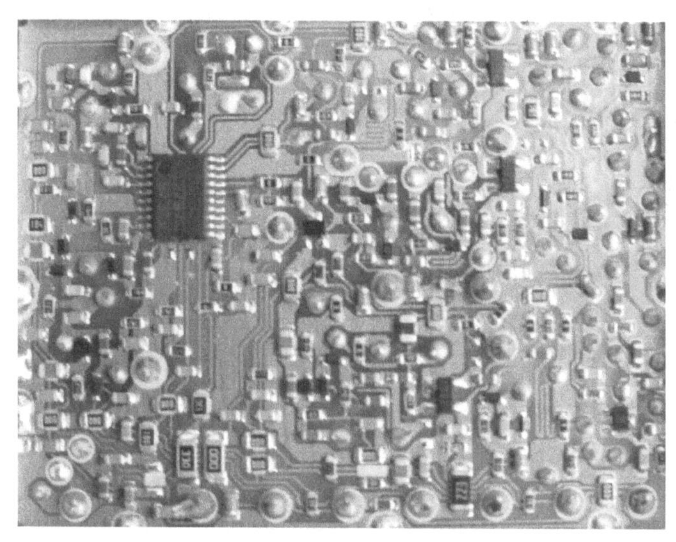

图 4-19　识别 SMC/SMD 用 PCB

任务 4.3　表面组装元器件的手工焊接

在生产企业里，焊接表面组装元器件主要依靠自动焊接设备，但在产品维修或者研究者制作样机的时候，检测、焊接表面组装元器件都可能需要手工操作。

4.3.1　一般 SMC/SMD 的手工焊接

1. 手工焊接表面贴装元器件的常用工具及设备

1）焊接材料。手工焊接表面组装元器件与焊接通孔插装元器件相比，焊接所用焊锡丝更细，一般用直径为 0.5～0.8mm 的活性焊锡丝，也可以使用膏状钎料（焊锡膏），但要使用腐蚀性小、无残渣的免清洗助焊剂。

2）检测探针。一般测量仪器的表笔或探头不够细，可以配检测探针，探针前端是针尖，末端是套筒，使用时将表笔或探头插入探针，用探针测量电路会比较方便，安全。

3）电热镊子。电热镊子是一种专用于拆焊 SMC 的高档工具，电热镊子如图 4-20 所示。它相当于两把组装在一起的电烙铁，只是两个电热芯独立安装在两侧，接通电源后，捏合电热镊子夹住 SMC 的两个焊端，加热头的热量熔化焊点，很容易把元器件取下来。

4）真空吸锡枪。真空吸锡枪主要由吸锡枪和真空泵两大部分构成。真空吸锡枪如图 4-21 所示。吸锡枪的前端是中间空心的烙铁头，带有加热功能。按动吸锡枪手柄上的开关，真空泵即通过烙铁头中间的孔把熔化了的焊锡吸到后面的锡渣储存罐中，取下锡渣储存罐可以清除锡渣。

5）恒温电烙铁。SMC/SMD 对温度比较敏感，焊接时温度不能超过 390℃，所以最好使用恒温电烙铁。由于片状元件的体积小，烙铁头的尖端应该略小于焊接面，为防止感应电压损坏集成电路，电烙铁的金属外壳要可靠接地。

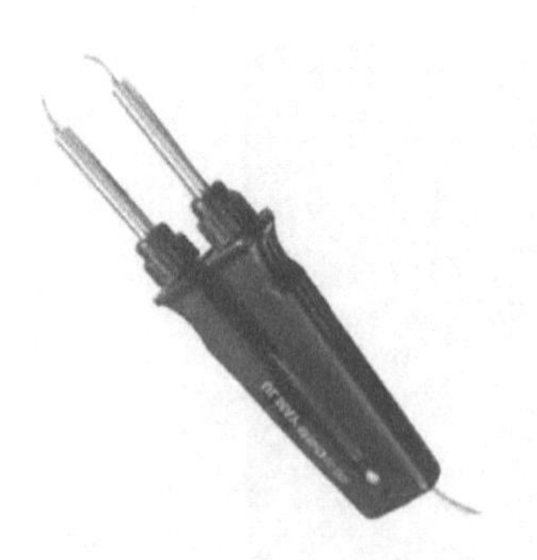

图 4-20 电热镊子

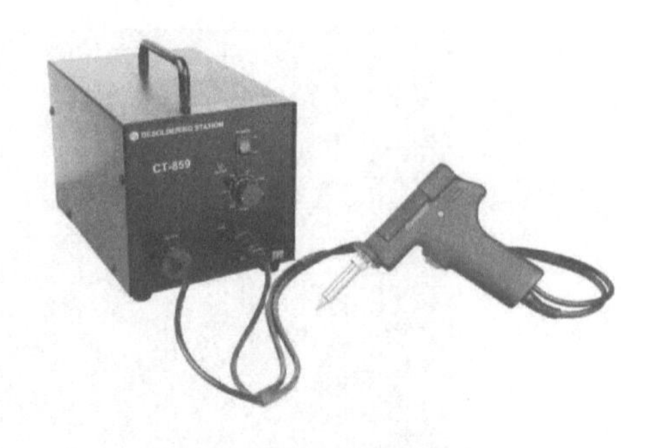

图 4-21 真空吸锡枪

6）热风工作台。热风工作台是一种用热风作为加热源的半自动设备，用热风工作台很容易拆焊 SMC/SMD，比使用电烙铁方便得多，而且能够拆焊更多种类的元器件，热风工作台也能够用于焊接。

2. SMC/SMD 的手工焊接

SMC/SMD 的焊接与插装元器件的焊接不同，后者是通过引脚插入通孔，焊接时不会移位，且元器件与焊盘分别在 PCB 的两侧，焊接比较容易，贴片元器件在焊接过程中容易移位，焊盘和元器件在同一侧，焊接端子形状不一，焊盘细小，焊接技术要求高，焊接时必须细心、谨慎，提高精度。

电阻、电容及二极管等 SMC/SMD 的手工焊接示意图如图 4-22 所示，主要包括以下步骤。

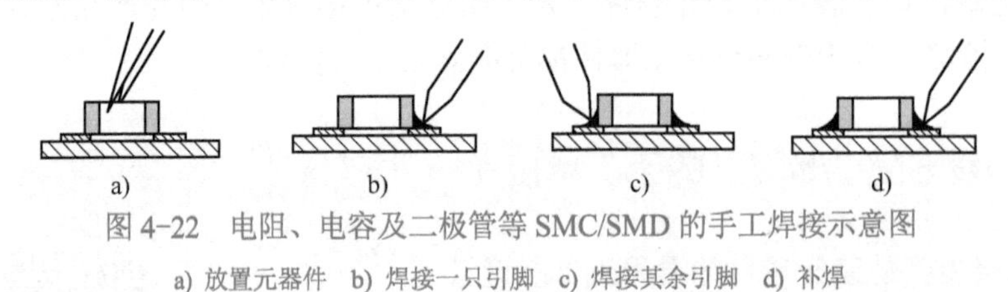

图 4-22 电阻、电容及二极管等 SMC/SMD 的手工焊接示意图

a) 放置元器件 b) 焊接一只引脚 c) 焊接其余引脚 d) 补焊

1）用镊子夹住待焊元器件，放置到 PCB 规定的位置，元器件的电极应对准焊盘，此时镊子不要离开，如图 4-22a 所示。

2）另一只手拿电烙铁，并在烙铁头上沾一些焊锡，对元器件的一端进行焊接，其目的在于将元器件固定。元器件固定后，镊子可以离开，如图 4-22b 所示。

3）按照分立元器件点锡焊的焊接方法，焊接元器件的另一端。焊好后，再回到先前焊接的一端进行补焊，焊接完成后，要用 2～5 倍的放大镜，仔细检查焊点是否牢固，有无虚焊现象。假如焊件需要镀锡，先将烙铁尖接触待镀锡处约 1s，然后再放钎料，焊锡熔化后立即撤回烙铁，如图 4-22c、d 所示。

用电烙铁焊接 SMC/SMD，最好用恒温电烙铁，若用普通电烙铁，烙铁的金属外壳要接地，防止感应电压损坏元器件，电烙铁的功率为 25W 左右，最高不超过 40W，烙铁头要尖，带有抗氧化的长寿烙铁头为佳，焊接时间控制在 3s 内，所用焊锡丝直径为 0.6～0.8mm，最大不超过 1.0mm。

另一种焊接方法：先在焊盘上涂敷助焊剂，并在基板上点一滴不干胶，用镊子将元器件黏放在预定位置上，先焊好一引脚，再焊另一引脚。

在焊装微型钽电解电容器时，要先焊好正极，再焊负极，以免损坏电容器。

4.3.2　SMD 集成电路的手工焊接

1. SOP 集成电路的手工焊接

SOP 集成电路可采用电烙铁拉焊的方法进行焊接。拉焊时选用宽度为 2.0～2.5mm 的扁平式电烙铁头和直径为 1.0mm 焊锡丝，其步骤如下。

1）检查焊盘，焊盘表面要清洁，如有污物可用无水乙醇擦除。检查 IC 引脚，若有变形，用镊子仔细调整。清洁烙铁头，上锡。

2）将 IC 放在焊接位置上，此时应注意 IC 的方向，且各引脚应与其焊盘对齐，然后用点锡焊的方法先焊接其中的一两个引脚将其固定，如图 4-23a 所示，当所有引脚与焊盘的位置无偏差时，方可进行拉焊。

3）一手持电烙铁由左至右对引脚焊接，另一只手持焊锡丝不断加锡，如图 4-23b 所示。最后将引脚全部焊好。

a)

b)

图 4-23　SOP 集成电路的手工焊接

a) 固定引脚　b) 拉焊

注意：拉焊时，烙铁头不可触及元器件引脚根部，否则易造成短路，并且烙铁头对元器件的压力不可过大，应处于“漂浮”在引脚的状态，利用焊锡张力，引导熔融的焊珠由左向右徐徐移动，拉焊过程中，电烙铁只能向一个方向移动，切勿往返，焊锡丝要紧跟电烙铁。

2. QFP 集成电路焊接

在焊接 QFP 集成芯片时，最好选用刀形烙铁头，焊接前，用少量焊锡涂在焊盘上，把芯片放在预定的位置上，然后使芯片准确地固定在焊盘上，给其他引脚涂上助焊剂，使用含松香芯等助焊剂的焊锡丝，焊前可不必涂敷助焊剂，在固定点的另外一边加锡，并轻轻刮动几下，使焊锡充分浸润，然后用烙铁头蘸上松香，轻轻地沿引脚向外刮锡，在清洗海绵上将烙铁头上的锡蹭掉，重复几次即可将多余的焊锡除去，QFP 集成电路焊接如图 4-24 所示。

4.3.3　SMC/SMD 的手工拆除

贴片元器件已经广泛应用于各种电子设备中。在维修时，常需要拆焊或替换此类元器件。这类元器件体积很小，拆焊这类元器件与一般元器件相比有一些特殊的方法和技巧。

图 4-24 QFP 集成电路焊接

a) 使芯片准确地固定在焊盘上 b) 给固定引脚加锡 c) 用烙铁头蘸上松香，轻轻地沿引脚向外刮锡 d) 用同样的方法将另外三边刮干净，焊接完成

1. 用电烙铁加热元器件拆焊

4.3.3-1
用电烙铁加热元器件拆焊

对于片状电阻、电容及二极管、晶体管等元器件，由于引脚较少，可采用电烙铁、吸锡器与镊子配合拆除，方法是：将吸锡线放在元器件一端的焊锡上，用电烙铁加热吸锡线，如图 4-25a 所示；吸锡线自动将焊锡吸走，然后再用电烙铁加热元器件的另一端，同时用镊子夹住贴片元器件并向上提，即可将贴片元器件拆卸下来，如图 4-25b 所示；最后，用吸锡线清理焊盘，如图 4-25c 所示。

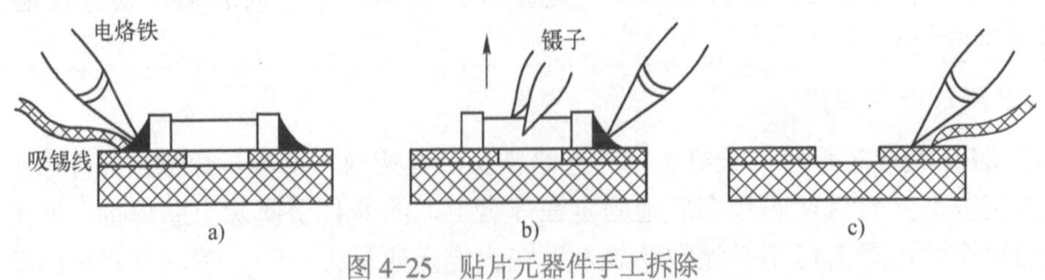

图 4-25 贴片元器件手工拆除

a) 加热吸锡线将焊锡吸走 b) 加热元器件的另一端并向上提 c) 吸锡线清理焊盘

对于 2 端片状元件，用电热镊子拆焊相对简单，拆焊时，捏住电热镊子夹住 SMC 的两个焊端，接通电源后，它相当于两把组装在一起的电烙铁，加热头的热量熔化焊点，很容易把元器件取下来。

对于引脚较多的 SOP IC，拆除起来相对要费时间多些，首先在 IC 的一边引脚上加足够的焊锡，使之形成锡柱；然后用同样的方法在另一边引脚也形成锡柱；再用电烙铁在锡柱上加热，待锡柱变成液态状，即可用镊子将IC取下；最后用吸锡线清理焊盘。

使用专用加热头拆引脚较多的集成电路，如采用长条加热头可以拆焊翼形引脚的SO、SOL集成电路，S、L形加热头配合相应的固定基座，可以拆除SOT晶体管和SO、SOL集成电路。拆除QFP集成电路要根据芯片的大小和引脚数目选择不同规格的加热头。

2．用热风工作台拆焊SMC/SMD

用热风工作台拆焊SMC/SMD相比较而言更容易操作，热风工作台的热风筒上可以装配各种专业热风嘴，用于拆除不同尺寸、不同封装方式的芯片。用热风工作台进行拆焊的具体步骤是：选择合适的喷嘴，按下热风工作台电源开关，调整热风台面板上的旋钮，选择合适的温度和风量，这时热风嘴吹出的热风就能够拆焊SMC/SMD，用镊子或芯片拔启器夹住并取下被加热的元器件。

热风工作台的热风筒上可以装配各种不同的热风嘴，用于拆除不同尺寸、不同封装形式的芯片。

用热风工作台拆焊集成电路芯片示意图如图4-26所示。其中图4-26a是用于拆焊PLCC芯片的热风嘴；图4-26b是用于拆焊QFP芯片的热风嘴；图4-26c是用于拆焊SOT芯片的热风嘴；图4-26d是一种针管状的热风嘴，针管状的热风嘴应用面较宽，不仅可用于拆焊2端元器件，有经验的操作者可灵活地用其拆焊各种集成电路芯片。

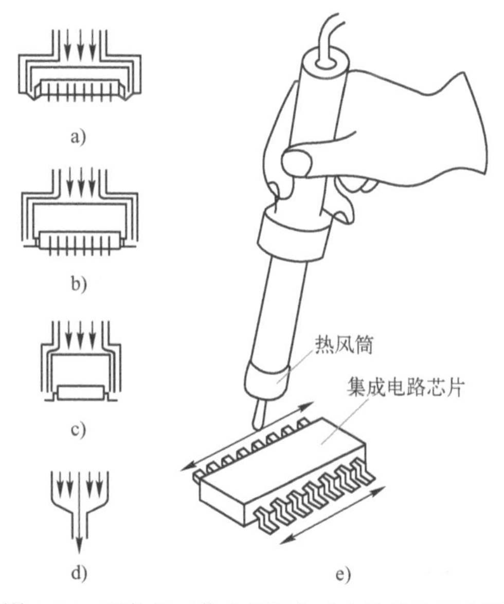

图4-26　用热风工作台拆焊集成电路芯片示意图

用热风工作台拆焊的一般步骤如下：按下热风工作台的电源开关，调整热风工作台面板上的旋钮，使热风的温度和送风量适中，一般初学者在使用时，应把“温度”“送风量”旋钮置于中间位置，即“温度”旋钮在刻度“4”左右，“送风量”旋钮在刻度“3”左右。用热风嘴吹出的热风拆焊微型元器件，使用热风工作台拆焊元器件如图4-27所示。

注意：使用热风工作台拆焊元器件时，要注意温度高低和送风量大小的调整。若热风的温度过低，则势必增加熔化焊点的时间，这样反而会让过多的热量传到芯片内部，容易损坏元器件；若热风的温度过高，则可能会烤焦PCB或损坏元器件。若送风量过小，则会使加热时间明显延长；若送风量过大，则可能会使周围元器件受到影响，甚至把周围元器件吹跑。

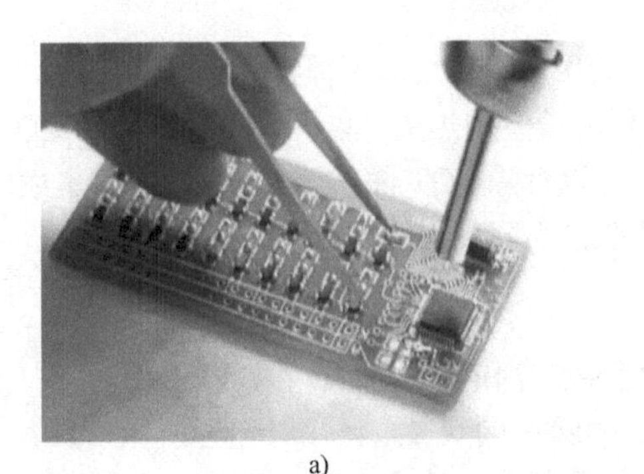

a)

b)

图4-27 使用热风工作台拆焊元器件

a) 在拆焊元器件上方转动 b) 待芯片引脚焊锡熔化时，用镊子将芯片取下

4.3.4 任务训练 表面组装元器件的手工焊接

1. 训练目的

1）熟悉SMC/SMD的焊接方法。

2）掌握SMC/SMD的焊接技能。

3）掌握SMC/SMD的拆焊技能。

2. 训练器材

1）电烙铁及专用烙铁头	1套
2）细焊锡丝和焊锡浆	若干
3）表面安装PCB	1块
4）热风焊枪	1台
5）电热镊子、普通镊子和真空吸笔等工具	1套
6）SMC/SMD	若干

3. 训练内容与步骤

（1）片状集成电路的引脚识别

1）首先要在芯片上找到标志孔。

2）然后将芯片有字模一面按书写方向面对自己。

3）从标志孔处开始按从左到右和逆时针方向进行计数。集成电路的引脚识别如图4-28所示。

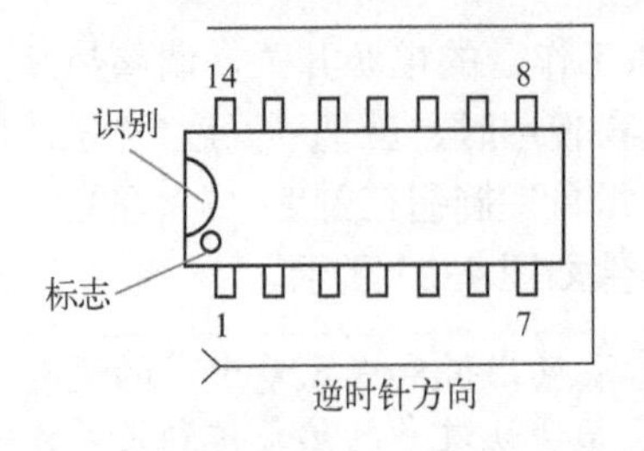

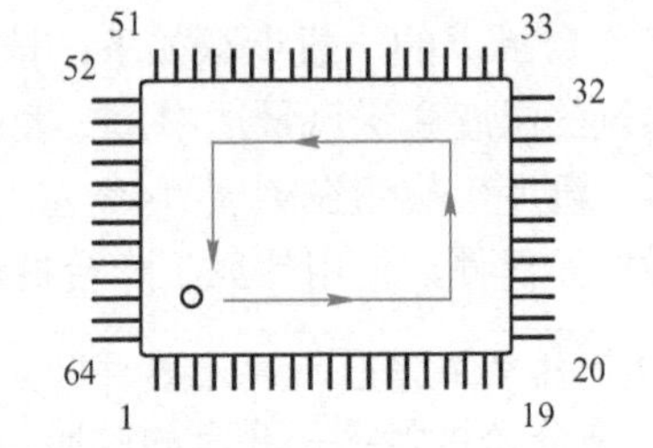

图4-28 集成电路的引脚识别

（2）片式元件的焊接

1）选用合适的电烙铁。

2）烙铁头的温度控制在280℃左右，可以根据需要做适当改变。

3）在PCB的两个焊盘上涂助焊剂。

4）清除烙铁头上的氧化物和残留物。

5）用电烙铁在一个焊盘上施加适量的焊锡。

6）用镊子夹住片式元器件，并用电烙铁将元器件的一端与已经上锡的焊盘连接，把元器件固定。

7）用电烙铁和焊锡把元器件另一端与焊盘焊好。

8）分别把元器件两端与焊盘焊好。

（3）SOP、QFP、PLCC芯片的拆除

1）去除绝缘层（如有），清洁工作面的污物、氧化物。

2）切除并移离 PLCC管座上的塑料底壳。

3）将合适的热风头安装在热风枪上。

4）设置加热器温度约为 300℃，设置热风头的风压，以能将大约为 0.5cm 外的薄纸烧枯为宜。

5）将热风枪置于元器件上方 0.5cm 处，热风枪绕焊盘做圆周运动，直到观察到焊锡熔化。

6）焊锡熔化后，用吸盘或真空笔取下元器件。

7）把拆下的元器件放置在耐热的容器中。

（4）SOP、QFP芯片的手工焊接

1）选用带凹槽的烙铁头，并把温度设定在280℃左右。

2）用真空吸笔或镊子把SOP或QFP芯片安放在PCB上，使元器件的引脚和PCB上的焊盘对齐。

3）在SOP或QFP芯片涂助焊剂。

4）清除烙铁头上的氧化物和残留物。

5）用电烙铁在一个焊盘上施加适量的焊锡。

6）在烙铁头的凹槽内施加适量的焊锡。

7）用烙铁头的凹槽面轻轻接触元器件的上方并缓缓拖动，把引脚焊好。

（5）PLCC的组装焊接

1）选用刀形或铲形的烙铁头，把温度设定在280℃左右。

2）用真空吸笔或镊子把PLCC芯片安放在PCB上，使元器件的引脚和PCB上的焊盘对齐。

3）在PLCC芯片涂助焊剂。

4）清除烙铁头上的氧化物和残留物。

5）用焊锡把PLCC的对角引脚与焊盘焊接以固定元器件。

6）用电烙铁和焊锡把PLCC四边的引脚与焊盘焊接好。

（6）片式元器件的拆除

1）在电热镊子上安装形状、尺寸合适的烙铁头。

2）把烙铁头的温度设定在300℃左右，可以根据需要做适当改变。

3）清除烙铁头上的氧化物和残留物。

4）把烙铁头放置在片式元器件的上方，并夹住元器件的两端与焊点相接触。

5）当两焊点完全熔化时，提起元器件。

6）把拆下的元器件放置在耐热的容器中。

任务 4.4 表面组装元器件的自动焊接

4.4.1 表面组装材料

表面组装材料是指 SMT 装联技术中所用的化工材料，它是表面组装工艺的基础。不同的组装工序采用不同的组装材料，有时在同一工序中，由于后续工艺或组装方式不同，所用材料也不同。下面介绍表面组装工艺中常用的材料。

4.4.1 表面组装材料

1. 黏结剂

SMT 的工艺过程涉及多种黏结剂材料，这些黏结剂主要起将元器件黏结、固定或密封作用。常用的黏结剂有三类：按材料分有环氧树脂、丙烯酸树脂及其他聚合物黏结剂；按固化方式分有热固化、光固化、光热双固化及超声波固化黏结剂；按使用方法分有丝网漏印、压力注射和针式转移所用的黏结剂。

为了确保表面安装的可靠性，表面安装工艺对黏结剂的特性要求如下：

1）化学成分稳定和绝缘性好，制造容易，具有良好的填充性和长期储存性。

2）合适的黏度。能够可靠地固定元器件，对 PCB 无腐蚀性。

3）固化速度快。能在尽可能低的温度下，以最快的速度固化（时间小于 20min），固化温度低于 150℃。

4）耐高温。能够承受波峰焊接时 240～270℃的高温而不会熔化。

5）触变特性好。触变特性是指胶体物质的黏度随外力作用而改变的特性。特性好是指受外力时黏度降低，有利于通过丝网网眼，外力除去后黏度升高，保持黏度不漫流。

2. 焊锡膏

焊锡膏是表面安装再流焊工艺中必需的材料，它是由钎料合金粉末、糊状助焊剂（载体）和一些添加剂混合而成的膏状体，具有一定的黏度和良好的触变特性。焊锡膏在表面安装工艺中具有多种用途，使用者应掌握选用方法。

（1）焊锡膏的活性选择

焊剂是焊锡膏载体的主要成分之一，焊锡膏可以利用 3 种不同类型的焊剂，即 R 焊剂（树脂焊剂）、RMA（适度活化的树脂焊剂）和 RA 焊剂（完全活化的树脂焊剂）。适度活化的树脂焊剂和完全活化的树脂焊剂中的活化剂可去除金属表面的氧化物和其他表面污物，促进熔化钎料浸润到表面贴装的焊盘和元器件端头或引脚上。根据 PCB 的表面清洁度，一般可选中等活性，必要时，选高活性或无活性级、超活性级。

（2）焊锡膏的黏度选择

焊锡膏黏度根据涂敷法来选择，且焊锡膏的黏度依赖于应用工艺的特性（如丝网孔径、刮板速度等）。一般液料分配器选用黏度为 80～200Pa 的焊锡膏，对于丝网印制选用黏度为 100～

300Pa 的焊锡膏，漏模板印制选用黏度为 200～600Pa 的焊锡膏。

（3）钎料粒度选择

钎料颗粒的形状决定了粉末的含氧量及焊锡膏的可印制性。球状粉末优于椭圆状粉末，球面越小，氧化能力越低。图形越精细，选择钎料粒度应越高。

另外，电路采用双面焊时，板两面所用的焊锡膏熔点应相差 30～40℃。电路中含有热敏元件时应选用低熔点焊锡膏。

3．助焊剂和清洗剂

焊接效果的好坏，除了和焊接工艺、元器件和 PCB 的质量有关外，助焊剂的选择十分重要。目前，在 SMT 中采用的大多是以松香为基体的活性助焊剂，SMT 对助焊剂的要求和选用原则，基本上与 THT 相同，只是更严格，更有针对性。

SMT 的高密度安装使清洗剂的作用大为增加，目前常用的清洗剂有三氟三氯乙烷和甲基氯仿，在实际使用时，还需加入乙醇酯、丙烯酸酯等稳定剂，以改善清洗剂的性能。

4.4.2　表面组装设备

在 SMT 生产中，用到的表面组装设备主要有三大类：涂布设备、贴片设备和焊接设备。

1．涂布设备

涂布设备主要是用来在 PCB 上涂敷黏结剂和焊锡膏，常用方法有针印法、注射法和丝印法。

（1）针印法

针印法是利用针状物浸入黏结剂中，在提起时针头就挂上一定的黏结剂，将其放到 PCB 的预定位置，使黏结剂点到板上。当针蘸入黏结剂中的深度一定且胶水的黏度一定时，重力保证了每次针头携带的黏结剂的量相等，将 PCB 上元器件安装的位置做成针板，并自动控制胶的黏度和针插入的深度，即可完成自动针印工序。

（2）注射法

注射法用如同医用注射器一样的方式将黏结剂或焊锡膏注到 PCB 上，通过选择注射孔的大小和形状，调节注射压力就可改变注射胶的形状和数量。

（3）丝印法

丝印法是用丝网或漏版漏印工具把黏结剂印制到 PCB 上的方法。丝印方法精确度高、涂布均匀、成本低且效率高，是 SMT 的主要涂布方法，特别适合元器件密度不太高，生产批量比较大的情况。生产设备有手动、半自动和自动式的各种型号规格的丝印机。

2．贴片设备

贴片设备是 SMT 的关键设备，一般称为贴片机，其作用是往板上安装各种贴片元器件。贴片机有小型、中型和大型之分。一般小型机有 20 个以内的 SMC/SMD 材料架，采用手动或自动送料，贴片速度较低。中型机有 20～50 个材料架，一般为自动送料，贴片速度为低速或中速。大型机则有 50 个以上的材料架，贴片速度为中速或高速。

目前，在电子产品制造企业里主要采用自动贴片机进行自动贴片，在小批量的试生产中，也可以采用手工方式贴片。

自动贴片机相当于机器人的机械手，能按照事先编制好的程序把元器件从包装中取出来，并贴放到 PCB 相应的位置上。自动贴片机基本结构包括设备本体、片状元器件供给系统、PCB

传送与定位装置、贴装头及其驱动定位装置、贴片工具（吸嘴）和计算机控制系统等。为适应高密度超大规模集成电路的贴装，比较先进的贴片机还具有光学检测与视觉对中系统，保证芯片能够高精度地准确定位。图4-29为一种自动贴片机实物。

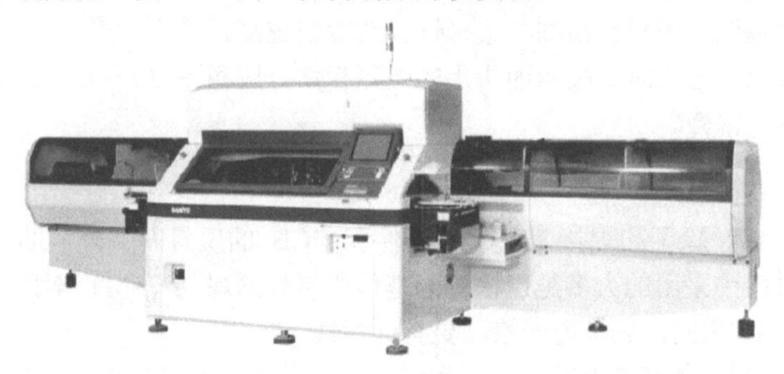

图4-29 一种自动贴片机实物

1）设备本体。贴片机的设备本体是用来安装和支撑贴片机的底座，一般采用质量大、振动小和有利于保证设备精度的铸铁件制造。

2）贴装头。贴装头也称为吸-放头，是贴片机上最复杂、最关键的部分，它相当于机械手，它的动作由“拾取→贴放和移动→定位”两种动作模式组成。贴装头通过程序控制，完成三维的往复运动，实现从供料系统取料后移动到电路基板的指定位置上的操作。贴装头的端部有一个用真空泵控制的贴装工具（吸嘴），不同形状、不同大小的元器件要采用不同的吸嘴拾放：一般元器件采用真空吸嘴，异形元器件（例如没有吸取平面的连接器等）用机械爪结构拾放。当换向阀门打开时，吸嘴的负压把表面组装元器件从供料系统（散装料仓、管状料斗、盘状纸带或托盘包装）中吸上来；当换向阀门关闭时，吸盘把元器件释放到电路基板上。贴装头通过上述两种模式的组合，完成拾取→贴放元器件的动作。

贴装头的种类分为单头和多头两大类，多头贴装头又分为固定式和旋转式，旋转式包括水平旋转/转盘式和垂直旋转/转盘式两种。图4-30为垂直旋转/转盘式贴装头工作示意图，旋转头上安装有12个吸嘴，工作时每个吸嘴均吸取元器件，吸嘴中都装有真空传感器与压力传感器。这类贴装头多见于西门子公司的贴装机中，通常贴装机内装有两组或四组贴装头，其中一组在贴片，另一组在吸取元器件，然后交换功能以达到高速贴片的目的。

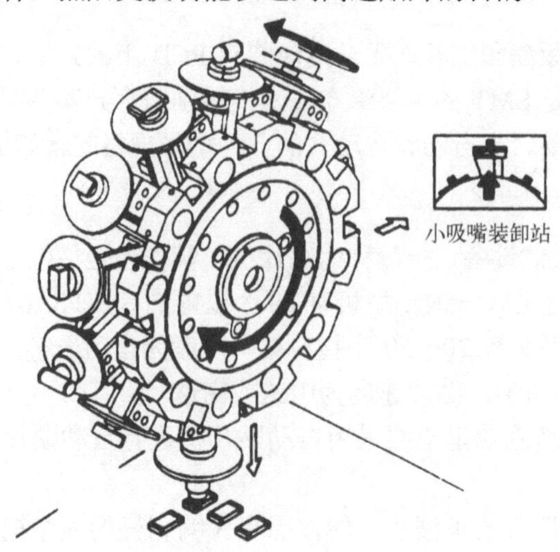

图4-30 垂直旋转/转盘式贴装头工作示意图

3）供料系统。适合于表面组装元器件的供料装置有编带、管状、托盘和散装等几种形式。供料系统的工作状态根据元器件的包装形式和贴片机的类型而确定。贴装前，将各种类型的供料装置分别安装到相应的供料器支架上。随着贴装进程，装载着多种不同元器件的散装料仓水平旋转，把即将贴装的元器件转到料仓门的下方，便于贴装头拾取；纸带包装元器件的盘装编带随编带架垂直旋转；管状送料器定位料斗在水平面上二维移动，为贴装头提供新的待取元件。

托盘状供料有手动和自动两种，可以实现不停机地上料或换料。散装供料一般在小批量生产中应用，规模化大生产一般应用很少。

4）PCB 定位系统。PCB 定位系统可以简化为一个固定了 PCB 的 X-Y 二维平面移动的工作台。在计算机控制系统的操纵下，PCB 随工作台沿传送轨道移动到工作区域内，并被精确定位，使贴装头能把元器件准确地释放到一定的位置上。精确定位的核心是“对中”，有机械对中、激光对中、激光加视觉混合对中以及全视觉对中方式。

5）计算机控制系统。计算机控制系统是指挥贴片机进行准确有序操作的核心，目前大多数贴片机的计算机控制系统采用 Windows 界面。可以通过高级语言软件或硬件开关，在线或离线编制计算机程序并自动进行优化，控制贴片机的自动工作步骤。每个片状元器件的精确位置，都要编程输入计算机。具有视觉检测系统的贴片机，通过计算机实现对 PCB 上贴片位置的图形识别。

3．焊接设备

在工业化生产过程中，THT 工艺常用的自动焊接设备是浸焊机和波峰焊机，从焊接技术上说，这类焊接属于流动焊接，是熔融流动的液态钎料和焊接对象做相对运动，实现润湿而完成焊接。再流焊接是使用膏状钎料，通过模板漏印或点滴的方法涂敷在 PCB 的焊盘上，贴上元器件后经过加热，钎料熔化再次流动，润湿焊接对象冷却后形成焊点。

SMT 焊接设备主要是再流焊炉以及焊锡膏印刷机、贴片机等组成的焊接流水线。焊接 SMT 电路板也可以使用波峰焊。

1）再流焊机。再流焊是伴随微型化电子产品的出现而发展起来的锡焊技术，主要应用于各类表面组装元器件的焊接。再流焊接的主要设备是再流焊机。若按对 SMA（表面安装组件）整体加热方式可分为：气相再流焊、热板再流焊、红外再流焊、红外加热风再流焊和全热风再流焊。若按对 SMA 局部加热方式可分为：激光再流焊、聚焦红外再流焊、光束再流焊和热气流再流焊。典型的再流焊机实物如图 4-31 所示。

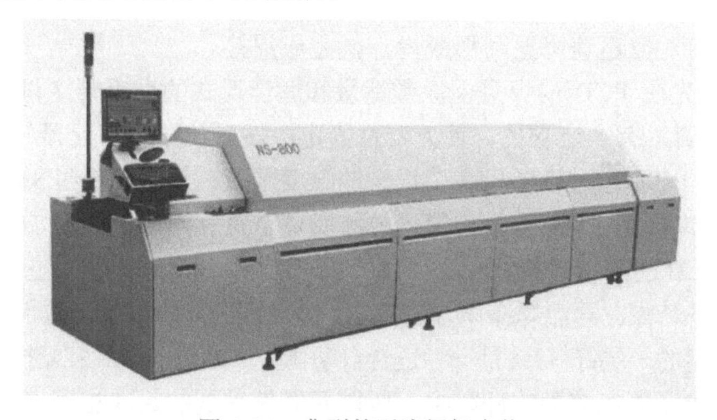

图 4-31　典型的再流焊机实物

2）再流焊机的结构。再流焊机由三部分组成。第一部分为加热器部分，第二部分为传送部分，第三部分为温控部分。全热风再流焊机结构如图 4-32 所示。红外再流焊机结构如图 4-33 所示。

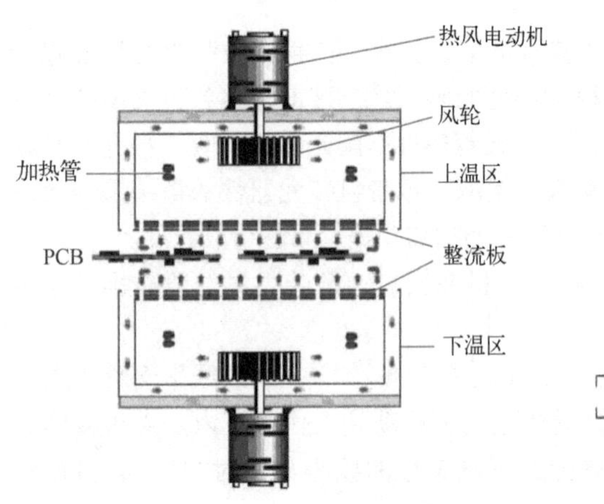

图4-32 全热风再流焊机结构

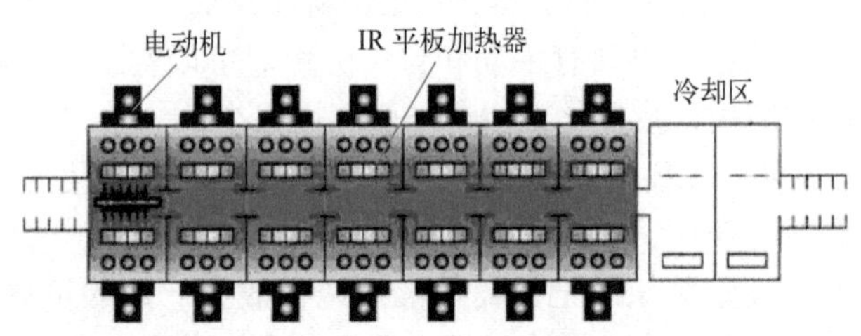

图4-33 红外再流焊机结构

3）再流焊接的过程。再流焊接的加热过程通常分为4个温区，即预热区、保温干燥区、回流区及冷却区阶段，再流焊接的加热过程如图4-34所示。

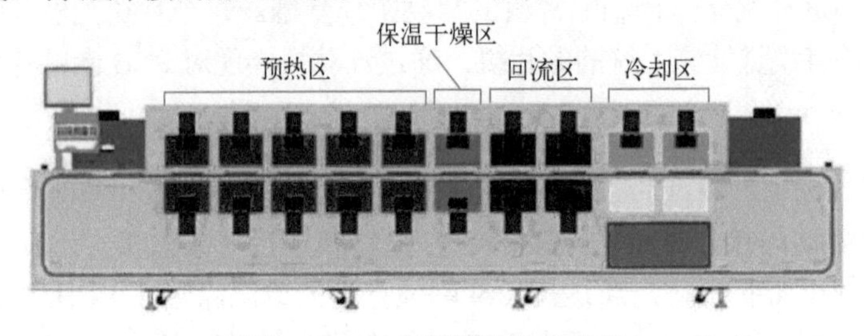

图4-34 再流焊接的加热过程

① 预热区：焊接对象从室温逐步加热至150℃左右的区域，缩小与再流焊过程的温差，焊锡膏中的溶剂被挥发。

② 保温干燥区：温度维持在150～160℃，焊锡膏中的活性剂开始作用，去除焊接对象表面的氧化层。

③ 回流区：温度逐步上升，超过焊锡膏熔点温度30%～40%（一般Sn-Pb焊锡的熔点为183℃，比熔点高47～50℃），峰值温度达到220～230℃的时间短于10s，焊锡膏完全熔化并润湿元器件焊端与焊盘，这个范围一般被称为工艺窗口。

④ 冷却区：焊接对象迅速降温，形成焊点，完成焊接。

再流焊接时，预先在PCB的焊盘上涂敷适量和适当形式的焊锡膏，再把SMT元器件贴放到相应的位置；焊锡膏具有一定黏性，使元器件固定；然后让贴装好元器件的PCB进入再流焊设备。传送系统带动PCB通过设备里各个设定的温度区域，焊锡膏经过干燥、预热、熔化、润湿和冷却，将元器件焊接到PCB上。再流焊的核心环节是利用外部热源加热，使钎料熔化而再次流动润湿，完成PCB的焊接过程。

4）再流焊工艺的特点。再流焊操作方法简单，效率高、质量好且一致性好，节省钎料（仅在元器件的引脚下有很薄的一层钎料），是一种适合自动化生产的电子产品装配技术。工艺特点如下：

① 元器件不直接浸渍在熔融的钎料中，所以元器件受到的热冲击小。

② 能在前导工序里控制钎料的施加量，减少了虚焊、桥接等焊接缺陷，所以焊接质量好，焊点的一致性好，可靠性高。

③ 假如前导工序在PCB上施放钎料的位置正确而贴放元器件的位置有一定偏离，在再流

焊过程中，当元器件的全部焊端、引脚及其相应的焊盘同时润湿时，由于熔融钎料表面张力的作用，产生自定位效应，能够自动校正偏差，把元器件拉回到近似准确的位置。

④ 再流焊的钎料是商品化的焊锡膏，能够保证正确的组分，一般不会混入杂质。

⑤ 可以采用局部加热的热源，因此能在同一基板上采用不同的焊接方法进行焊接。

⑥ 工艺简单，返修的工作量很小。

4.4.3 表面组装元器件的自动焊接

SMT 的组装方式主要取决于 SMA 的类型、使用的元器件种类和组装设备条件。由于电子产品的多样性和复杂性，目前和未来的一段时期内，SMT 还不能完全取代通孔安装，大体上可将 SMA 分成单面混装、双面混装和全表面安装三种类型。

（1）单面混装

图 4-35 为单面混装示意图，PCB 上表面组装元器件和有引线元器件混合使用，使用的 PCB 是单面板。一般采用先贴后插，工艺简单。

（2）双面混装

图 4-36 为双面混装示意图，在 PCB 的 A 面（也称为元器件面）上既有通孔插装元器件，又有各种表面贴装元器件；在 PCB 的 B 面（也称为焊接面）上，只装配体积较小的表面贴装元器件。PCB 是双面板，适用于高密度组装的电路。

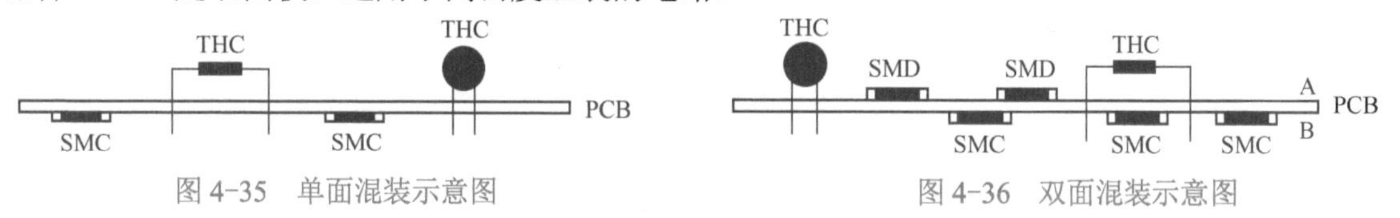

图 4-35　单面混装示意图　　图 4-36　双面混装示意图

（3）全表面安装

图 4-37 为全表面安装示意图，PCB 上没有通孔插装元器件，各种 SMC 和 SMD 均被贴装在 PCB 的一面称为单表面安装，如 SMC 和 SMD 被贴装在 PCB 的两面，则称为双面表面安装。单表面安装工艺简单，适用于小型、薄型简单的电路。双面表面安装适用于高密度组装的电路。

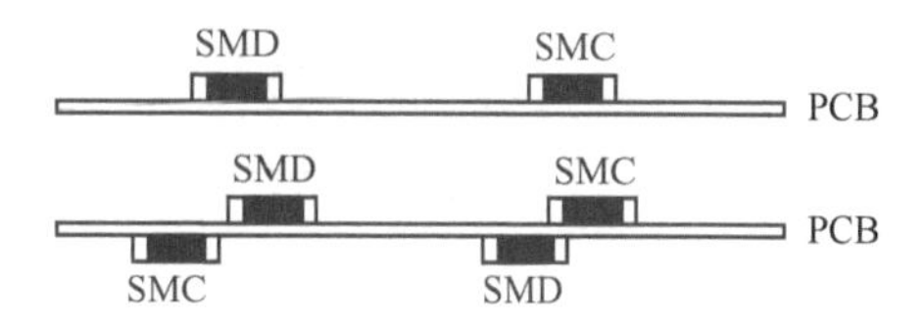

图 4-37　全表面安装示意图

4.4.4 表面组装的自动焊接工艺

合理的工艺是组装质量和效率的保障，表面安装方式确定之后，就可以根据需要和具体设备条件确定工艺流程。不同的组装方式有不同的工艺流程，同一组装方式也可以有不同的工艺流程，这主要取决于所用元器件的类型、SMA 的组装质量要求、组装设备和组装生产线的条件，以及组装生产的实际条件等。

SMC/SMD 的贴装类型有两类最基本的工艺流程，一类是锡膏-再流焊工艺，另一类是点胶-波峰焊工艺。但在实际生产中，将两种基本工艺流程进行混合与重复，则可以演变成多种工艺流程供电子产品组装之用。

1. 锡膏-再流焊工艺

(1) 锡膏-再流焊单面工艺流程

锡膏-再流焊单面工艺流程的特点是简单、快捷，有利于产品体积的减小。锡膏-再流焊单面工艺流程如图 4-38 所示。

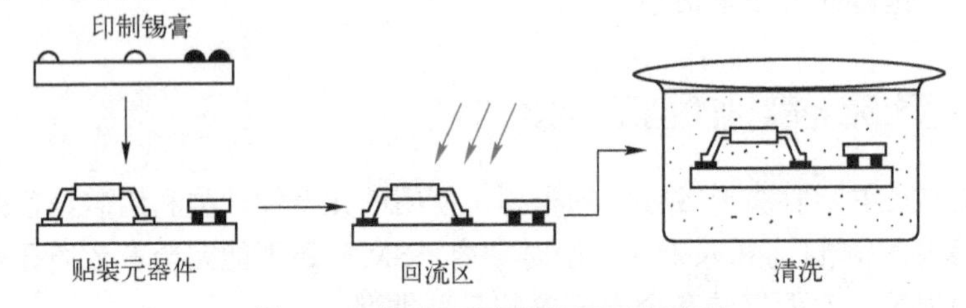

图 4-38 锡膏-再流焊单面工艺流程

(2) 双面均采用锡膏-再流焊工艺流程

双面均采用锡膏-再流焊工艺流程的特点是采用双面锡膏与再流焊工艺，能充分利用 PCB 空间，并实现安装面积最小化，工艺控制复杂，要求严格，常用于密集型或超小型电子产品，移动电话是典型产品之一。双面均采用锡膏-再流焊工艺流程如图 4-39 所示。

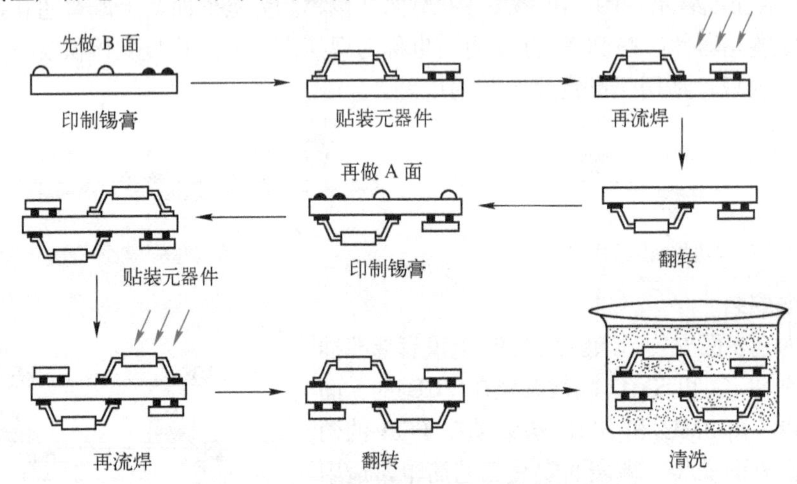

图 4-39 双面均采用锡膏-再流焊工艺流程

SMT 再流焊工艺流程主要步骤说明如下。

1) 制作锡膏丝网。按照表面贴装元器件在 PCB 上的位置及焊盘的形状，制作用于漏印锡膏的丝网。

2) 丝网漏印锡膏。把锡膏丝网（或不锈钢模板）覆盖在 PCB 上，漏印锡膏。

3) 表面贴装元器件。采用手动、半自动或全自动贴片机，把 SMC、SMD 贴装到 PCB 规定的位置上，使它们的电极准确定位于各自的焊盘。

4) 再流焊。用再流焊接设备进行焊接，在焊接过程中，锡膏熔化再次流动，充分浸润元器件和 PCB 的焊盘，锡膏溶液的表面引力使相邻焊盘之间的锡膏分离而不至于短路。

5) 清洗。用超声波清洗机去除 PCB 表面残留的助焊剂，防止助焊剂腐蚀电路板。

6) 检测。用专用检测设备对焊接质量进行检验。

2. 点胶-波峰焊工艺

点胶-波峰焊工艺流程的特点是充分利用了双面板的空间，使得电子产品的体积进一步减小，且仍使用价格低廉的通孔元器件。但设备要求增多，波峰焊过程中缺陷较多，难以实现高密度组装。点胶-波峰焊工艺流程如图 4-40 所示。

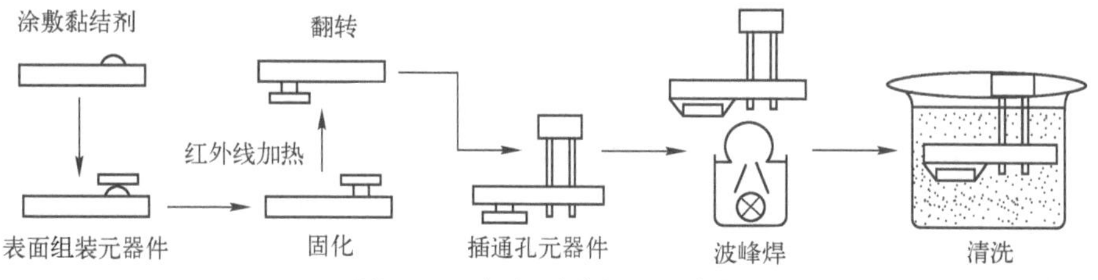

图 4-40　点胶-波峰焊工艺流程

波峰焊工艺关键步骤说明如下：

1）安装 PCB。将制作好的 PCB 固定在带有真空吸盘、板面有 X、Y 坐标的台面上。

2）点胶。采用手动、半自动或全自动点胶机，将黏结剂点在 PCB 上元器件的中心位置，要避免黏结剂污染元器件的焊盘。

3）贴装元器件。采用手动、半自动或全自动贴片机，把 SMC、SMD 贴装到 PCB 规定的位置上，使它们的电极准确定位于各自的焊盘。

4）烘干固化。用加热或红外线照射的方法，使黏结剂固化，把表面贴装元器件比较牢固地固定在 PCB 上。

5）波峰焊接。用波峰焊机对 PCB 上的元器件进行焊接。

6）清洗。用超声波清洗机去除 PCB 表面残留的助焊剂，防止助焊剂腐蚀电路板。

7）检测。用专用检测设备对焊接质量进行检验。

3. 混合安装工艺

目前，大部分的 SMT PCB 上还有含引脚的元器件，因而不少是混合的安装工艺。表面混合安装焊接工艺流程，如图 4-41 所示。

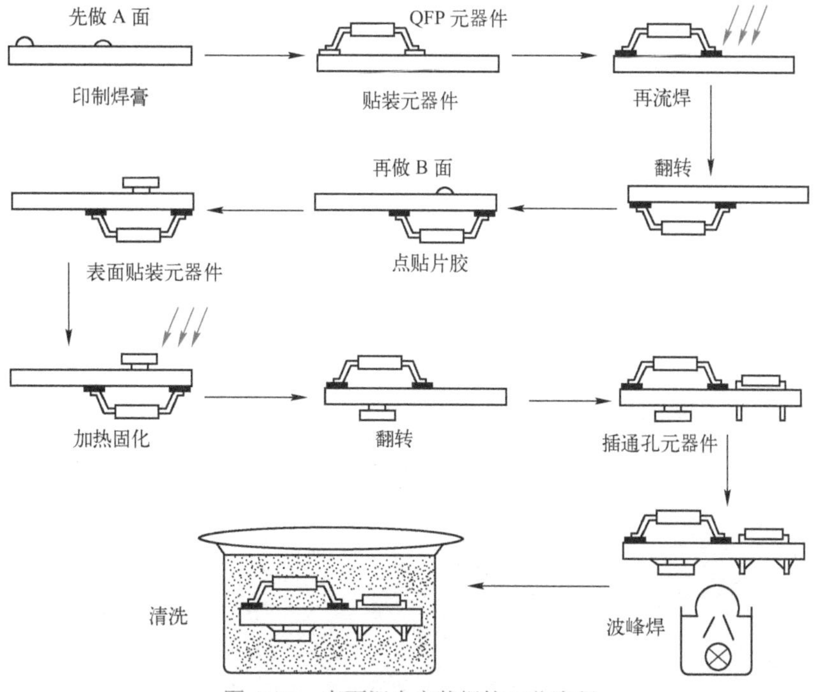

图 4-41　表面混合安装焊接工艺流程

混合安装焊接工艺流程特点是充分利用 PCB 双面空间，是实现安装面积最小化的方法之一，并仍保留通孔元器件，多用于消费类电子产品的组装。

思考与练习

1．什么是 SMT？它有哪些优越性？
2．SMC、SMD 各包括哪些元器件？
3．SMD 集成电路封装方式主要有哪些？
4．如何进行表面贴装元件的手工焊接？
5．如何进行表面贴装元件的手工拆焊？
6．表面安装工艺对黏结剂有哪些要求？
7．表面安装工艺中如何选择焊锡膏？
8．简述贴片机的基本结构及作用。
9．简述再流焊工艺的焊接过程。
10．简述锡膏-再流焊的工艺流程。
11．简述点胶-波峰焊的工艺流程。

项目 5 电子产品的整机装配

学习目标

1）了解电子产品整机装配的内容、方法及要求。
2）掌握电子产品工艺文件的识读及编制方法。
3）熟悉电子产品整机装配的工艺流程。
4）掌握 PCB 的装配工艺。
5）掌握电子产品整机连接与总装工艺。

素养目标

1）培养学生的探索、创新精神，具备电子产品整机装配能力。
2）培养学生的安全意识，养成遵守纪律、按照操作规程训练的习惯。
3）培养学生的敬业精神、团队意识和创新意识等，养成良好的职业素养。

电子产品整机由许多电子元器件、PCB、零部件和壳体等装配而成。电子产品的整机装配是根据工艺文件的要求，以壳体为支撑，把焊接好的 PCB、零部件和面板等实现装联并紧固到壳体结构上，快速、有效地制造稳定可靠产品的过程。整机装配工艺的好坏将直接影响电子产品的质量。

任务 5.1 认知电子产品整机装配

电子产品整机装配包括机械和电气两大部分工作，主要内容是指将各零件、部件和整件按照设计要求安装在不同的位置上，组合成一个整体，再用导线（线扎）将元件、部件之间进行电气连接，完成一个具有一定功能的产品，以便进行整机调整和测试。装配的连接方式分为可拆卸连接和不可拆卸连接。

由于装配过程需应用多项基本技术，装配质量在很多情况下难以进行定量分析，所以应严格按照工艺要求进行装配。

5.1.1 整机装配的工艺要求

整机装配要求：安装牢固可靠，不损伤元件，避免碰坏机箱及元器件的涂敷层，不破坏元器件的绝缘性能，安装件的方向、位置要正确。

1. 产品外观的要求

电子产品外观质量是产品给人的第一印象，保证整机装配中有良好的外观质量，是电子产品制造企业最关心的问题。虽然不同企业产品不同，但都会在其工艺文件中提出各种要求来确保外观良好，一般从以下几个方面考虑：

1）存放壳体等注塑件时，要用软布罩住，防止灰尘等污染。

2）搬运壳体或面板等要轻拿轻放，防止意外碰伤，且最好单层叠放。

3）用工作台及流水线传送带传送时，要敷设软垫或塑料泡沫垫，供摆放注塑件用。

4）装配时，操作人员要戴手套，防止壳体等注塑件沾染油污、汗渍。操作人员使用和放置电烙铁时要小心，不能烫伤面板、外壳。

5）用螺钉固定部件或面板时，力矩大小选择要合适，防止壳体或面板开裂。

6）使用黏合剂时，用量要适当，防止量多溢出，若黏合剂污染了外壳，要及时用清洁剂擦净。

2. 安装方法的要求

装配过程是综合运用各种装联工艺的过程，制订安装方法时还应遵循一定的原则。整机安装的基本原则：先轻后重、先小后大、先铆后装、先装后焊、先里后外、先下后上、先平后高、易碎易损件后装以及上道工序不得影响下道工序的安装。同时要注意前后工序的衔接，使操作者感到方便，节约工时。具体的安装方法还有以下要求。

1）装配工作应按照工艺指导卡进行操作，操作应谨慎，以提高装配质量。

2）安装过程中应尽可能采用标准化的零部件，使用的元器件和零部件规格型号应符合设计要求。

3）注意适时调整每个工位的工作量，均衡生产，保证产品的产量和质量。若因人员状况变化及产品机型变更产生工位布局不合理，应及时调整工位人数或工作量，使流水作业畅通。

4）应根据产品结构、采用元器件和零部件的变化情况，及时调整安装工艺。

5）在总装配过程中，若质量反馈表明装配过程中存在质量问题，应及时调整工艺方法。

3. 结构工艺性的要求

结构工艺通常是指用紧固件和黏合剂将产品零部件按设计要求装在规定的位置上。电子产品装配的结构工艺性直接影响各项技术指标能否实现。结构是否合理还影响到整机内部的整齐美观、生产率的提高。结构工艺性主要要求如下：

1）要合理使用紧固零件，保证装配精度，必要时应有可调节环节，保证安装方便和连接可靠。

2）机械结构装配后不能影响设备的调整与维修。

3）线束的固定和安装要有利于组织生产，应整齐美观。

4）根据要求提高产品结构件本身耐冲击、抗振动的能力。

5）应保证线路连接的可靠性，操纵机构精确、灵活，操作手感好。

4. 总装的基本要求

1）总装前对零部件或组件进行调试、检验。

2）总装应采用合理的安装工艺，用经济、高效和先进的装配技术，使产品达到预期的效果。

3）严格遵守总装的顺序要求。

4）总装过程中，不损伤元器件和零部件，保证安装件的正确，保证产品的电性能稳定，并有足够的机械强度和稳定度。

5）总装中每个阶段都应严格执行自检、互检与专职调试检验的“三检”原则。

5.1.2　整机装配的内容与方法

1. 电子产品整机装配内容

电子产品整机装配的主要内容包括产品单元的划分，元器件的布局，元器件、线扎和零部件的加工处理，各种元器件的安装、焊接，零部件、组合件的装配及整机总装。在装配过程中根据装配单元的尺寸大小、复杂程度和特点的不同，可将电子产品的装配分成不同的组装级别。

1）第 1 级（元器件级）：指电路元器件和集成电路的装配，装配级别最低，其特点是结构不可分割。

2）第 2 级（插件级）：用于组装和互连第 1 级元器件，如装有元器件的 PCB 或插件等。

3）第 3 级（插箱板级）：用于安装互连第 2 级组装的插件或 PCB 部件。

4）第 4 级（箱柜级）：通过电线电缆、连接器互连第 2、3 级组装，构成具有一定功能的电子产品整机。在不同的等级上进行装配时，构件的含义会有所改变。例如，组装 PCB 时，电阻器、电容器和晶体管等元器件是组装构件；而组装设备的底板时，PCB 则为组装构件。对于某个具体的电子产品，不一定各个组装级别都具备，而要根据具体情况来考虑应用到哪一级。

2. 电子产品整机装配方法

电子产品整机的装配应根据其工作原理、结构特征和生产条件，研究几种可能的方案，选取其中最佳方案。目前，从组装原理上分，整机装配方法有以下几种。

1）功能法。功能法是将电子产品中具有某种功能的部分放在一个完整的结构部件内。这种方法使部件在功能和结构上都是完整的，便于生产和维修。因为不同的功能部件有不同的结构外形、体积、安装尺寸和连接尺寸，所以难有统一的规定。这种方法将降低整个设备的组装密度，广泛应用在采用电子真空器件的设备上，也适用于以分立元器件为主的产品和终端功能部件上。

2）组件法。组件法制造的产品部件具有统一的外形尺寸和安装尺寸，可大大提高安装密度，广泛用于统一电气安装工作中。根据实际需要，组件法又可分为平面组件法和分层组件法。

3）功能组件法。功能组件法兼有功能法和组件法的特点，制造出的组件既有完整的功能又有规范化的结构尺寸。

任务 5.2　电子产品工艺文件的识读与编制

5.2.1　工艺文件概述

5.2.1
工艺文件概述

工艺文件是企业组织生产、指导操作和进行工艺管理的各种技术文件的统称。具体讲，按照一定的条件选择产品最合理的工艺过程（即生产过程），将实现这个工艺过程的程序、内容、方法、工具、设备、材料以及各个环节应该遵守的技术规程，用文字、图表形式表示出来，称为工艺文件。

1. 工艺文件分类

根据电子产品的特点，工艺文件通常可以分为基本工艺文件、指导技术的工艺文件、统计汇编资料和管理工艺文件用的格式4类。

1）基本工艺文件。基本工艺文件是供企业组织生产、进行生产技术准备工作的最基本的技术文件，它规定了产品的生产条件、工艺路线、工艺流程、工具设备、调试及检验仪器、工艺装置及工艺定额。一切在生产过程中进行组织管理所需要的资料，都要从中取得有关的数据。

基本工艺文件应该包括：

① 零件工艺过程。

② 装配工艺过程。

③ 元器件工艺表、导线及加工表等。

2）指导技术的工艺文件。指导技术的工艺文件是不同专业工艺的经验总结，或者是通过生产实践编写出来的用于指导技术和保证质量的技术条件，主要包括：

① 专业工艺规程。

② 工艺说明及简图。

③ 检验说明（方式、步骤和程序等）。

3）统计汇编资料。统计汇编资料是为企业管理部门提供的各种明细表，作为管理部门规划生产组织、编制生产计划、安排物资供应和进行经济核算的技术依据，主要包括：

① 专用工装。

② 标准工具。

③ 材料消耗定额。

④ 工时消耗定额。

4）管理工艺文件用的格式。管理工艺文件用的格式包括：

① 工艺文件封面。

② 工艺文件目录。

③ 工艺文件更改通知单。

④ 工艺文件明细表。

2. 工艺文件的成套性

电子产品工艺文件的编制不是随意的，应该根据产品的生产性质、生产类型、产品的复杂程度、重要程度及生产的组织形式等具体情况，按照一定的规范和格式编制配套齐全，即应该保证工艺文件的成套性。

电子产品大批量生产时，工艺文件就是指导企业加工、装配、生产路线、计划、调度、原材料准备、劳动组织、质量管理、工模具管理及经济核算等工作的主要技术依据，所以工艺文件的成套性在产品生产定型时尤其应该加以重点审核。

一项产品的工艺文件有多种，为方便查阅应装订成册。成册时，可按设计文件所划分的整件为单元进行成册，也可按工艺文件中所划分的工艺类型为单元进行成册，还可以根据其实际情况按上述两种方法进行混合交叉成册。成册的册数根据产品的复杂程度可成为一册或若干册。总册应有总封面及总目录，而每一分册也应具有单独的封面和目录。

5.2.2 工艺文件的格式

1. 工艺文件的标准化

标准化是企业制造产品的法规，是确保产品质量的前提，是实现科学管理、提高经济效益的基础。我国电子制造企业依照的标准分为三级，即国家标准（GB）、专业标准（如 ZB）和企业标准。

1）国家标准是由国家标准化机构制定的全国统一的标准，主要包括：重要的安全和环境保证标准；有关互换、配合和通用技术语言等方面的重要基础标准；通用的试验和检验方法标准；基本原材料标准；重要的工农业产品标准；通用零件、部件、元件、器件、构件、配件和工具及量具的标准；被采用的国际标准。

2）专业标准也称为行业标准，是由专业化标准主管机构或标准化组织（国务院主管部门）批准、发布，在行业范围内执行的统一标准。专业标准不得与国家标准相抵触。

3）企业标准是由企业或其上级有关机构批准、发布的标准。企业正式批量生产的一切产品，假如没有国家标准、专业标准，必须制定企业标准，为提高产品的性能和质量，企业标准的指标一般都高于国家标准和专业标准。

电子产品技术标准的主要内容有电气性能、技术参数、外形尺寸、使用环境及适用范围等。技术标准要按国家标准、专业标准和企业标准制定，并通过主管部门审批后颁布，是指导产品生产的技术法规，体现对产品质量的技术要求。任何电子产品都必须严格符合有关标准确保质量。

2. 工艺文件的格式要求

工艺文件包括专业工艺规程、各具体工艺说明及简图和产品检验说明（方式、步骤和程序等），这类文件一般有专用格式，工艺文件的格式要求如下：

1）工艺文件要有一定的格式和幅面，图幅大小应符合有关标准，并保证工艺文件的成套性。

2）文件中的字体要正规、图形要正确、书写应清楚。

3）所用产品的名称、编号、图号、符号、材料和元器件代号等应与设计文件保持一致。

4）安装图在工艺文件中可以按照工序全部绘制，也可以只按照各工序安装件的顺序，参照设计文件安装。

5）线把图尽量采用 1∶1 图样，以便于准确捆扎和排线。大型线把可用几幅图样拼接，或用剖视图标注尺寸。

6）在装配接线图中连接线的接点要明确，接线部位要清楚，必要时产品内部的接线可假设移出展开。各种导线的标记由工艺文件决定。

7）工序安装图基本轮廓相似、安装层次表示清楚即可，不必全按实样绘制。

8）焊接工序应画出接线图，各元器件的焊接点方向和位置应画出示意图。

9）编制成的工艺文件要执行审核、批准等手续。

10）当设备更新和进行技术革新时，应及时修订工艺文件。

3. 工艺文件的编号及简号

工艺文件的编号是指工艺文件的代号，简称为“文件代号”，它由三部分组成：企业的区分代号、该工艺文件的编制对象的十进制分类编号和检验规范的工艺文件简号，必要时工艺文件简号可以加区分号予以说明。工艺文件的编号及简号如图 5-1 所示。

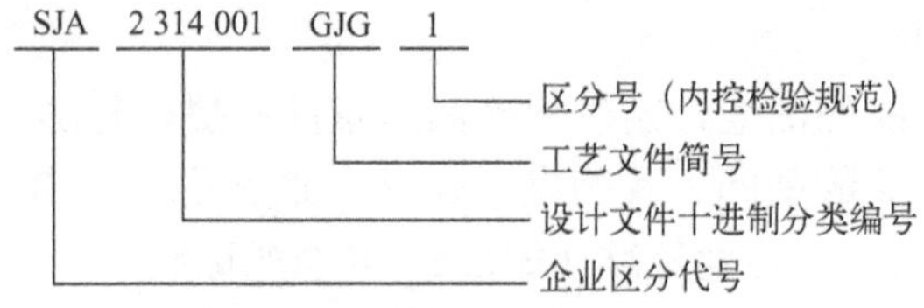

图 5-1　工艺文件的编号及简号

第一部分是企业区分代号，由大写的汉语拼音字母组成，用以区分编制文件的单位，例如图 5-1 中的“SJA”即上海电子计算机厂的代号。

第二部分是设计文件十进制分类编号。

第三部分是工艺文件的简号，由大写的汉语拼音字母组成，用以区分编制同一产品的不同种类的工艺文件，图 5-1 中的“GJG”即是工艺文件检验规范的简号。

区分号：当同一简号的工艺文件有两种或两种以上时，可用标注区分号（数字）的方法加以区分。

4. 工艺文件的签署规定

工艺文件的签署栏供有关责任者签署使用，归档产品文件签署栏的签署责任人应对所签署的工艺文件负相应的责任。签署栏主要内容包括：拟制、审核、标准化检验及批准。

（1）签署者的责任

1）拟制签署者的责任：拟制签署者应对所编制的工艺文件的正确性、合理性、完整性、经济性及安全性等负责。

2）审核签署者的责任：审核编制依据的正确性、工艺方案的合理性和专用工艺装备选用的必要性是否符合工艺方案的原则，操作的安全性、工艺文件的完整性，是否贯彻了标准和有关规定。

3）批准签署者的责任：批准签署者应对工艺文件的内容负责，如：工艺方案的选择是否能生产出质量稳定可靠的产品；工艺文件的完整性、正确性、合理性及协调性；质量控制的可靠性、安全和环境保护是否符合现行的规定；工艺文件是否贯彻了现行标准和有关规章制度等。

4）标准化检验签署者的责任：标准化签署者对工艺文件是否贯彻了现行标准、标准化资料和有关规章制度，工艺文件的完整性和签署是否符合规定，工艺文件是否最大限度地采用了典型的工艺，工艺文件采用的材料、工具是否符合现行的标准等方面负责。

（2）签署的要求

签署人应在规定的签署栏中签署，各级签署人员应严肃认真，按签署的技术责任履行职责，不允许代签或冒名签署。

5. 工艺文件的更改

1）工艺文件的更改应遵循的原则：①保证生产的顺利进行；②保证更改后能更加合理；③保证底图、复印图相一致；④更改要有记录，便于在必要时查明更改原因。

2）拟制工艺文件更改通知单：更改通知单由工艺部门拟发，并按规定的签署手续进行更改。其内容应能反映出更改前后的情况，更改的相关部位要表示清楚。若更改涉及其他技术文件，则应同时拟发相应的更改通知单，进行配套更改。工艺文件更改通知单见表 5-1。

表 5-1 工艺文件更改通知单

<table>
<tr><td colspan="2">更改单号</td><td colspan="2" rowspan="2">工艺文件更改通知单</td><td colspan="2">产品名称、型号</td><td colspan="2">零部件、整件名称</td><td colspan="2">图号</td><td colspan="2">第 页</td></tr>
<tr><td colspan="2"></td><td colspan="2"></td><td colspan="2"></td><td colspan="2"></td><td colspan="2">共 页</td></tr>
<tr><td colspan="2">生效日期</td><td colspan="2">更改原因</td><td colspan="2" rowspan="2">通知单分发单位</td><td colspan="2" rowspan="2"></td><td colspan="2" rowspan="2">处理意见</td><td colspan="2" rowspan="2"></td></tr>
<tr><td colspan="2"></td><td colspan="2"></td></tr>
<tr><td colspan="2">更改标记</td><td colspan="4">更改前</td><td colspan="2">更改标记</td><td colspan="4">更改后</td></tr>
<tr><td colspan="2"></td><td colspan="4"></td><td colspan="2"></td><td colspan="4"></td></tr>
<tr><td>拟制</td><td></td><td>日期</td><td></td><td>审核</td><td></td><td>日期</td><td></td><td>批准</td><td></td><td>日期</td><td></td></tr>
</table>

5.2.3 工艺文件的编制

1. 编制工艺文件的原则

编制工艺文件应以保证产品质量，稳定生产为原则，应以采用最经济最合理的工艺手段进行加工为原则。具体如下：

1）要根据产品批量大小和复杂程度区别对待。如对单件小批量生产，编制内容要简单扼要，对大批量生产编制要完整、科学细致。

2）要考虑生产车间的组织形式、设备条件和工人的技术水平等情况，使文件编制的深度适当。

3）对于未定型的产品，可不编制工艺文件。

4）工艺文件应以图为主，使操作者一目了然，便于操作，必要时可加注简要说明。

5）凡属于应知应会的工艺规程内容，工艺文件中不再编写。

2. 编制工艺文件的方法及要求

在编制整机工艺文件时，要仔细分析设计文件的技术条件、技术说明、原理图、安装图、接线图、线扎图及有关的零、部件图等。

编制时先考虑准备工序，如各种印制导线的加工处理、元器件引线成形、浸锡、各种组合件的装接和印标记等，编制出准备工序的工艺文件。凡不适合直接在流水线上装配的元器件，可安排在准备工序里去做。

接下来考虑总装的流水线工序。先确定每个工序的所需工时，然后确定需要用几个工序（工时与工序的多少主要考虑日产量和生产周期）。要仔细考虑流水线各工序的平衡性，安排要顺手，最好是按局部分片分工，尽可能不要上下翻动机器，正反面都装焊。

编制工艺文件还要注意以下要求：

1）编制的工艺文件要做到准确、简明、统一、协调并注意吸收先进技术，选择科学、可行和经济效果最佳的工艺方案。

2）工艺文件中所采用的名词、术语、代号和计量单位要符合现行国标或部标规定。

3）工艺附图要按比例绘制并注明完成工艺过程所需要的数据（如尺寸等）和技术要求。

4）尽量引用部颁通用技术条件和工艺细则及企业的标准工艺规程。最大限度地采用工装或专用工具、测试仪器和仪表。

5）易损或用于调整的零件、元器件要有一定的备件。视需要注明产品存放、传递过程中必须遵循的安全措施与使用的工具、设备。

6）编制关键件、关键工序及重要零部件的工艺规程时，要指出准备内容、装联方法、装联过程中的注意事项以及使用的工具、量具和辅助材料等。视需要进行工艺会签，以保证工序间的衔接和明确分工。

3．电子工艺文件的内容

在电子产品的生产过程中一般包含准备工序、流水线工序和调试检验工序，工艺文件应按照工序编制具体内容。

1）准备工序工艺文件的编制内容。准备工序工艺文件的编制内容主要是针对电子产品的装配和焊接工序，其编制内容主要有：①元器件的筛选；②元器件引脚的成形和上锡；③导线的加工；④线把的捆扎；⑤地线成形；⑥电缆制作；⑦剪切套管；⑧打印标记等。

2）流水线工序工艺文件的编制内容。流水线工序工艺文件的编制内容有：①确定流水线上需要的工序数目；②确定每个工序的工时，一般小型机每个工序的工时不超过 5min，大型机不超过 30min；③工序顺序应合理，省时、省力和方便；④安装和焊接工序应分开。

3）调试检验工序工艺文件的编制内容。调试检验工序工艺文件的编制内容有：①标明测试仪器、仪表的种类、等级标准及连接方法；②标明各项技术指标的规定值及其测试条件和方法，明确规定该工序的检验项目和检验方法。

4．常见工艺文件的编制

（1）工艺文件封面

工艺文件封面要在工艺文件装订成册时使用。简单的电子设备可按整机装订成一册，复杂的电子设备可按分机单元分别装订成册。

工艺文件的封面上，可以看出产品型号、名称、工艺文件的主要内容以及册数、页数等内容。工艺文件封面如图 5-2 所示。

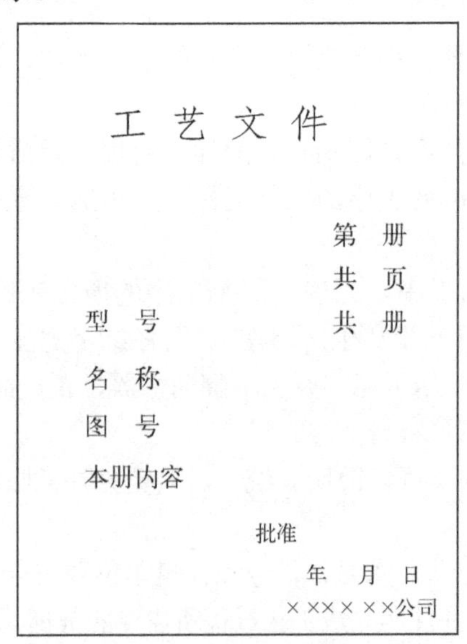
工 艺 文 件

第 册
共 页
型 号　　共 册
名 称
图 号
本册内容

批准
年 月 日
××××××公司

图 5-2　工艺文件封面

（2）工艺文件目录

工艺文件目录是工艺文件装订顺序的依据。目录既可作为移交工艺文件的清单，也便于查阅每一种组件、部件和零件所具有的各种工艺文件的名称、页数和装订次序。工艺文件目录见表 5-2。

表 5-2　工艺文件目录

<table>
<tr><td colspan="2">××公司工艺文件</td><td colspan="5">产品名称</td><td colspan="4">产品图号</td></tr>
<tr><td colspan="2">工艺文件目录</td><td colspan="5">产品型号</td><td colspan="2">第　册</td><td colspan="2">第　页</td></tr>
<tr><td>序号</td><td>文件代号</td><td colspan="5">零件、部件、整件图号</td><td>页数</td><td colspan="3">备注</td></tr>
<tr><td>1</td><td>G1</td><td colspan="5">工艺文件封面</td><td>1</td><td colspan="3"></td></tr>
<tr><td>2</td><td>G2</td><td colspan="5">工艺文件目录</td><td>2</td><td colspan="3"></td></tr>
<tr><td>3</td><td>G3</td><td colspan="5">工艺路线表</td><td>3</td><td colspan="3"></td></tr>
<tr><td>4</td><td>G4</td><td colspan="5">工艺流程图</td><td>4</td><td colspan="3"></td></tr>
<tr><td>5</td><td>G5</td><td colspan="5">导线加工工艺</td><td>5</td><td colspan="3"></td></tr>
<tr><td>6</td><td>G6</td><td colspan="5">装配工艺卡</td><td>7</td><td colspan="3"></td></tr>
<tr><td>7</td><td>G7</td><td colspan="5">元器件工艺表</td><td>9</td><td colspan="3"></td></tr>
<tr><td></td><td></td><td colspan="5"></td><td></td><td colspan="3"></td></tr>
<tr><td></td><td></td><td colspan="5"></td><td></td><td colspan="3"></td></tr>
<tr><td></td><td></td><td colspan="5"></td><td></td><td colspan="3"></td></tr>
<tr><td></td><td></td><td colspan="5"></td><td></td><td colspan="3"></td></tr>
<tr><td></td><td></td><td colspan="5"></td><td></td><td colspan="3"></td></tr>
<tr><td colspan="2">底图总号</td><td>更改标记</td><td>数量</td><td>文件号</td><td>签名</td><td>日期</td><td colspan="3">签名</td><td>日期</td></tr>
<tr><td colspan="2"></td><td></td><td></td><td></td><td></td><td></td><td>拟制</td><td colspan="2"></td><td></td></tr>
<tr><td>日期</td><td>签名</td><td></td><td></td><td></td><td></td><td></td><td>审核</td><td colspan="2"></td><td></td></tr>
<tr><td></td><td></td><td></td><td></td><td></td><td></td><td></td><td>标准化</td><td colspan="2"></td><td></td></tr>
<tr><td></td><td></td><td></td><td></td><td></td><td></td><td></td><td>检验</td><td colspan="2"></td><td></td></tr>
<tr><td></td><td></td><td></td><td></td><td></td><td></td><td></td><td>批准</td><td colspan="2"></td><td></td></tr>
</table>

（3）材料配套明细表

材料配套明细表是用来说明整件或部件装配时所需用的各种元器件以及元器件的种类、型号、规格和数量等。配套明细表中可以看出一个整件或部件是由哪些元器件和构件构成的。材料配套明细表见表 5-3。

表 5-3　材料配套明细表

<table>
<tr><td colspan="2">××公司工艺文件</td><td colspan="4">产品名称</td><td colspan="2">产品图号</td></tr>
<tr><td colspan="2">材料配套明细表</td><td colspan="4">产品型号</td><td>第　册</td><td>第　页</td></tr>
<tr><td colspan="4">元器件清单</td><td colspan="4">结构件清单</td></tr>
<tr><td>序号</td><td>编号</td><td>名称、规格</td><td>数量</td><td>序号</td><td>编号</td><td>名称、规格</td><td>数量</td></tr>
<tr><td>1</td><td>R_1</td><td>RT-1/8W-100kΩ</td><td>1</td><td>1</td><td></td><td>磁棒支架</td><td>1</td></tr>
<tr><td>2</td><td>R_2</td><td>RT-1/8W-1kΩ</td><td>1</td><td>2</td><td></td><td>调谐盘</td><td>1</td></tr>
<tr><td>3</td><td>R_3</td><td>RT-1/8W-15kΩ</td><td>2</td><td>3</td><td></td><td>扬声器导线</td><td>2</td></tr>
<tr><td>4</td><td>R_4</td><td>RT-1/8W-10kΩ</td><td>2</td><td>4</td><td></td><td>PCB</td><td>1</td></tr>
<tr><td>5</td><td>R_5</td><td>RT-1/8W-30kΩ</td><td>1</td><td>5</td><td></td><td>电位器盘</td><td>1</td></tr>
<tr><td>6</td><td>C_6</td><td>CD-16V-4.7μF</td><td>2</td><td>6</td><td></td><td>后盖</td><td>1</td></tr>
<tr><td></td><td></td><td></td><td></td><td></td><td></td><td></td><td></td></tr>
</table>

（续）

××公司工艺文件	产品名称			产品图号			
材料配套明细表	产品型号			第　册		第　页	
元器件清单				结构件清单			
序号	编号	名称、规格	数量	序号	编号	名称、规格	数量

底图总号		更改标记	数量	文件号	签名	日期	签名		日期
							拟制		
日期	签名						审核		
							标准化		
							检验		
							批准		

（4）工艺路线表

工艺路线表是能简明列出产品零件、部件和组件生产过程中由毛坯准备到成品包装，在工厂内外顺序经过的部门及各部门所承担的工序，并且列出零件、部件和组件的装入关系的一览表。它的主要作用：①作为生产计划部门车间分工和安排生产计划的依据，并据此建立台账，进行生产调度；②作为工艺部门专业工艺员编制工艺文件分工的依据。工艺路线表见表5-4。

表5-4　工艺路线表

××公司工艺文件		产品名称				产品图号	
工艺路线表		产品型号				第　册	第　页
序号	图号	名称	装入关系	部件用量	工件用量	工艺路线及内容	备注
1		元器件加工	基板插件焊接				
2		导线加工	正极片导线				
3			负极片导线				
4		基板组件	基板装配				
5		电位器组件					
6							

底图总号		更改标记	数量	文件号	签名	日期	签名		日期
							拟制		
日期	签名						审核		
							标准化		
							检验		
							批准		

（5）元器件工艺表

元器件工艺表是用来对新购进的元器件进行预加工的汇总表，其目的是为了提高插装的装配效率和适应流水线生产的需要。在元器件工艺表中可以看出元器件引线进行折弯的预加工尺寸及形状。元器件工艺表见表 5-5。

表 5-5　元器件工艺表

××公司工艺文件		产品名称					产品图号	
元器件工艺表		产品型号					第　册	第　页
简图	10　10　10　8							
序号	位	名称、号、规格	A 端	B 端	正端	负端	数量	备注
1	R_1	RT-1/8W-100kΩ	10	10			1	
2	R_2	RT-1/8W-10kΩ	10	10			1	
3	R_3	RT-1/8W-1kΩ	12	12			1	
4	C_4	CD-16V-4.7μF	8	8			1	

底图总号		更改标记	数量	文件号	签名	日期	签名		日期
							拟制		
日期	签名						审核		
							标准化		
							检验		
							批准		

（6）导线加工工艺表

导线加工工艺表为整机产品、分机、整件和部件进行系统的、内部的电路连接所应准备的各种各样的导线、扎线及电缆等加工汇总表，是企业组织生产、进行车间分工和生产技术准备工作的最基本的依据。在导线加工工艺表中可以看出导线剥头尺寸、焊接去向等内容。导线加工工艺表见表 5-6。

表 5-6 导线加工工艺表

××公司工艺文件		产品名称					产品图号		
导线加工工艺表		产品型号					第 册		第 页
序号	编号	名称、规格	颜色	数量	长度	A 端剥头	B 端剥头	A 端焊接去向	B 端焊接去向
1	1-1	塑料线 AVR1×12	红	1	50mm	5mm	5mm	电位器	印制电路板 A
2	1-2	塑料线 AVR1×12	黑	1	50mm	5mm	5mm	扬声器（+）	负极弹簧

底图总号		更改标记	数量	文件号	签名	日期	签名		日期
							拟制		
日期	签名						审核		
							标准化		
							检验		
							批准		

（7）装配工艺卡

装配工艺卡用来说明整件的机械装配和电气连接的装配工艺全过程。在装配工艺卡中可以看到具体元器件的装配步骤和工装设备等内容。装配工艺卡见表 5-7。

表 5-7 装配工艺卡

××公司工艺文件	产品名称				产品图号	
装配工艺卡	产品型号				第 册	第 页
负极弹簧组件			工序内容、步骤			
序号	名称、规格	数量	车间	内容要求	工装	工时
1	负极弹簧	1		导线焊在弹簧尾端 5mm 处	电烙铁	1
2	导线（黑）	1		打结后长度为 41.5mm		
3	焊锡丝			焊点牢固、光亮		

图示

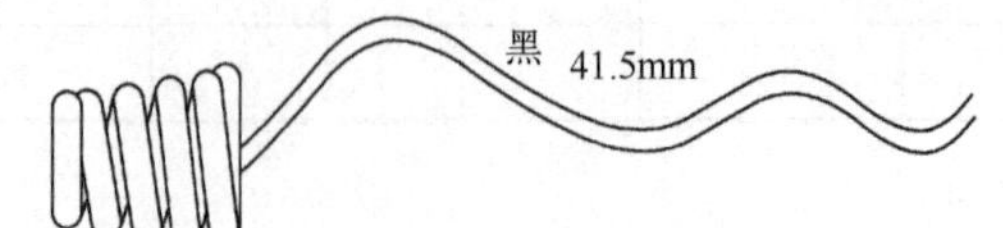

底图总号		更改标记	数量	文件号	签名	日期	签名		日期
							拟制		
日期	签名						审核		
							标准化		
							检验		
							批准		

（8）工艺说明及简图

用来编制在其他格式上难以表达清楚、重要的和复杂的工艺。对某一具体零件、部件和整件提出技术要求，也可以作为其他表格的补充说明。因此，本格式要有明确的产品对象。工艺说明及简图见表 5-8。

表 5-8　工艺说明及简图

××公司工艺文件	产品名称	产品图号	
工艺说明及简图	产品型号	第　册	第　页
PCB 装配位置			
图示			

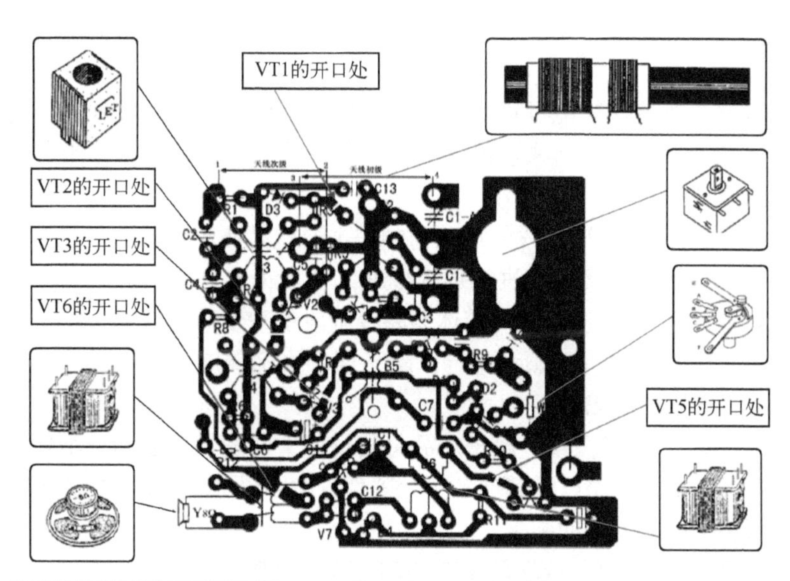

底图总号		更改标记	数量	文件号	签名	日期	签名		日期
							拟制		
日期	签名						审核		
							标准化		
							检验		
							批准		

任务 5.3　电子产品整机装配工艺

电子产品的整机装配是将各种电子元器件、机电器件以及结构件，按照设计要求，安装在规定的位置上，组成具有一定功能的电子产品的过程。

一个电子产品的质量是否合格，其功能和各项技术指标能否达到设计规定要求，与电子产品装配的工艺是否达到要求有直接关系，因此，电子产品的装配要遵循装配原则，按照整机装配要求和工艺流程进行。

5.3.1 整机装配的工艺流程及生产流水线

1. 整机装配的工艺流程

电子产品整机装配在整个电子产品生产过程中起着非常重要的作用。整机装配的工艺流程是否合理直接影响产品的质量和制造成本，整机组装的过程因设备的种类、规模不同，其构成也不同，但基本过程大同小异，可以分为装配准备、连接线的加工与制作、PCB 装配、单元组件装配、箱体装联、整机调试和检验等几个重要阶段。

1）装配准备。装配准备主要就是根据电子产品的生产特点、生产设备以及生产规模，确定装配工艺文件，对装配过程中需要的装配件、紧固件以及连接线缆等从数量和质量两方面进行准备。

数量上的准备就是要保证装配过程中零部件的配套。质量上的准备就是对装配的零部件要进行质量检验，严把质量关，任何未经检验合格的零部件都不得安装或使用，对已检验合格的装配零部件做好清洁工作。

2）连接线的加工与制作。连接线的加工与制作主要就是按照设计文件，对整个装配过程中用到的各类数据线、导线和连接线等进行加工处理，使其符合当前电子产品的工艺要求。由于在电子元器件的安装、PCB 的装接以及箱体装联等阶段都需要数据线的连接、布设等，因此，连接线质量直接关系到生产过程的顺利进行。除了要严格确保连接的质量外，连接线的规格、尺寸及数量等都有着严格的要求。

3）PCB 装配。PCB 装配在整个电子产品总装过程中是非常重要的一个环节。它是将电容器、电阻器、晶体管、集成电路以及其他各类元器件，按照设计文件的要求安装在 PCB 上。这一过程是电子产品装配中最基础的装配。

4）单元组件装配。单元组件装配就是在 PCB 装配的基础上，将组装好的基础功能电路板通过接口或数据连线等方法组合成具有综合功能特性的单元组件。例如，电视机中的电源电路、功能单元组件等都是在这一环节装配完成的。

5）箱体装联。箱体装联就是在单元组件装配的基础上，将组成电子产品的各种单元组件组装在统一的箱体、柜体或其他承载体中，最终完成一件完整的电子产品。

在这一过程中，除了要完成单元组件间的装配外，还需要对整个箱体进行布线、连线，以方便各组件之间的线路连接。箱体的布线要严格按照设计要求，否则会给安装以及以后的检测、保养和维护工作带来不便。

6）整机调试。电子产品组装完成后，就需要对整机进行调试。整机调试主要包括调整和测试两部分工作。

调整包括功能调整和电气性能调整两部分内容。功能调整就是对电子产品中的可调整部分（如可调元器件、机械传动器件等）进行调整，使其能够完成正常的工作状态。电气性能调整是指对整机的电性能进行调整，使整台电子产品能够达到规定的工作状态。

测试是对组装好的整机进行功能和性能的综合检测，如整体测试产品是否能够达到规定技术指标，是否能够完成预定工作等。

通常，电子产品的调整和测试是综合进行的，即在调整的过程中不断测试，看是否能够达到预期目标，如果不能，则继续调整，直到最终符合设计要求。

7）检验。检验是对调整好的整机进行各方面的综合检测，确定该产品是否为合格产品。也就是说，只有检验合格的产品才能进行出厂包装，否则将作为不合格产品处理。

实际上，在整机总装的过程中，每一个环节都需要检测验收。在装配准备工作中，就需要对装配时所使用的各种零部件进行质量检测，检测合格的产品才能作为原材料送到下一个工序。

2．整机装配的生产流水线

（1）整机装配的生产流水线简介

整机装配生产流水线是把一部整机的装联、调试工作划分成若干个简单操作，每一个装配人员完成一项或几项指定操作。在流水操作工序划分时，应注意每人所用操作的时间应相等，这个时间称为流水的节拍。

装配的产品在流水线上移动的方式有多种，传送带运送方式是常用的，装配操作人员把装配产品从传送带上取下，按规定的时间装联后再放到传送带上，进行下一个操作。

传送带的运动方式有两种：一种是间歇运动（即定时运动），另一种是连续均匀运动，每个装配操作人员必须按照规定的时间节拍进行操作。

（2）流水线的工作方式

目前，电子产品的生产大都采用 PCB 插件流水线的方式。插件形式有自由节拍形式和强制节拍形式两种。

自由节拍形式：是由操作人员控制流水线的节拍来完成操作工艺。这种方式的时间安排比较灵活，但生产效率低。

强制节拍形式：是指插件板在流水线上连续运行，每个操作人员必须在规定的时间内把要求插装的元器件、零件准确无误地插到 PCB 上。这种流水线方式工作内容简单、动作单纯、记忆方便，可减少差错和提高工效。

有一种回转式环形强制节拍插件焊接线，是将 PCB 放在环形连续运转的传送线上，由变速器控制链条拖动，工装板与操作人员呈 15°～27°的角度，其角度可调。工位间距也可按需要自由调节。生产时，操作人员环坐在流水线周围进行操作，每人装插产品组件的数量可调。

目前已有不用插装工艺，而使用一种导电胶，将组件直接胶合在 PCB 上的新方法。其装配效率较流水线插装方式有很大提高。

5.3.2 印制电路板的装配

电子产品整机装配是以 PCB 为中心展开的，PCB 的装配是电子产品整机装配的基础和关键，它直接影响电子整机的质量。PCB 的装配工艺是根据工艺文件和工艺规程的要求将电子元器件按一定方向和次序插装（或贴装）到 PCB 规定的位置上，并用紧固件或锡焊的方法将其固定的过程。

根据电子产品的生产性质、生产批量和设备条件不同等，需采取不同的 PCB 组装工艺。常用的组装工艺有手工装配和自动装配。

1．手工装配

在产品的样机试制阶段或小批量试生产时，PCB 装配主要靠手工操作，即操作者把散装的元器件逐个装到 PCB 上。手工装配根据生产阶段和生产批量的不同，分为手工独立插装和流水线手工插装两种方式。

（1）手工独立插装

手工独立插装是操作者一人完成一块 PCB 上全部元器件的插装及焊接等工序的装配方式。其操作顺序是：待装元器件→引线整形→插件→调整、固定位置→焊接→剪切引线→检验。

手工独立插装方式可以不受各种限制而广泛应用于各种工序或场合，但速度慢、效率低、易出差错，不适合现代化大批量生产。

（2）流水线手工插装

流水线手工插装是把 PCB 的整体装配分解成若干道简单的工序，每个操作者在规定的时间内，完成指定的工作量的插装过程。

一般工艺流程是：元器件插入→全部元器件插入→一次性切割引线→一次性锡焊→检查。

其中的引线切割一般用专用设备（割头机）一次切割完成，锡焊通常用波峰焊机完成。目前，大多数电子产品的生产都采用 PCB 插件流水线的方式。

2. 自动装配

对于设计稳定且大批量生产的产品，宜采用自动装配方式。自动装配一般使用自动或半自动插件机和自动定位机等设备。自动装配和手工装配的过程基本上是一样的，通常都是从印制基板上逐一插装元器件，构成一个完整的 PCB，所不同的是，自动装配要求限定元器件的供料形式，整个插装过程由自动装配机完成。

1）自动控制插装工艺流程框图如图 5-3 所示。

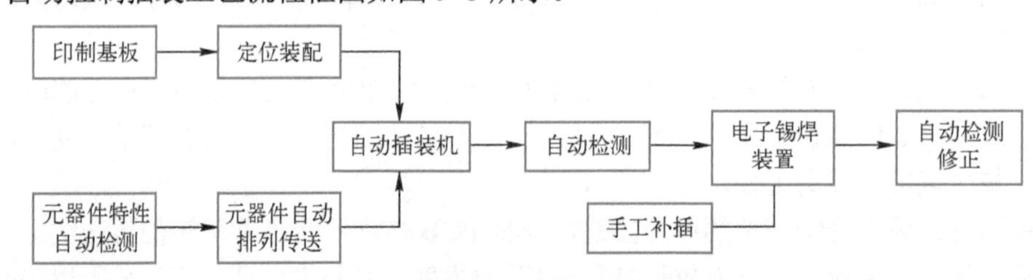

图 5-3　自动控制插装工艺流程框图

经过处理的元器件装在专用的传输带上，间断地向前移动，保证每一次有一个元器件进到自动装配机的装插头的夹具里，插装机自动完成切断引线、引线成形、移至基板、插入及弯角等动作，并发出插装完了的信号，使所有装配回到原来位置，准备装配第二个元件。PCB 靠传送带自动送到另一个装配工位，装配其他元器件，当元器件全部插装完毕，即自动进入波峰焊接的传送带。

PCB 的自动传送、插装、焊接及检测等工序，都是由计算机进行程序控制的。它首先根据 PCB 的尺寸的大小，孔距，元器件尺寸和它在板上的相对位置等，确定可插装元器件和选定装配的最好途径，编写程序，然后再把这些程序送入编程机的存储器中，由计算机自动控制完成上述工艺流程。

2）自动装配对元器件的工艺要求。自动插装是在自动装配机上完成的，元器件装配的工艺措施要适合于自动装配的要求。

① 采用标准元器件和尺寸。

② 被插装的元器件的形状和尺寸尽量简单、一致，方向易于识别，有互换性。

③ 插装元器件的最佳取向应能确定。元器件在 PCB 什么方向取向，对于手工装配没有限制，在自动装配中，为了使机器达到最大的有效插装速度，就要有一个最好的元器件排列。即要求沿着 X 轴和 Y 轴取向，最佳取向即要指定所有元器件只有一个轴上取向。

④ 元器件的引线孔距和相邻元器件引线孔之间的距离要标准化，并尽量相同。

5.3.3　元器件的引线成形加工

为了使元器件在 PCB 上装配排列整齐、便于安装和焊接、提高装配的质量和效率，应在安装前对元器件进行引线成形加工。

元器件引线成形加工，就是根据元器件安装位置的特点及技术方面的要求，预先把元器件的引线弯曲成一定的形状。它是针对小型元器件的，因为小型元器件可以跨接、立和卧等方法进行插装、焊接。大型元器件不能悬浮跨接和单独立放，而要用支架、卡子等固定在安装位置上。

1．引线的预加工处理

元器件引线在成形前必须进行加工处理。主要原因是：长时间放置的元器件，在引线表面会产生氧化膜，若不加以处理，会使引线的可焊性严重下降。

引线的预加工处理主要包括引线的校直、表面清洁及上锡 3 个步骤，引线处理后，要求镀锡层均匀、表面光滑、无毛刺和残留物等。

2．引线成形的基本要求

引线成形加工要根据焊点之间的距离做成需要的形状，目的是使它们能迅速而准确地插入孔内。

引线成形基本要求：元器件引线开始弯曲处，离元器件端面的最小距离应不小于 2mm；弯曲半径不应小于引线直径的 2 倍；元器件标称值应处于在便于查看的位置；成形后不允许有机械损伤。

引线成形基本要求如图 5-4 所示。图中 $A \geqslant 2\text{mm}$；$R \geqslant 2d$；在图 5-4a 中，$h=0 \sim 2\text{mm}$，图 5-4b 中，$h \geqslant 2\ \text{mm}$；$C=np$（p 为印制电路板坐标网格尺寸，n 为正整数）。

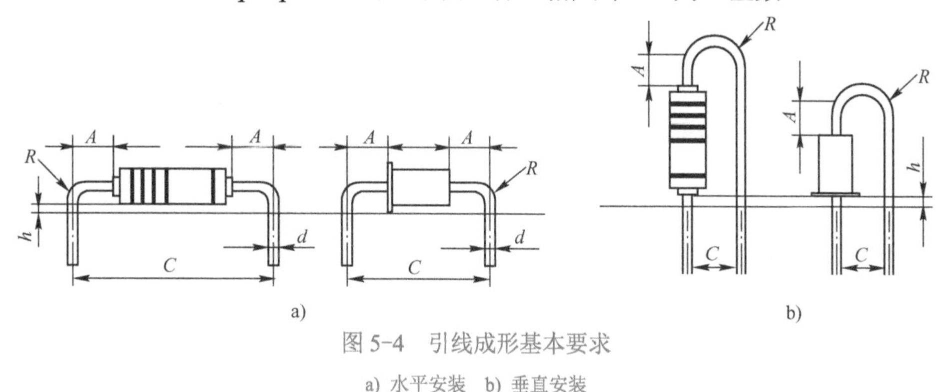

图 5-4　引线成形基本要求

a) 水平安装　b) 垂直安装

对于手工插装和手工焊接的元器件，一般把引线加工成如图 5-5 所示的形状。

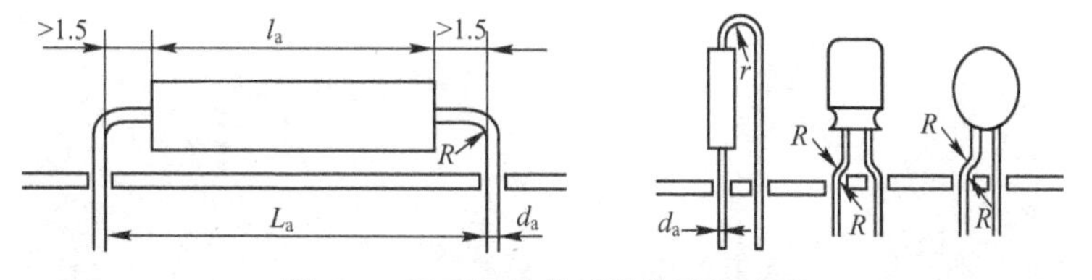

图 5-5　手工插装的元器件引线成形

自动焊接元器件引线的成形如图 5-6 所示。

怕热元器件要求引线增长，成形时应绕环，易受热损坏元器件引线的成形如图 5-7 所示。

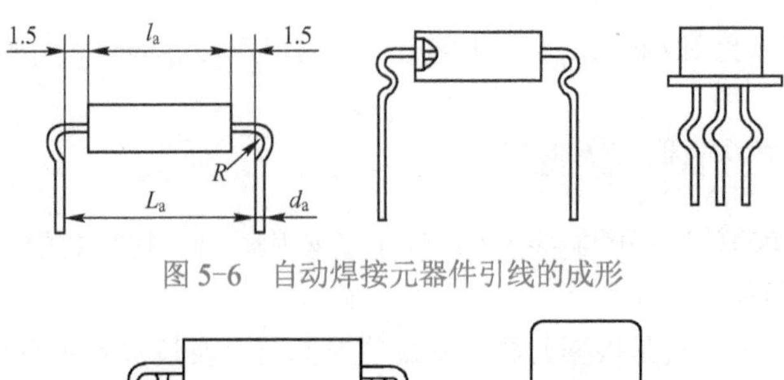

图 5-6　自动焊接元器件引线的成形

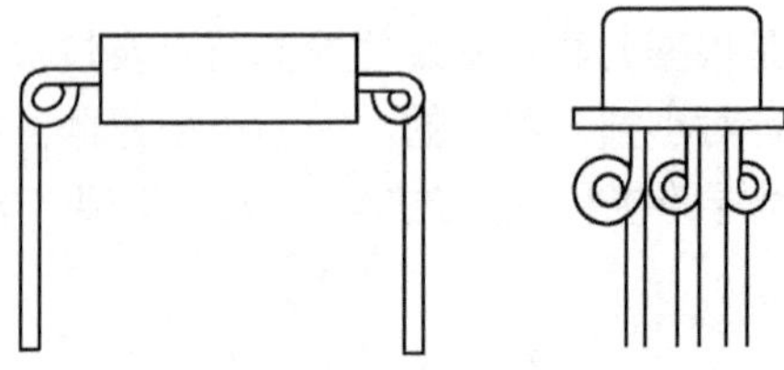

图 5-7　易受热损坏元器件引线的成形

3．成形方法

目前，元器件引线的成形主要有专用模具成形、专用设备成形以及手工用圆嘴钳或尖嘴钳进行简单加工成形等方法。其中模具手工成形较为常用。图 5-8 为模具成形示意图。模具的垂直方向开有供插入元器件引线的长条形孔，孔距等于格距。将元器件的引线从上方插入长条形孔后，再插入插杆，元器件引线即可成形。用这种方法加工的引线成形的一致性比较好。

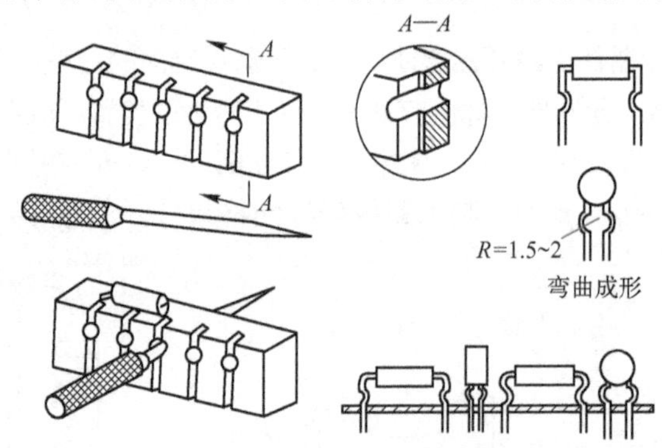

图 5-8　模具成形示意图

业余制作时，元器件引脚的“弯腿”可借助于镊子（或尖嘴钳），方法是用镊子夹紧元器件引脚靠根部的部分，用手指去扳引脚，形成自然“拐”弯。图 5-9a 是不正确的弯腿方法，即用镊子（或尖嘴钳）去把引腿“拐”弯。图 5-9b 是正确的弯腿方法，即用镊子夹住引脚靠根部部分，起保护根部的作用，而用另一只手的手指把引脚扳（或压）弯。

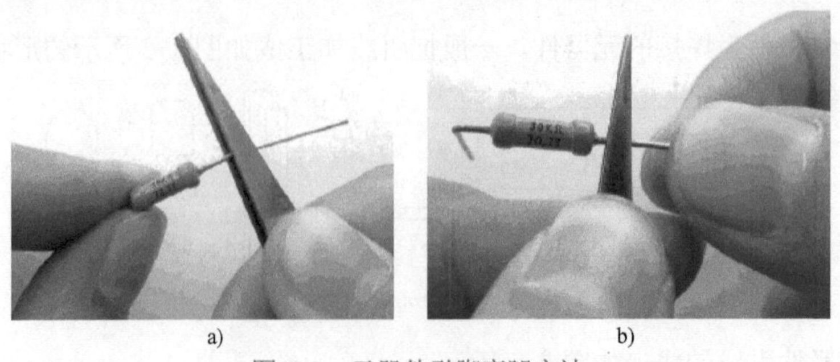

a)　　b)

图 5-9　元器件引脚弯腿方法

a) 不正确的引脚弯腿方法　b) 正确的引脚弯腿方法

5.3.4　电子元器件的安装工艺

1. 电子元器件安装原则

电子元器件的安装是指将加工成型后的元器件插入印制电路板的焊孔中。电子元器件安装时要遵循一些基本原则：

1）元器件安装的顺序一般是：先低后高，先小后大，先轻后重；先分立元器件，后集成元器件。

2）元器件安装的方向：电子元器件的标记、色码标志部位应朝上，以便于识别；水平安装元器件的数值读法应从左至右，竖直安装元器件的数值读法则应从下至上。

3）元器件的间距：印制电路板上的元器件之间的距离不能小于 1mm；引线间距大于 2mm 时，要给引线套上绝缘套管。水平安装的元器件，应使元器件贴在印制电路板上，元器件离印制电路板的距离要保持在 0.5mm 左右；竖直安装的元器件，元器件离印制电路板的距离应在 3～5mm。

4）元器件安装高度要符合规定要求，同一规格的元器件应尽量安装在同一高度上。

2. 电子元器件安装形式

电子元器件的安装方法有手工安装和机械安装两种，前者简单易行，但效率低，误装率高；而后者安装速度快，误装率低，但设备成本高，引线成形要求严格。电子元器件的安装方法应根据产品的结构特点、装配密度、产品的使用方法和要求来决定，一般有以下几种安装形式。

（1）贴板安装

元器件安装贴紧印制电路板基面上，安装间隙小于 1mm，如图 5-10a 所示，当元器件为金属外壳，安装面又有印制导线时，应加绝缘衬垫或套绝缘套管，如图 5-10b 所示，它适用于防振要求高的产品。

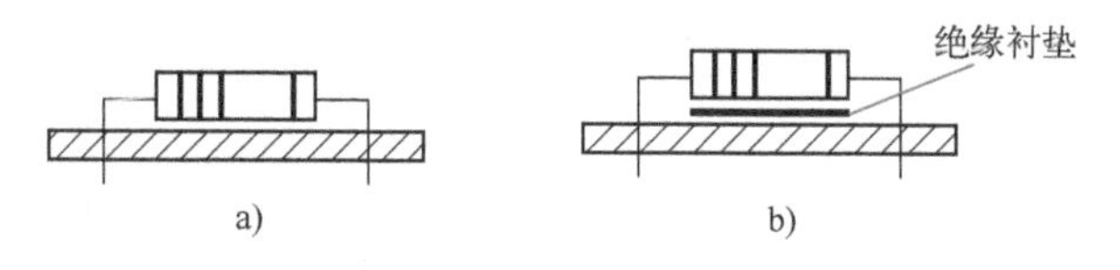

图 5-10　贴板安装形式

a) 安装间隙小于 1mm　b) 加绝缘衬垫

（2）悬空安装

元器件距印制电路板基面有一定高度，安装距离一般在 3～8mm 范围内，以利于对流散热。它适用于发热元器件的安装。悬空安装形式如图 5-11 所示。

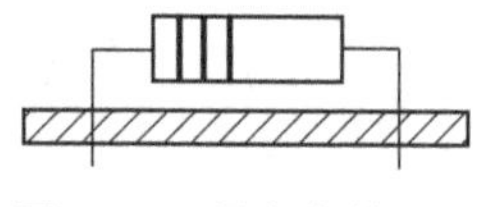

图 5-11　悬空安装形式

（3）垂直安装

元器件垂直于印制基板板面，垂直安装形式如图 5-12 所示，它适用于安装密度较高的场合。但对质量大、引线细的元器件不宜采用这种形式。

（4）埋头安装（倒装）

元器件的壳体埋于印制基板的嵌入孔内，因此又称为嵌入式安装。埋头安装形式如图 5-13 所示。这种方式可提高元器件防振能力，降低安装高度。

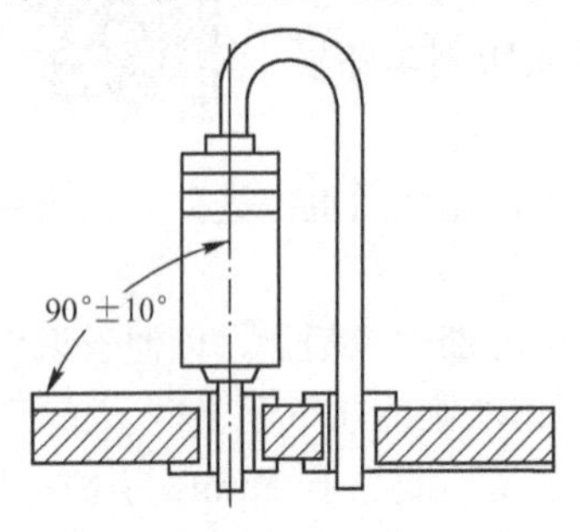

图 5-12　垂直安装形式

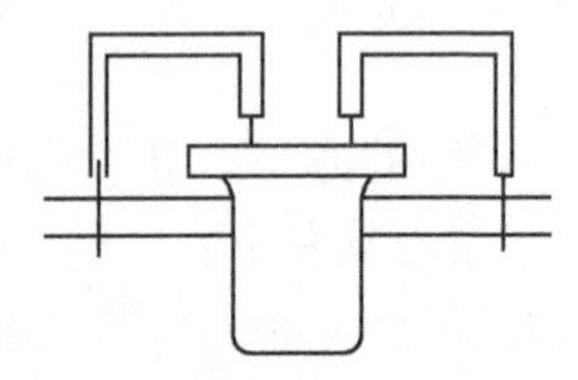

图 5-13　埋头安装形式

（5）有高度限制时的安装

对高度有限制的元器件一般在图样上是需要标明的。安装时，通常处理的方法是垂直插入后，再朝水平方向弯曲。对大型元器件要特殊处理，以保证其有足够的机械强度，经得起振动和冲击。有高度限制的安装形式如图 5-14 所示。

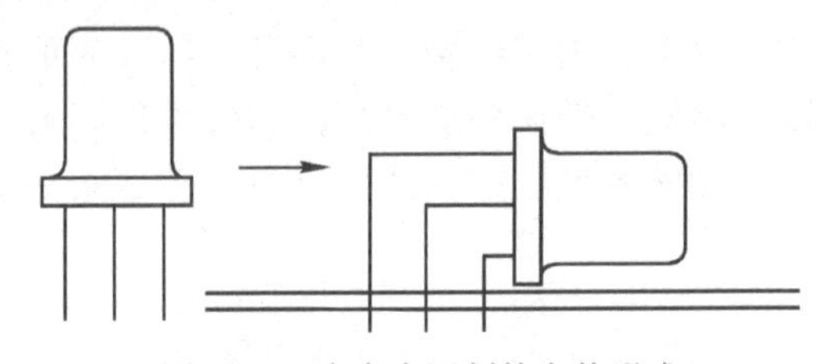

图 5-14　有高度限制的安装形式

（6）支架固定安装

用金属支架在印制电路板上将元器件固定的安装方法，这种方法适用于质量较大的元器件，如小型继电器、变压器及扼流圈等。支架固定安装形式如图 5-15 所示。

（7）功率元器件的安装

由于功率元器件的发热量大，在安装时需加散热器，如果元器件自身能支持散热器的重量，可采用立式安装；如果不能，则采用卧式安装。功率元器件的安装形式如图 5-16 所示。

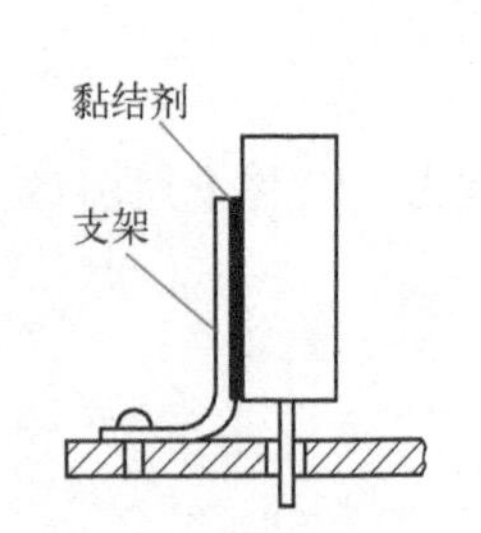

图 5-15　支架固定安装形式

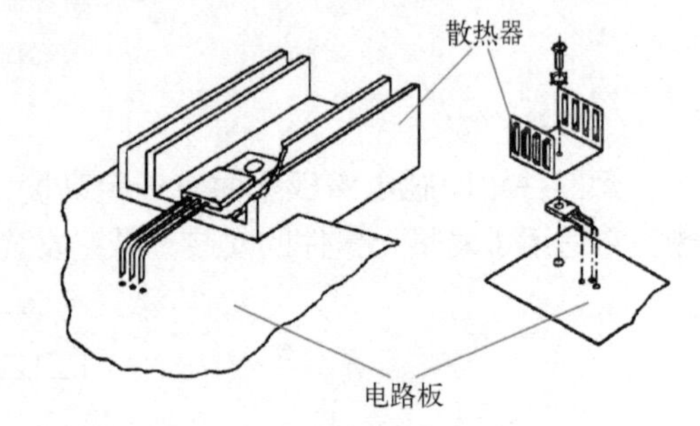

图 5-16　功率元器件的安装形式

3．元器件安装注意事项

1）插装好元器件，其引脚的弯折方向都应与铜箔走线方向相同。

2）安装二极管时，除注意极性外，还要注意外壳封装，特别是玻璃壳体易碎，引线弯曲时易爆裂，在安装时可将引线先绕 1～2 圈再装，对于大电流二极管，有的则将引线体当作散热器，故必须根据二极管规格中的要求决定引线的长度，也不宜把引线套上绝缘套管。

3）为了区别晶体管的电极和电解电容的正负端，一般在安装时，加上带有不同颜色的套管以示区别。

4）大功率晶体管由于发热量大，易使 PCB 受热变形，一般不宜装在 PCB 上。

5.3.5 导线的加工

在电子产品装配中有许多信号传输线和连接线，需要进行加工处理，它是电子产品生产过程中很重要的环节，导线加工质量直接影响产品性能的稳定性，还会影响产品的调试、维修和保养。导线加工主要包括：绝缘导线、屏蔽导线与电缆的加工；线扎加工；导线或线扎与其他部件连接等。

1. 绝缘导线的加工

绝缘导线是由导体（芯线）和绝缘体（外皮）组成，在它的加工过程中，绝缘层不能损坏或烫伤，否则会降低绝缘性能。绝缘导线的加工流程一般为：剪切→剥头→捻头→上锡→标记打印→分类捆扎等。

（1）剪切

导线剪切前，用手或工具将导线轻拉平直，然后，用尺和剪刀，将导线裁剪成所需尺寸。先剪切长导线，后剪切短导线，避免线材浪费。剪切导线按工艺文件中导线加工要求进行，一般剪切导线长度允许有 5%～10%的正偏差，不允许有负偏差。

（2）剥头

将绝缘导线的两端各除掉一段绝缘层而露出芯线的操作叫剥头。剥头时不能损坏芯线。剥头的长度应符合工艺文件中导线加工的要求，其常规尺寸有 2mm、5mm、10mm 和 15mm 等，可视具体要求而定。

导线端头绝缘层的剥离方法有两种：一种是刃截法，另一种是热截法。刃截法设备简单但易损伤导线。热截法需要一把热剥皮器（或用电烙铁代替，并将烙铁头加工成宽凿形）。热截法的优点是：剥头质量好，不会损伤导线。

采用刃截法时可采用电工刀或剪刀，先在导线需剥头处切割一个圆形线口，注意不要割断绝缘层而损伤导线，接着在切口处用适当的夹力撕破残余的绝缘层，最后轻轻地拉下绝缘层。

采用剥线钳剥头比较适用于直径为 0.5～2mm 的导线、绞合线和屏蔽线。剥线头时，将规定剥头长度的导线伸入刃口内，然后压紧剥线钳，使刀刃切入导线的绝缘层内，利用剥线钳弹簧的弹力将剥下的绝缘层弹出。

采用热截法进行导线端头的加工时，需要将热控剥皮器端头加工成适当的外形。先将热控剥皮器通电加热 10min 后，待热阻丝呈暗红色时，将需要剥头的导线按所需长度放在两个电极之间。然后转动导线，将导线四周的绝缘层都切断后，用手边转动边向外拉，即可剥出无损伤的端头。

（3）捻头

多股芯线在剥头之后有松散现象，需要捻紧以便上锡。捻头时要捻紧，不可散股也不可捻断，捻过之后的芯线，其螺旋角一般应在 40°左右。

（4）上锡

绝缘导线经剥头和捻头之后，应在较短的时间内上锡，时间太长则容易产生氧化层，导致上锡不良。芯线上锡时不应触到绝缘层端头，上锡的作用是提高导线的可焊性。上锡方法有锡锅上锡和电烙铁上锡两种方法。

1）锡锅上锡。锡锅通电，使锅中钎料熔化，将捻好头的导线蘸上助焊剂，然后将导线垂直插入锡中，并使浸渍层与绝缘层之间为 1～2mm 间隙，待润湿后取出，浸锡时间为 1～3s。如一次不成功，可停留一会再次浸渍，不可连续浸渍。

2）电烙铁上锡。待电烙铁加热至熔化焊锡时，在烙铁上蘸满钎料，将导线端头放在一块松香上，烙铁头压在导线端头，左手边慢慢转动边往后拉，当导线端头脱离烙铁后，导线端头已上好锡。上锡时注意，烙铁头不要烫伤导线绝缘层。

上锡完成后的导线芯线应表面光滑可焊，无毛刺；多根导线无并焊、上锡不匀及弯曲等现象。

（5）标记打印

导线标记打印是为了在安装、焊接、调试、检验及维修时分辨方便而采用的措施。标记一般应打印在导线的两端，可用文字、符号、数字及颜色加以区分、标记。具体办法可参照有关国家标准和行业标准。

（6）分类捆扎

完成以上各道工序后，应进行整理捆扎，捆扎要整齐，导线不能弯曲，每捆按产品配套数量的根数捆扎。

2．屏蔽导线或同轴电缆的加工

屏蔽导线是一种在绝缘导线外面套上一层铜编织套的特殊导线。屏蔽导线和同轴电缆外形相同，加工方式也一致，一般包括：不接地线端的加工、直接接地线端的加工和加接导线引出接地线端的处理等。

（1）不接地线端的加工

1）去外护层。用热切法或刃切法去掉一段屏蔽导线或同轴电缆的外护套，切去长度 L 要根据工艺文件的要求去除，或根据工作电压确定内绝缘层端到外屏蔽层的距离为 L_1，工作电压越高，剥头长度就越长，根据焊接方式确定外护套的切除长度为 L，即外护套长度为 $L=L_1+L_2+L_0$（L_0=1～2mm），如图 5-17 所示。

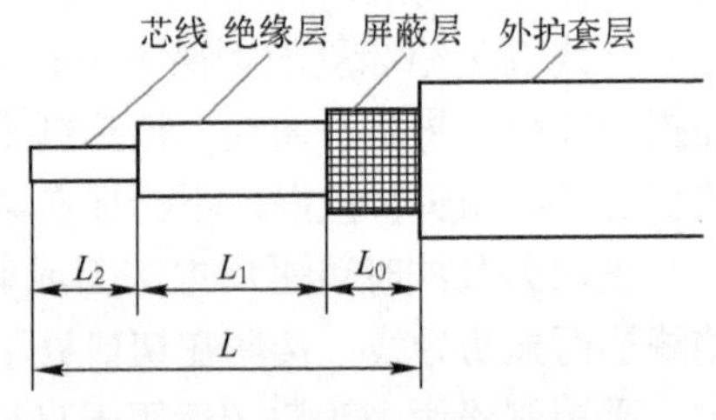

图 5-17　屏蔽导线的加工尺寸

2）去屏蔽层。其方法是：左手拿住屏蔽导线的外护套，用右手手指向左推屏蔽层，使屏蔽层成为如图 5-18b 所示形状，然后剪断松散的屏蔽层，剪断长度根据导线的外护套厚度及导线粗细来定，留下的长度（从外护层开始计算）约为外护套厚度的两倍。

3）屏蔽层修整。修剪松散的屏蔽层后，将剩下的屏蔽层向外翻套在外护套外面，并使端面平整，如图 5-18c 所示。

4）加套管。屏蔽层修剪后，应套上热收缩套管并加热，使套管将外翻的屏蔽层与外护套套牢，如图 5-18d 所示。

5）芯线剥头。芯线剥头的方法、要求同普通塑胶导线，如图 5-18e 所示。

6）芯线浸锡和清洗。芯线浸锡和清洗的方法、要求同普通塑胶导线，如图5-18f所示。

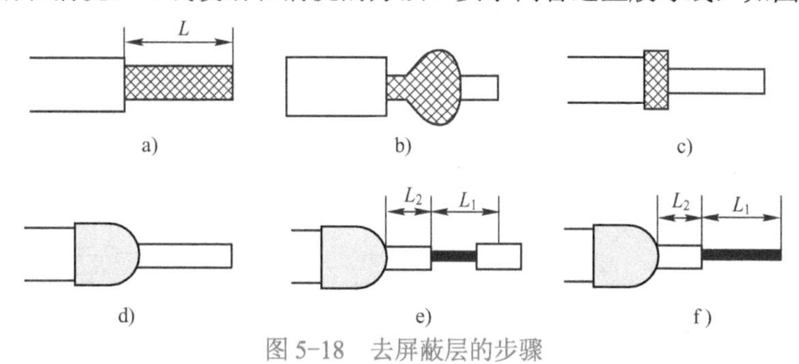

图5-18　去屏蔽层的步骤

a) 去外护层　b) 去屏蔽层　c) 屏蔽层修整　d) 加套管　e) 芯线剥头　f) 芯线浸锡和清洗

（2）直接接地线端的加工

1）去外护层。用热切法或刃切法去掉一段屏蔽导线的外护套，其切去的长度要求与上述“屏蔽导线或同轴电缆进行不接地端的加工”中要求相同。

2）拆散屏蔽层。用钟表镊子的尖头将外露的编织状或网状的屏蔽层由最外端开始，逐渐向里挑拆散开，使芯线与屏蔽层分离开，如图5-19a所示。

3）屏蔽层的剪切修整。将分开后的屏蔽层引出线按焊接要求的长度剪断，其长度一般比芯线的长度短，为了使安装后的受力由受力强度大的屏蔽层来承受，而受力强度小的芯线不受力，因而芯线不易折断。

4）屏蔽层捻头与搪锡。将拆散的屏蔽层的金属丝理好后，合在一边并捻在一起，然后进行搪锡处理，有时也可将屏蔽层切除后，另焊一根导线作为屏蔽层的接地线，如图5-19b所示。

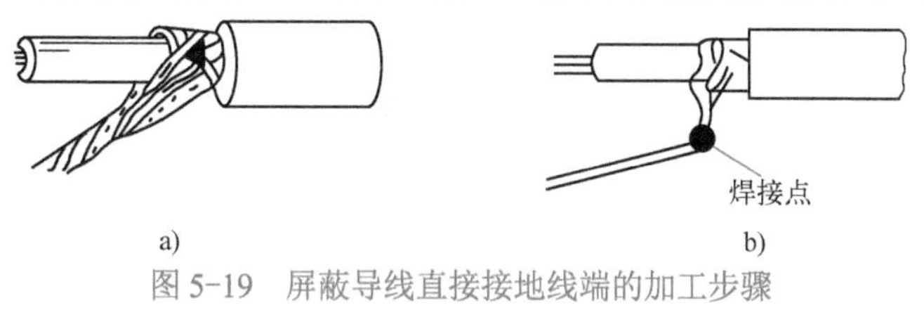

图5-19　屏蔽导线直接接地线端的加工步骤

a) 芯线与屏蔽层分离　b) 焊一根导线

（3）加接导线引出接地线端的处理

有时对屏蔽导线或同轴电缆还要进行加接导线来引出接地线端的处理，通常的做法是，将导线的线端处剥脱一段屏蔽层，进行整形搪锡，并加接导线做接地焊接的准备，处理步骤如下。

1）剥脱屏蔽层并整形搪锡。剥脱屏蔽层并整形搪锡如图5-20所示，即在屏蔽导线端部附近把屏蔽层开个小孔，挑出绝缘导线，并按图所示，把剥脱的屏蔽层编织线整形、捻紧并搪好锡。

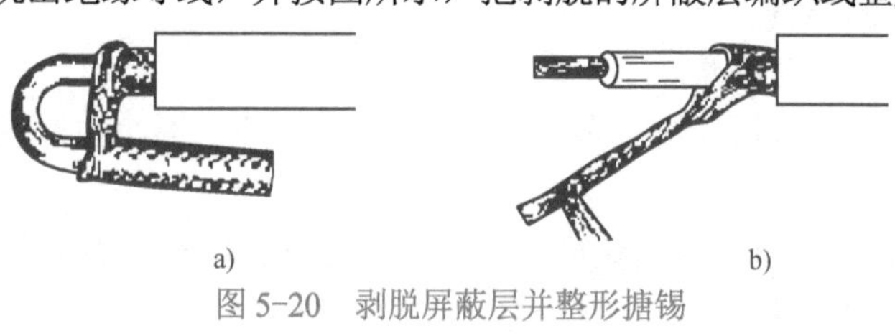

图5-20　剥脱屏蔽层并整形搪锡

a) 挑出芯线　b) 整形搪锡

2）在屏蔽层上加接地线，有时剥脱的屏蔽长度不够，须加焊接地线，可按如图 5-21a 所示，把一段直径为 0.5～0.8mm 的镀银铜线的一端，绕在已剥脱的并经过整形搪锡处理的屏蔽层上 2～6 圈并焊牢，如图 5-21b 所示。

3）加套管的接地线焊接。有时也可以在剪除一段金属屏蔽层之后，选取一段适当长度的导线焊牢在金属屏蔽层上做接地导线，再用绝缘套管或热缩性套管套住焊接处（起保护焊接点的作用），如图 5-21c 所示。

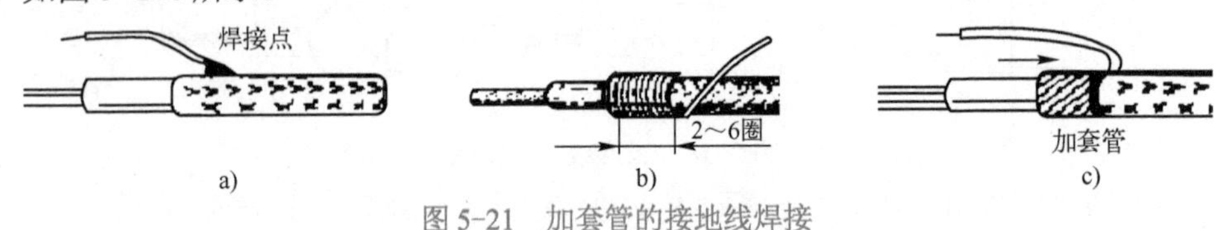

图 5-21 加套管的接地线焊接

a) 加焊接地线 b) 镀银铜线绕 2～6 圈并焊牢 c) 加套管

（4）绑扎护套端头

对有多根芯线的电缆线（或屏蔽电缆线）的端部必须进行绑扎。棉织线套外套端部极易散开，绑扎时，从护套端口沿电缆放长约 15～20cm 的蜡克棉线，左手拿住电缆线，拇指压住棉线头，右手拿起棉线从电缆线端口往里紧绕 2～3 圈。压住棉线头，然后将起头的一段棉线折过来，继续紧绕棉线。当绕线宽度为 4～8mm 时，将棉线端穿进线环中绕紧。此时左手压住线层，右手抽紧绑线后，剪去多余的棉线，涂上清漆。棉织线套外套端部绑扎如图 5-22 所示。也可在棉线套与绝缘芯线之间垫 2～3 层黄蜡绸，再用长为 0.5～0.8mm 镀银线密绕 6～10 圈，并用烙铁焊接（环绕焊接）。

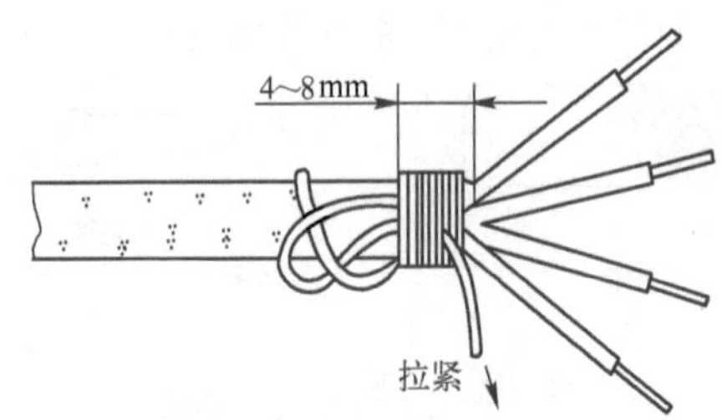

图 5-22 棉织线套外套端部绑扎

3. 绝缘套管的使用

（1）绝缘套管的作用

导线、元器件或线扎加工中使用绝缘套管，可以起到以下作用。

1）增加电气绝缘性能。

2）增加导线或元器件的机械强度。

3）保护耐热性差的导线。

4）色别表示，便于检查维修。

5）作为扎线材料，将多根导线扎为一个整体，使之美观、减少占用空间、提高产品稳定性和可靠性。

常用套管有聚氯乙烯套管、黄蜡套管、硅黄蜡玻璃纤维套管及热收缩套管等。

（2）绝缘套管的使用方法

1）元器件引线加套管方法。元器件的引线基本上为裸线，很易造成短路。加套管一是防短路，二是便于色标表示。元器件引线加套管方法示意图如图 5-23 所示。

2）元器件加套管方法。有的元器件较小，用一绝缘套管把元器件及其引线一起套起来，这对于表面是金属的元器件能起很好的绝缘作用。元器件加套管方法示意图如图 5-24 所示。

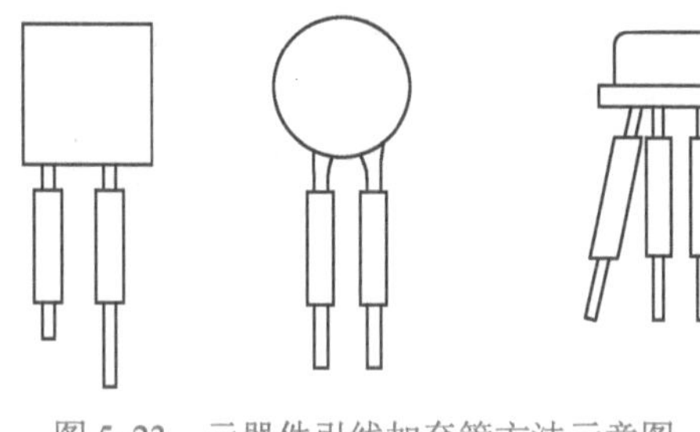

图 5-23　元器件引线加套管方法示意图

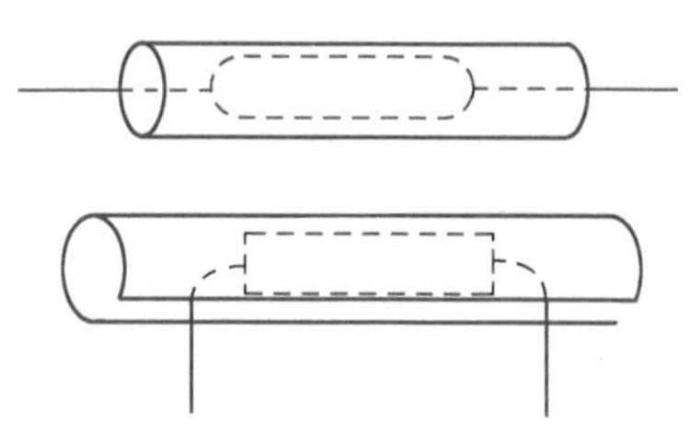

图 5-24　元器件加套管方法示意图

3）端子加绝缘套管方法。在端子上加绝缘套管，若是为了起绝缘作用，则可间隔一个端子加套一绝缘套管。若是为了加强机械强度，则可将所有端子加绝缘套管，方法示意图如图 5-25 所示。

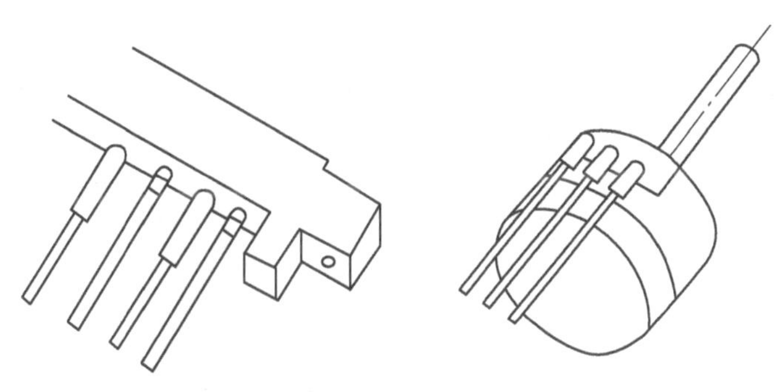

图 5-25　端子加绝缘套管方法示意图

4）导线上加套管方法。为增强导线的绝缘性能，可采用如图 5-26a 所示的方法，用较长的套管把导线套起来；若只是为了把导线集中成束，可采用如图 5-26b 所示的方法，用较短套管把导线套起来即可。

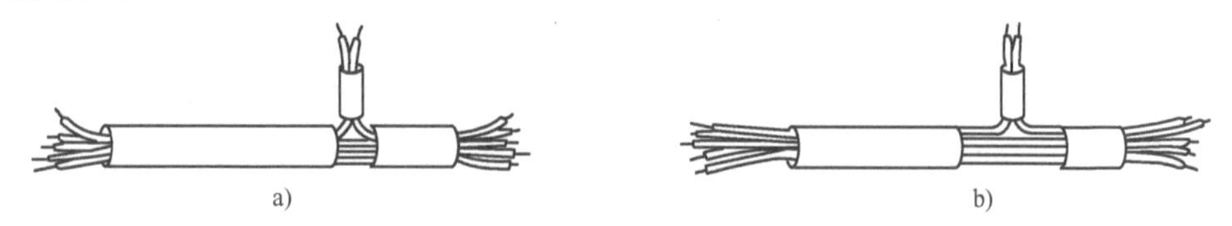

图 5-26　导线上加套管方法

a) 用较长套管　b) 用较短套管

5.3.6　线扎的成形加工

在电子产品整机的装配工作中，应该用线绳或线扎搭扣等把导线扎束成形，制成各种不同形状的线扎（又称为“线把”或“线束”）。目前，中小型电子产品中已被多股扁平导线代替，但在大型电子产品中却广泛应用。

通常线扎是按图制作好后再安装到机器上的，为方便制作，先根据实物按 1∶1 的比例绘制线扎图，在制作线扎时，可把线扎图平铺在木板上，在线扎拐弯处订上去掉头的铁钉。线扎拐弯处的半径应比线束直径大两倍以上。导线的长短要合适，排列要整齐。线扎的分支线到焊点应有 10～30mm 的余量，不要拉得过紧，以防受振动时将焊片或导线拉断。导线走的路径要尽量短一些，并避开电场的影响。

在排列线扎导线时，如导线较多不易平稳，可先用废铜线或漆包线，临时绑扎在线扎主要位置上，然后用线绳把主要干线束绑扎起来，继而绑扎分支线束，并随时拆除临时绑扎线。导线较少的小线扎，可按图样从一端随排随绑。线束上的绑线要松紧适度，过紧容易破坏导线绝缘，过松则导线不易挺直。

下面介绍几种绑扎线束的方法。

1. 线绳绑扎

用棉线、亚麻线或尼龙线等作为扎线材料，绑扎前将线绳放在温度不高的石蜡中浸一下，增加绑扎线的韧性，使绑扎的线扣不易脱落。

线扎起始线扣的结法是：先绕一圈，拉紧，再绕第二圈，第二圈与第一圈靠紧。线扎起始线扣的结法如图 5-27 所示。起始线扣绕法见图 5-27a，绕一圈后结扣的方法如图 5-27b 所示，绕两圈后结扣方法如图 5-27c 所示。线扎的终端线扣的绕法是：先绕一个中间线扣，再绕一圈固定扣，具体操作如图 5-27d 所示。起始线扣与终端线扣绑扎完毕应涂上清漆，以防止松脱。

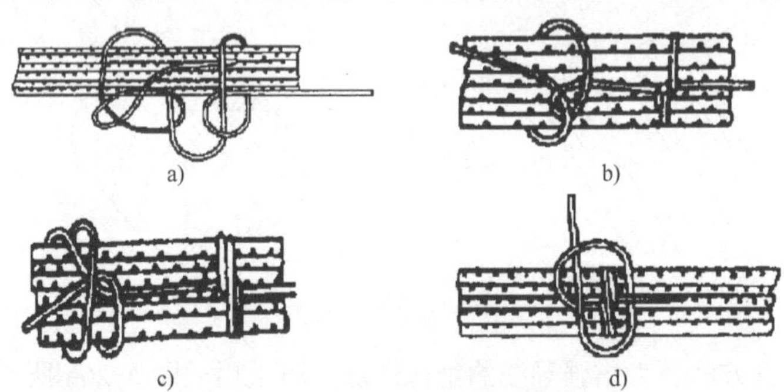

图 5-27 线扎起始线扣的结法

a) 起始线扣绕法 b) 绕一圈后结扣的方法 c) 绕两圈后结扣的方法 d) 终端线扣的绕法

对于带有分支点的线扎，应将线绳在分支拐弯处多绕几圈，起加固作用，在线扎的分支处和转弯处，常用到的三种结：①向接线板去的分支线的捆扎如图 5-28a 所示；②分支线合并后拐弯处的捆扎如图 5-28b 所示；③一分支线拐弯处的捆扎如图 5-28c 所示。

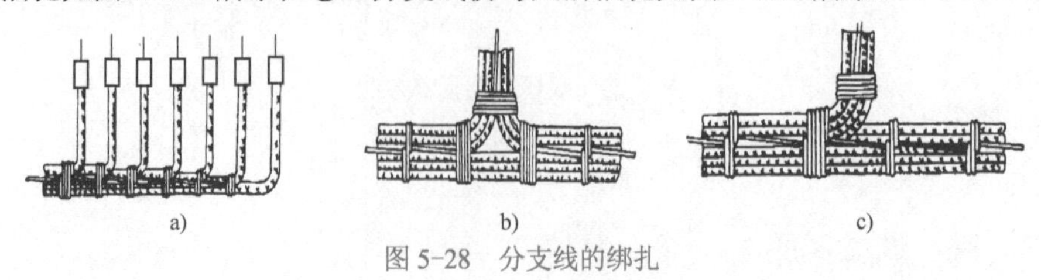

图 5-28 分支线的绑扎

a) 向接线板去的分支线的捆扎 b) 分支线合并后拐弯处的捆扎 c) 一分支线拐弯处的捆扎

2. 黏结剂结扎

当导线很少时，如只有几根至十几根，而且这些导线都是塑料绝缘导线时，可以采用四氢呋喃黏结剂黏结成线扎。

黏结时，可将一块平板玻璃放置在桌子上，再把待黏结导线拉伸并列（紧靠）在玻璃上，然后用毛笔蘸四氢呋喃涂敷在这些塑料导线上，经过 2～3min 待黏结剂凝固以后，便可以获得一束平行塑料导线。

3．用线扎搭扣绑扎

用线扎搭扣绑扎十分方便，线扎也很美观，常被大中型电子装置采用。常用线搭扣的形状如图 5-29 所示。

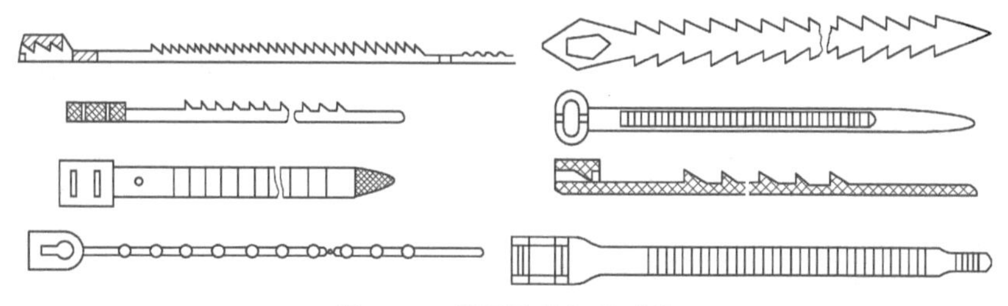

图 5-29　常用线搭扣的形状

用线扎搭扣绑扎导线时，可用专用工具拉紧，但不可拉得太紧，以防破坏搭扣。搭扣绑扎方法是：先把塑料导线按图布线，在全部导线布完后，可用一些线头短线临时绑扎几处，如线把端头，转弯处等，然后将线把整理成束，成束的导线应相互平行，不允许有交叉现象，整理一段，用搭扣绑扎一段，从头至尾，直至绑扎完毕。绑扎时，搭扣布置力求距离相等。搭扣拉紧后，将多余的长度剪掉。

4．塑料线槽布线法

对机柜、机箱及控制台等大型电子装置，一般可采用塑料线槽布线。线槽固定在机壳内部，线槽的两侧有很多出线孔，将准备好的导线排在槽内，可不绑扎，导线排完后盖上线槽板盖。

5．塑料胶带绑扎

目前，有些电子产品采用聚氯乙烯胶带绑扎，它简便易行制作效率高，效果比线扎搭扣好，成本比塑料线槽低，在洗衣机等家用电器产品中普遍采用。

上述几种处理方法各有优缺点。用线绳绑扎比较经济，但大批量生产时工作量较大。用线槽成本较高，但排线省事，更换导线也十分容易；黏结剂黏结只能用于少量线束，比较经济，但换线不方便，而且施工要注意防护，因为四氢呋喃在挥发过程中有害；用线扎搭扣绑扎比较省事，更换线也方便，但搭扣只能用一次。实际中采用何种线扎，应根据实际情况选择。

5.3.7　任务训练　收音机 PCB 装配

1．训练目的

1）熟悉 PCB 焊接技能与技巧。

2）掌握电子元器件识别、检测、加工及安装方法。

3）掌握收音机 PCB 组装技能。

2．训练器材

1）收音机元器件及 PCB　　1 套

2）万用表　　1 块

3）电烙铁、镊子、剪刀和焊锡等工具　　1套

3. 训练内容与步骤

（1）元器件的识别与检测

1）元器件、结构件的分类与识别。收音机有6类元器件，分别为电阻类、电容类、电感类、二极管、晶体管和电声器件（扬声器）。按照收音机套件列出的元器件、结构件的清单，对元器件和结构件进行分类与识别。

元器件分类与识别：电阻器类13只；电容器类15只；电感器类7只；二极管类4只；晶体管类7只；扬声器1只。

结构件分类与识别：PCB 1块；调谐盘、电位器各1只；前框、后盖各1个；正极片、负极弹簧各1只；频率标牌1片；磁棒支架1个；螺钉5颗；绝缘导线4根。

2）元器件检测。为提高整机产品的质量和可靠性，在整机装配前，所有的元器件都必须经过检验，检验内容包括静态检验和动态检验。

静态检验：检验元器件表面有无损伤、变形，几何尺寸是否符合要求，型号规格是否与工艺文件要求相符。

动态检测：通过仪器仪表检测元器件本身的电气性能是否符合规定的技术条件。用万用表进行元器件的检测。

（2）PCB装配准备

1）元器件的清洁。清除元器件表面的氧化层：左手捏住电阻或其他元器件的本体，右手用锯条轻刮元器件引脚的表面，左手慢慢地转动，直到表面氧化层全部去除。

2）电阻器、二极管的整形、安装与焊接要求。

① 所有电阻器和二极管均采用立式安装，高度距离PCB 2mm。

② 在安装方面，首先应弄清各电阻器的参数值。然后再插装，且识读方向应是从上往下；二极管要注意正、负极性。

③ 在焊接方面，由于二极管属于玻璃封装，要求焊接要迅速，以免损坏。

3）瓷介电容器的整形、安装与焊接。

① 所有瓷介电容器均采用立式安装，高度距离PCB 2mm。

② 由于无极性，故标称值应处于便于识读的位置。

③ 在插装时，由于外形都一样，则参数值应选取正确。

④ 在焊接方面以平常焊接要求为准。

4）晶体管的整形、安装与焊接。

① 所有晶体管采用立式安装，高度距离PCB 2mm。

② 在型号选取方面要注意的是VT5为9014、VT6和VT7为9013、其余为9018。

③ 晶体管是有极性的，故在插装时，要与PCB上所标极性进行一一对应。由于引脚彼此接近，在焊接方面要防止桥连现象。

5）电解电容器的整形、安装与焊接。

① 电解电容器采用立式贴紧安装，在安装时要注意其极性。

② 在焊接方面以平常焊接要求为准。

6）振荡线圈与中周的安装与焊接。

① 由于振荡线圈与中周在外形上几乎一样，安装时一定要认真选取。不同线圈是以磁帽不

同的颜色来加以区分的。B2→振荡线圈（红磁心）、B3→中周 1（黄磁心）、B4→中周 2（白磁心）、B5→中周 3（黑磁心）。

所有中周里均有槽路电容，但振荡线圈中却没有。所谓“槽路电容”就是与线圈构成并联谐振时的电容器，由于放置在中周的槽路中，故称为“槽路电容”。

② 所有线圈均采用贴紧焊装，且焊接时间要尽量短，否则，所焊的线圈可能损坏。

7）输入/输出变压器的安装与焊接。

① 安装时一定要认真选取：B6→输入变压器（蓝或绿色）、B7→输出变压器（黄或红色）。

② 均采用贴紧焊装，且焊接时间要尽量短，否则，变压器可能损坏。

8）音量调节开关与双联的安装与焊接。

① 两者均采用贴紧电路板安装，且双联电容的引脚弯折与焊盘紧贴。

② 焊装双联电容时焊接时间要尽量短，否则，该元器件可能损坏。

收音机各类元器件安装示意图如图 5-30 所示。

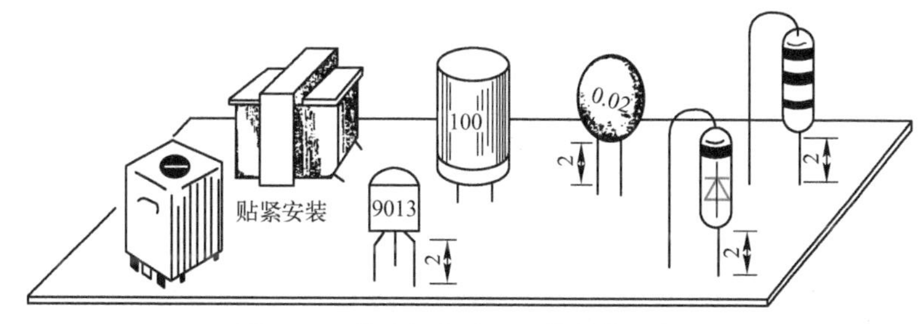

图 5-30　收音机各类元器件安装示意图

（3）PCB 装配

1）电路板元器件位置的熟悉。根据电路原理图和 PCB 元器件分布图，对各元器件在 PCB 上的位置进行熟悉。收音机主要元器件在 PCB 上的位置分布，PCB 的装配图见表 5-8 图示所示。

2）元器件安装过程：元器件整形→元器件插装→元器件引线焊接。

3）元器件安装顺序：按从小到大，从低到高的顺序进行装配。例如，电阻器→二极管→瓷介电容器→晶体管→电解电容器→中频变压器→输入/输出变压器→双联电容器和音量开关电位器。

（4）导线加工

选用红、黑两种颜色导线，剪切合适的长度，制作电源连接线两根，扬声器连接线两根。

任务 5.4　整机的连接与总装

5.4.1　整机的连接

5.4.1
整机的连接

除了焊接之外，电子整机产品的组装过程中，还有压接、绕接、胶接及螺纹联接等连接方式。连接方式按能否拆卸分为可拆卸连接和不可拆卸连接两类。可拆卸连接拆卸时不会损坏任何零部件或材料，如螺纹联接、销联接、夹紧和卡扣连接。不可拆卸连接拆卸时会损坏零部件或材料，如铆接、胶接等。

连接的基本要求是：牢固可靠，不损伤元器件、零部件或材料，避免碰坏元器件或零部件涂覆层，不破坏元器件的绝缘性能，连接的位置正确。

1. 压接

压接是使用专用工具，在常温下对导线和接线端子施加足够的压力，使两个金属导体（导线和接线端子）产生塑性变形，从而达到可靠电气连接的方法，通常用于导线的连接。压接端子主要有如图5-31所示的几种类型，压接操作因使用不同的机械而有各自的压接方法。一般的操作过程都有剥线、调整工具和压线等工序。图5-32为一端子的压接过程。

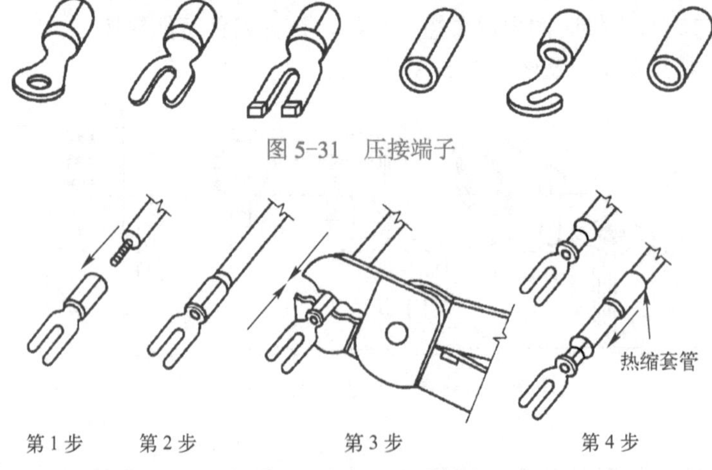

图5-31 压接端子

图5-32 端子的压接过程

压接的特点：工艺简单、操作方便、不受场合和人员的限制；连接点的接触面积大、使用寿命长；耐高温和低温、适合各种场合，且维修方便；成本低、无污染。缺点：压接点的接触电阻大，因而压接处的电气损耗大，再就是因施力不同而造成质量不稳定。

2. 绕接

绕接是用绕接器，将一定长度的单股芯线高速地绕到带棱角的接线柱上，形成牢固的电气连接。绕接通常用于接线柱和导线的连接。绕接方式示意图如图5-33所示。

绕接的特点：接触电阻小、抗振能力比锡焊强、工作寿命长；可靠性高，不存在虚焊及焊剂腐蚀的问题；不会产生热损伤；操作简单、对操作者的技能要求低。绕接对接线柱有特殊要求，且走线方向受到限制；多股线不能绕接，单股线又容易折断。

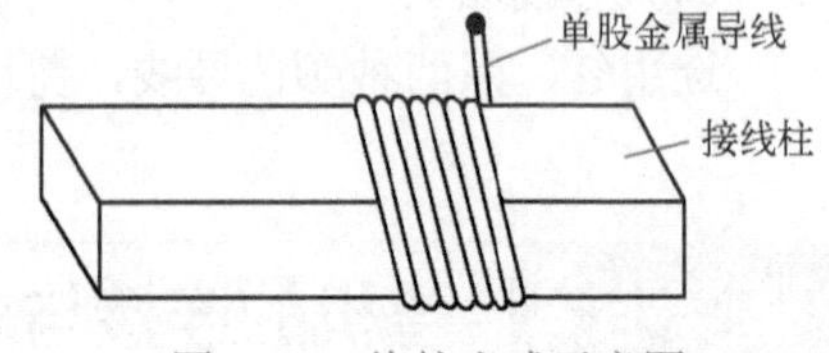

图5-33 绕接方式示意图

由于绕接有独特的优点，在通信设备等要求高可靠性的电子产品中得到广泛使用，成为电子装配中的一种基本工艺。

3. 胶接

用胶黏剂将零部件黏在一起的安装方法，属于不可拆卸连接。胶接的优点是工艺简单、不需专用的工艺设备、生产效率高、成本低。在电子产品的装配中，广泛用于小型元器件的固定，不便于铆接、螺纹联接的零件的装配，防止螺纹松动和有气密性要求的场合。

胶接质量的好坏主要取决于胶黏剂的性能。常用胶黏剂的性能特点和用途如下。

1）聚丙烯酸酯胶（501、502 胶）：特点是渗透性好、黏结快、可黏结除了某些合成橡胶以外的几乎所有的材料；但有接头韧性差、不耐热等缺点。

2）聚氯乙烯胶：用四氢呋喃作溶剂，并和聚氯乙烯材料配置而成的有毒、易燃的胶黏剂。用于塑料与金属、塑料与木材、塑料与塑料的胶接。特点是固化快，不需加压、加热。

3）222 厌氧性密封胶：以甲基丙烯酯为主的胶黏剂，低强度胶，用于需拆卸零部件的锁紧和密封。特点是密封性好，定位固化速度快，有一定的胶接力和密封性，拆除后不影响胶接件原有的性能。

4）环氧树脂胶（911、913 胶）：以环氧树脂为主，加入填充剂配置而成的胶黏剂。特点是黏结范围广，具有耐热、耐碱、耐潮和耐冲击等优良性能。

4. 螺纹联接

螺纹联接是指：用螺栓、螺钉及螺母等紧固件，把电子设备中的各种零部件或元器件连接起来的工艺技术。

（1）常用紧固件的类型及用途

螺纹联接的工具包括：不同型号、不同大小的螺钉旋具及钳子等。用于锁紧和固定部件的零件称为紧固件。在电子设备中，常用的紧固件有：螺钉、螺母、螺栓和垫圈。部分常用紧固件示意图如图 5-34 所示。

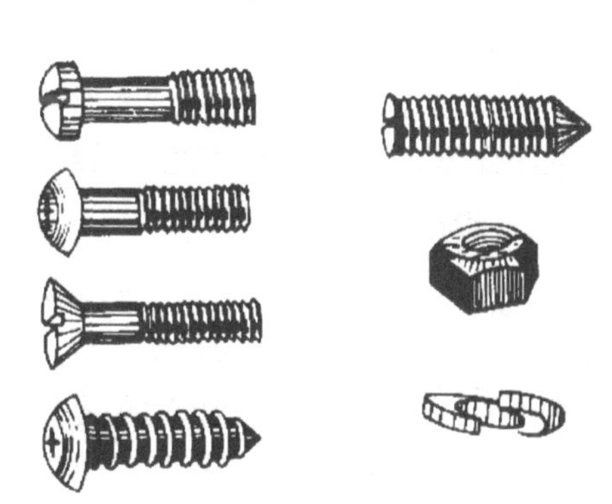

图 5-34 部分常用紧固件示意图

（2）螺钉的紧固顺序

当零部件的紧固需要两个以上的螺钉联接时，其紧固顺序（或拆卸顺序）应遵循“交叉对称，分步拧紧（拆卸）”的原则。螺钉的紧固或拆卸顺序如图 5-35 所示。

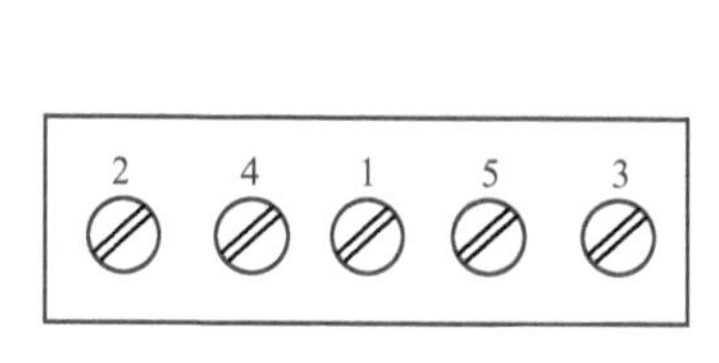

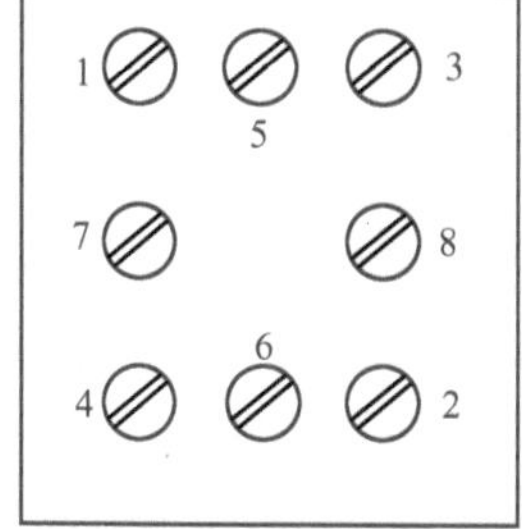

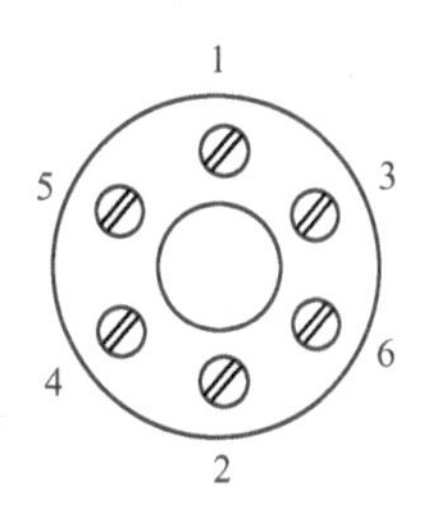

图 5-35 螺钉的紧固或拆卸顺序

螺纹联接的特点：连接可靠，装拆、调节方便，但在振动或冲击严重的情况下，螺纹容易松动，在安装薄板或易损件时容易产生形变或压裂。

5.4.2 整机的总装

整机的总装是在各部件和组件安装检验合格的基础上进行整机的装联。它包括机械和电气两大部分工作，具体来说，总装的内容包括将各零件、部件和整件（如各机电元器件、PCB、底座、面板以及装在它们上面的元器件）按照设计要求，安装在不同的位置上，组合成一个整体。

1. 总装的装配方式

从整机结构来分，有整机装配和组合件装配两种。对整机装配来说，整机是一个独立的整体，它把零件、部件和整件通过各种连接方法安装在一起，组成一个整体，具有独立工作的功能，如收音机、电视机和信号发生器等。而组合件装配，整机则是若干个组合件的组合体，每个组合件都具有一定的功能，而且随时可以拆卸，如大型控制台、插件式仪器等。

2. 整机组装的基本原则

整机组装的目标是利用合理的安装工艺，实现预定的各项技术指标。整机组装的基本原则：先轻后重、先小后大、先装后焊、先里后外、先下后上、先平后高、易碎易损件后装及上道工序不得影响下道工序的安装。

3. 整机组装的工艺过程及要求

整机组装的工艺过程：准备→机架→面板→组件→机心→导线连接→传动机构→总装检验→包装。

总装工艺过程的先后程序有时可以做适当变动，但必须符合以下两条：①使上下道工序装配顺序合理或加工方便；②使总装过程中的元器件损耗应最小。

4. 常用零部件装配工艺

从装配工艺程序看，零部件装配内容主要包括安装和紧固两部分。安装是指将安装配件放置在规定部件的全部过程。装配件的结构组成不外乎有电子元器件、机械结构、辅助构件和紧固零件等，安装的内容是指对装配件的安放应满足其位置、方向和次序的要求，直到紧固零件全部套上入扣为止，才算安装过程结束。紧固是在安装之后用工具紧固零件拧紧的工艺过程。

在操作中，安装与紧固是紧密相联的，有时难以截然分开。当主要元器件放上后，辅助构件、紧固件边套装边紧固，但是一般都不拧得很紧，待元器件位置初步得到固定后，稍加调整拨正再做最后的固定。

5. 整机组装的结构形式

电子产品机械结构的装配是整机装配的主要内容之一。组成整机的所有结构件，都必须用机械的方法固定起来，以满足整机在机械、电气和其他方面性能指标的要求。合理的结构及结构装配的牢固性，也是电气可靠性的基本保证。

整机结构与装配工艺关系密切，不同的结构要有不同的工艺与之互相适应。不同的电子产品组装级，其组装结构形式也不一样。

1）插件结构形式。插件结构形式是应用最广的一种结构形式，主要是由 PCB 组成。在 PCB 的一端备有插头，构成插件，通过插座与布线连接，有的直接将引出线与布线连接，有的则根据组装结构的需要，将元器件直接装在固定组件支架（或板）上，便于元器件的组合以及与其他部分配合连接。

2）单元盒结构形式。单元盒结构形式是适应产品内部需要屏蔽或隔离而采用的结构形式。通常将这一部分元器件装在一块 PCB 上或支架上，放在一个封闭的金属盒内，通过插头座或屏蔽线与外部接通。单元盒一般插入机架相应的导轨上或固定在容易拆卸的位置，便于维修。

3）插箱结构形式。插箱结构形式一般将插件和一些机电元器件放在一个独立的箱体中，该箱体有接插头，通过导轨插入机架上。插箱一般分无面板和有面板两种形式。

4）底板结构形式。底板结构形式是目前电子产品中采用较多的一种结构形式，它是大型元器件、PCB 及机电元器件安装的基础，与面板配合，可以很方便地将电路与控制、调谐等部分连接。

5）机体结构形式。机体结构是决定产品外形并使其成为一个整体结构。它可以给内部安装件提供组装在一起并得到保护的基本条件，还能给产品装配、使用和维修带来方便。

5.4.3　任务训练　收音机的整机装配

1．训练目的

1）掌握元器件的安装方法。

2）掌握收音机整机组装技能。

2．训练器材

1）收音机整机套件　　1 套

2）电烙铁、镊子、剪刀和焊锡等工具　　1 套

3．训练内容与步骤

（1）整机装配顺序

调谐盘的装配→音量调节盘的装配→磁棒支架及磁棒天线的装配→频率标牌的装配→扬声器的装配→整机导线连接机壳组装。

（2）整机装配方法

1）调谐盘与音量调节盘分别放入双联可变电容器和音量电位器的转动轴上，然后用螺钉固定。

2）磁棒支架及磁棒天线的装配顺序：首先将磁棒天线 B1 插入磁棒支架中构成天线组合件。接着把天线组合件上的支架固定在 PCB 反面的双联电容器上，用两颗 M2.5×5 的螺钉联接。最后将天线线圈的各端与 PCB 上标注的顺序进行焊接。磁棒支架及磁棒天线的装配如图 5-36 所示。

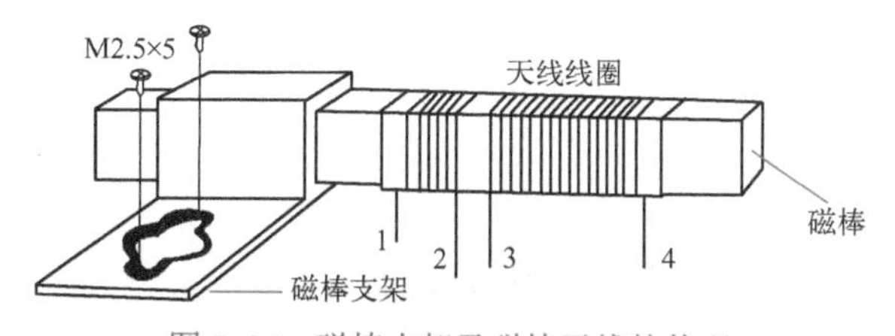

图 5-36　磁棒支架及磁棒天线的装配

3）将扬声器防尘罩装入前盖扬声器位置处，且在机壳内进行弯折以示固定。然后将周率板反面的双面胶保护纸去掉，贴于前框，到位后撕去周率板正面的保护膜。

4）扬声器与成品电路板的安装。

① 将扬声器放于前框中，用“一”字小螺钉旋具前端紧靠带钩固定脚左侧。

② 利用突出的扬声器定位圆弧的内侧为支点，将其导入带钩内固定，再用电烙铁热铆 3 只固定脚。

③ 接着将组装完毕的电路机心板有调谐盘的一端先放入机壳中，然后整个压下。扬声器与成品 PCB 的安装如图 5-37 所示。

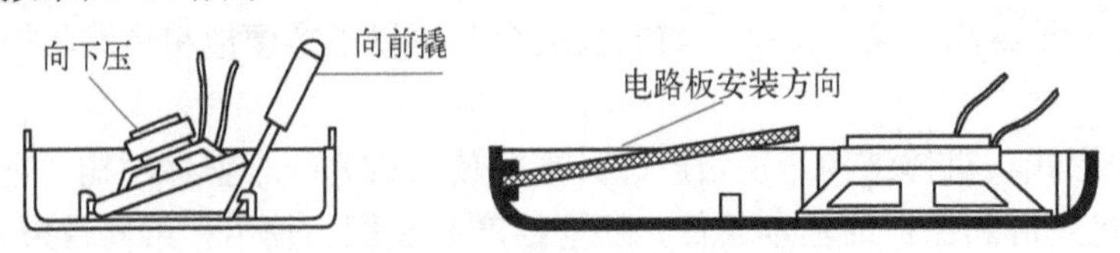

图 5-37　扬声器与成品 PCB 的安装

5）成品 PCB 与附件的连接。将电源连接线、扬声器连接线与主机成品板进行连接。

（3）整机检查

1）盖上收音机的后盖，检查扬声器防尘罩是否固定，周率板是否贴紧。

2）检查调谐盘、音量调节盘转动是否灵活，拎带是否装牢，前后盖是否有烫伤或破损等。六晶体管超外差式收音机整机外形如图 5-38 所示。

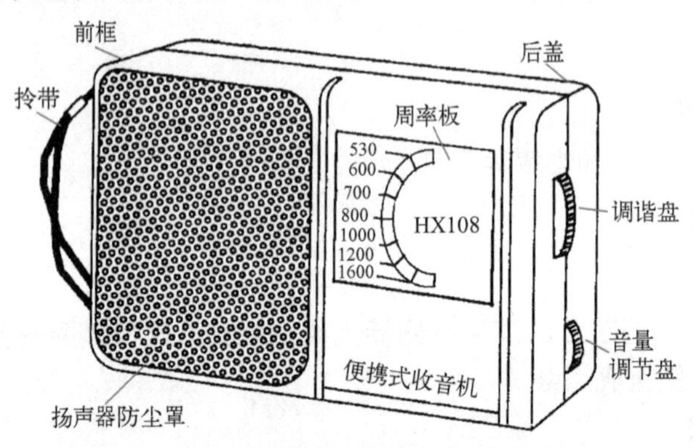

图 5-38　六晶体管超外差式收音机整机外形

3）六晶体管超外差式收音机电路成品板整体检查。

① 首先检查电路成品板上焊接点是否有漏焊、假焊、虚焊及桥连等现象。

② 接着检查电路成品板上元器件是否有漏装，有极性的元器件是否装错引脚，尤其是二极管、晶体管及电解电容器等元器件要仔细检查。

③ 最后检查 PCB 上印制条、焊盘是否有断线、脱落等现象。

思考与练习

1. 何为工艺文件？工艺文件是如何进行分类的？
2. 工艺文件的格式有哪些要求？
3. 工艺文件是如何进行编号的？
4. 简述编制工艺文件的原则与要求。
5. 简述编制工艺文件的方法与内容。
6. 简述电子产品整机装配的内容。
7. 电子产品整机装配的方法有哪些？

8．简述电子产品整机装配的工艺流程。
9．电子元器件安装的基本原则是什么？
10．电子元器件安装形式有哪几种？
11．简述绝缘导线的加工流程。
12．屏蔽导线的加工方式有哪几种？
13．线扎的制作方法有哪几种？
14．电子产品整机组装过程中的连接方式有哪几种？
15．简述整机组装的基本原则。

项目6　电子产品的调试

学习目标

1）了解电子产品调试概念及调试前的准备。
2）熟悉电子产品调试方案的编制方法及内容。
3）熟悉电子产品常用调试仪器设备的使用。
4）掌握电子产品调试方法。
5）熟悉电子产品质量检验及故障检测方法。

素养目标

1）培养学生的探索、创新精神，具备电子产品的调试和质量检验能力。
2）培养学生的安全意识，养成遵守纪律、按照操作规程训练的习惯。
3）培养学生的敬业精神、团队意识和创新意识等，养成良好的职业素养。

任务6.1　认知电子产品调试

电子产品装配完成后，通过调试才能达到其规定的技术指标要求，调试是实现产品功能、保证其质量的重要工序，也是发现其设计、工艺的缺陷和不足的重要环节。

6.1.1　电子产品调试概念

电子产品调试工作是将安装完毕的电子产品通过调整某些零部件，使之达到设计要求的性能指标。调整电路时需要实时检测电路或整机的性能，是电子产品达到设计指标的关键步骤。由于元器件参数的分散性、装配工艺的影响，使得安装完毕的电子产品不能达到使用要求，需要通过调整和测试来发现、纠正和弥补生产装配中的错误和不足，使其达到技术文件所规定的功能和技术指标，这就是电子产品的调试。同时，调试又能发现产品设计和工艺及原材料缺陷与不足等问题。因此，调试工作是保证并实现产品功能和质量的重要工序，在很大程度上决定了整机的质量。

调试工作包括调整和测试两个部分。调整主要是对电路参数的调整，一般是对电路中的可调元器件做必要的调整，例如对电位器、电容器和电感器等与电气指标有关的调谐系统、机械传动部分进行调整，使之达到预定的性能要求。

测试则是在调整的基础上，对整机的各项技术指标和功能进行测量，使电子产品符合设计指标和功能要求。测试是对装配技术的总检查，各种装配缺陷和错误都会在测试中暴露，测试又是对设计工作的验收，凡是设计工作中考虑不周或存在工艺缺陷的地方，都可以通过测试发现，并为改进和完善产品提供依据。

电子产品的调试可分为单元电路调试和整机调试两种。单元电路调试是整机总装和调试的前提，是对具有一定功能的单块 PCB 或局部电路进行的初步调试，使其达到与其相适应的技术指标；整机调试的目的是使各单元电路及部件的电气性能更合理地衔接，确保整机技术指标完全达到设计要求。

6.1.2　电子产品调试前的准备

为保证电子产品调试工作顺利进行，进行调试前要做一些必要的准备。

1. 技术文件的准备

技术文件准备主要是指做好技术文件、工艺文件和质量管理文件的准备，如电路原理图、方框图、装配图、PCB 图、PCB 装配图、零件图、调试工艺（参数表和程序）和质检程序与标准等文件的准备。要求掌握上述各技术文件的内容，了解电路的基本工作原理、主要技术性能指标、各参数的调试方法和步骤等，进一步明确待测电路调试的目的和要求达到的技术性能指标。

2. 测试仪器、仪表的准备

准备好测量仪器、仪表后，要检查所有设备是否处于良好的工作状态，检查测量仪器、仪表的功能选择开关、量程档位是否处于正确的位置，尤其要注意测量仪器和测试设备的精度是否符合技术文件规定的要求，能否满足测试精度的需要。

3. 待调试电子产品或单元电路的准备

调试前要检查被调试电路是否按电路设计要求正确安装连接，有无虚焊、脱焊和漏焊等现象，检查元器件的好坏及其性能指标，检查被调试设备的功能选择开关、量程档位和其他面板元器件是否安装在正确的位置。经检查无误后方可按调试操作程序进行通电调试。

任务 6.2　编制调试方案

6.2.1　调试方法与要求

在实际工作中，调整和测试是一项工作的两个方面，测试、调整、再测试及再调整，直到实现电路设计指标为止。

1. 调试方法

调试的方法有两种。第一种是采用边安装、边调试的方法。也就是把复杂电路按原理框图的功能分块进行安装和调试，在分块调试的基础上，逐步加大安装和调试的范围，最后完成整机调试。这种方法一般适用于新设计电路，以便于及时发现问题并给予解决，以利于调试工艺文件的编制或修订。

第二种方法是整个电路安装完毕后，一次性调试。这种方法一般适用于定型产品和需要相互配合才能运行的产品。

2. 调试要求

为保证电子产品调试的质量，对调试工作一般有以下要求。

（1）调试人员技能要求

调试人员熟悉调试产品的工作原理。熟悉使用仪表的性能及其使用环境，并能熟练地操作使用。明确调试内容、方法步骤，并能进行数据处理。能解决调试过程中的常见问题。严格遵守安全操作规程。

（2）环境的要求

测试场所的环境整洁，室内保持适当的温度和湿度，场地内外，振动、噪声和电磁干扰小，测试台及部分工作场地铺设绝缘胶垫，工作场地备有消防设备。

在使用及调试 MOS 器件时，采取防静电措施。操作台面可用金属接地台面，使用防静电板，操作人员手腕佩戴静电接地环等。

（3）供电设备的安全

测试场所内所有的电源开关，熔丝、插头、插座和电源线等，无带电导体裸露部分，所用电器材料的工作电压和工作电流不能超过额定值。

（4）测试仪器的安全措施

测试仪器及附件的金属外壳接地良好，测试仪器设备的外壳容易接触到的部分不带电，仪器外部超过安全电压的接线柱及其他端口无裸露现象。

（5）操作安全措施

在接通电源前，检查电路及连线有无短路等情况。接通后，若发现冒烟、打火和异常发热等现象，应立即关掉电源，由维修人员来检查并排除故障。

调试时，操作人员应避免带电操作，若必须接触带电部分时，使用带有绝缘保护的工具操作。调试时，尽量用单手操作，避免双手同时触及裸露导体，以防触电。在更换元器件或改变连接线之前，关掉电源，滤波电容放电后再进行相应的操作。

6.2.2 调试内容与程序

调试方案是指一套适合用于调试某产品的项目与具体内容，如工作特性、测试点、电路参数、步骤与方法、测试条件与测试仪表及有关注意事项与安全操作规程等。调试方案的优劣，对于电子产品调试工作的顺利进行影响很大，它不仅影响调试质量的好坏，而且影响调试的工作效率。

1. 调试方案的内容

调试方案一般包括5个方面的内容。

1）确定调试项目与调试步骤、要求。首先确定电子产品需要调试的项目，根据它们的相互影响考虑其先后顺序，然后再确定每个项目的步骤和要求。

2）安排调试工艺流程。调试工艺流程的安排原则是先外后内，先调试结构部分，后调试电气部分；先调试独立项目，后调试有相互影响的项目；先调试基本指标，后调试对质量影响较大的指标。整个调试过程是循序渐进的。

3）安排调试工序之间的衔接。在工厂流水作业生产中，调试工序之间要衔接好，各个工序的进度要协调好。否则整条生产线会出现混乱甚至瘫痪。为了避免重复或调乱可调元器件，调试人员调试完后做好标记，在本工序调试的项目中，若遇到有故障的底板且在短时间内较难排除时，应做好故障记录，再转到维修线上修理，防止影响调试生产线的正常运行。

4）选择调试手段。根据调试工序的内容和特性要求配置合适精度的仪器，熟悉仪器仪表的使用，选择出一个合适、快捷的调试操作方法。

5）编制调试工艺文件。调试工艺文件的编制主要包括调试工艺卡、操作规程和质量分析表的编制。

2. 调试工作的一般程序

在调试工作开始前，按安全操作规程做好调试准备，如工艺文件、原理图及调试仪器等。调试工作的一般程序如下。

1）通电检查。先置电源开关于“关”位置，检查电源变换开关是否符合要求、熔丝是否装入及输入电压是否正确，然后插上电源插头，打开电源开关通电。

2）电源调试。电子产品中大都具有电源电路，调试工作首先进行电源部分的调试，然后进行其他项目的调试。

3）分单元调试。电源电路调试好后，通常按单元电路的顺序，根据调试的需要，从前到后或从后到前依次插入各部件或 PCB，分别进行调试。

4）整机性能测试与调整。由于较多调试内容已在单元调试中完成，整机调试只需测试电子产品整机的性能技术指标是否达到设计的要求，如没有达到技术指标要求，再根据电路原理，确定需要调整的元器件，并对其做适当调整。

5）对产品进行环境和老化试验。环境试验有温度、湿度、气压、振动、冲击和其他环境试验，应严格按技术文件规定执行。大多数的电子产品在测试完成之后，进行整机通电老化实验，老化后的产品整机各项技术性能指标会有一定程度的变化，通常还需进行参数复调，使产品具有最佳的技术状态。

任务 6.3　电子产品调试仪器的使用

电子产品出厂前，需要进行调试，使元器件处于最佳状态，因此在调试过程中，往往要用到一些仪器设备，常用的调试仪器设备有信号发生器、示波器及直流稳压电源等。

6.3.1
调试仪器设备介绍

6.3.1　调试仪器设备介绍

1. 示波器

在进行电子产品调试时，示波器是经常使用的测试仪器之一。常用的示波器有模拟示波器和数字示波器等，示波器将检测的信号波形显示在显示屏上，通过显示的波形可以判别电子产品的某些性能。

（1）模拟示波器

模拟示波器采用模拟电路通过对被测信号的处理将波形实时地显示在示波管上，能直接对连续信号用模拟电路的方式进行处理，然后显示。模拟示波器的实物外形如图 6-1 所示。

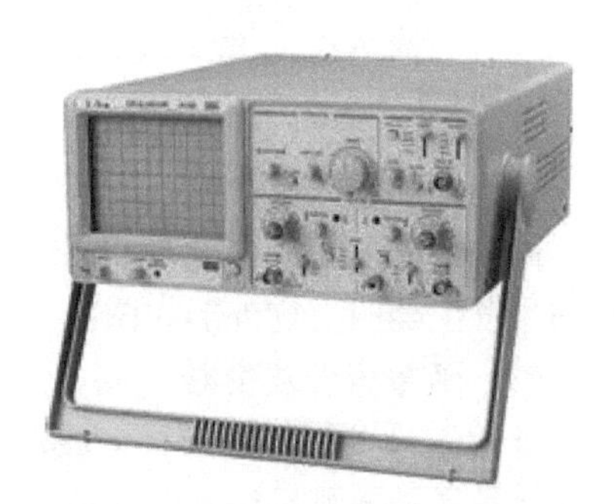

图 6-1　模拟示波器的实物外形

(2)数字示波器

数字示波器是采用A-D(模-数)转换数据采集、软件编程等一系列的技术制造出来的高性能示波器，一般支持多级菜单，能够给用户提供多种选择、多种分析功能。还有一些示波器可以提供存储功能，实现对波形的保存和处理。数字示波器可以记忆所检测的信号，可以捕捉某一瞬间的信号，进行定格显示。数字示波器的实物外形如图6-2所示。

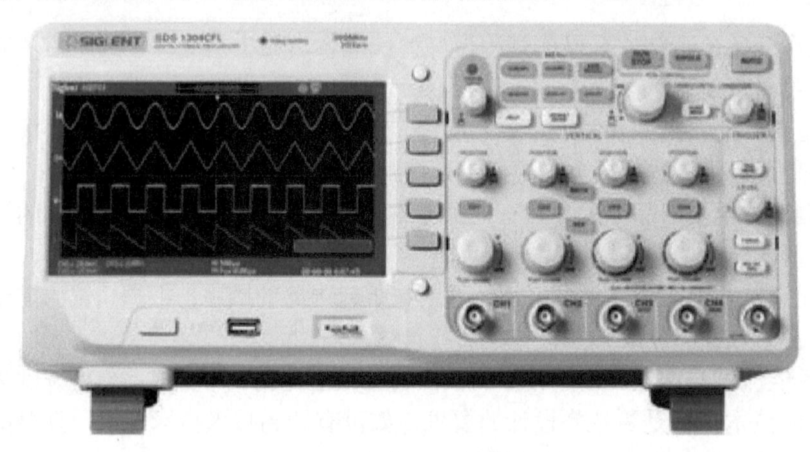

图6-2 数字示波器的实物外形

2. 信号发生器

信号发生器是在测试、研究、调试和测量电子电路及设备的电参考量时提供符合一定技术要求的电信号的仪器。信号发生器主要有低频信号发生器、高频信号发生器和函数信号发生器等。

(1)低频信号发生器

低频信号发生器主要用于检测各种低频放大器、扬声器、音频信号处理器及滤波器的频率特性，低频信号发生器的实物外形如图6-3所示。

图6-3 低频信号发生器的实物外形

(2)高频信号发生器

高频信号发生器主要提供各种模拟射频信号，用于检测各种高频信号处理和放大电路，高频信号发生器的实物外形如图6-4所示。

(3)函数信号发生器

函数信号发生器是一种多波形信号发生器。它具有产生连续信号、扫描信号、函数信号、脉冲信号和外部测量频率的功能，函数信号发生器的实物外形如图6-5所示。

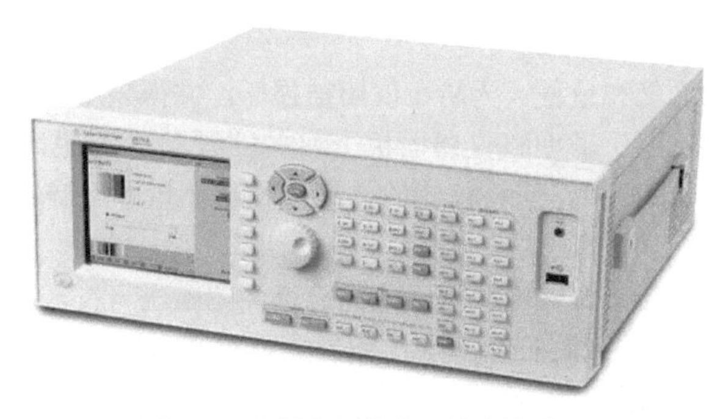

图 6-4　高频信号发生器的实物外形

图 6-5　函数信号发生器的实物外形

3．直流稳压电源

直流稳压电源是提供可调的直流电压的电源设备。在电网电压或负载发生变化时，能保持其输出电压基本不变。直流稳压电源的实物外形如图 6-6 所示。

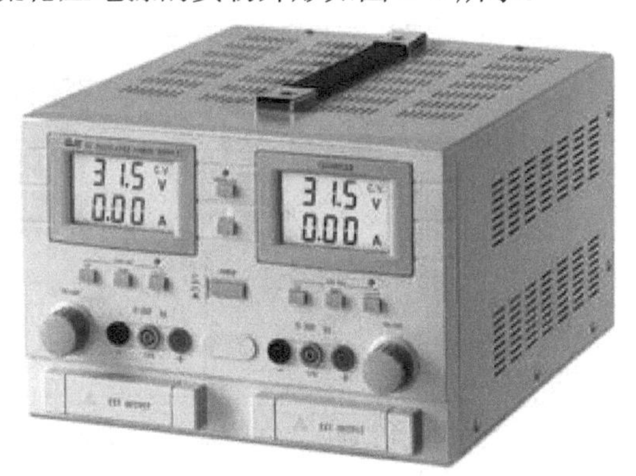

图 6-6　直流稳压电源的实物外形

初次使用的电子仪器，使用前必须认真阅读该仪器的使用说明书，并注意以下事项。

1）了解仪器的主要技术指标。电子仪器只能在技术指标允许的范围内工作，因此，只有了解技术指标后，才能合理而安全地使用仪器，并使测量结果准确有效。

2）熟悉仪器的使用方法和注意事项。仪器的使用必须严格按照技术使用手册规定的方法、顺序进行，否则，不但得不到正确的测试结果，还可能导致仪器和被测元器件损坏。

3）搞清仪器面板上旋钮、开关的名称、作用及调节方法。这是保证仪器正常工作和测试结果准确的关键。注意旋钮的方向和极限位置，要轻而缓慢地转动，切忌用力过猛。

4）了解仪器的结构框图及原理图。这将有助于仪器的正确使用，并为仪器维修工作提供技术资料。

5）正确选择仪器的功能和量程。为防止仪器被损坏，并得到尽可能精确的测量结果，在仪器接入被测电路前，必须先正确调整仪器面板上有关的开关、旋钮，选择好合适的功能和量程。在不能估计测量值的情况下，应将仪器的“衰减”或“量程”旋钮放在较大的档位，以免仪器过载而损伤。

6）正确连接电源。在连接仪器电源时，应先检查供电电压与仪器工作电压是否相符，仪器的电源电压变换装置是否安插或置在相应电压值位置。对于有通风设备的电子仪器，开机通电后应注意内部电风扇工作是否正常，若不正常，则应立即关掉电源，否则仪器可能被烧坏。

6.3.2 任务训练 示波器的使用

1. 训练目的

1）熟悉示波器的面板及功能。

2）掌握示波器的使用方法。

2. 训练器材

YB4320 型示波器。

3. YB4320 型示波器面板及功能

YB4320 型示波器能用来同时观察和测定两种不同信号的瞬变过程，也可选择独立工作，进行单踪显示。YB4320 型示波器面板图如图 6-7 所示。

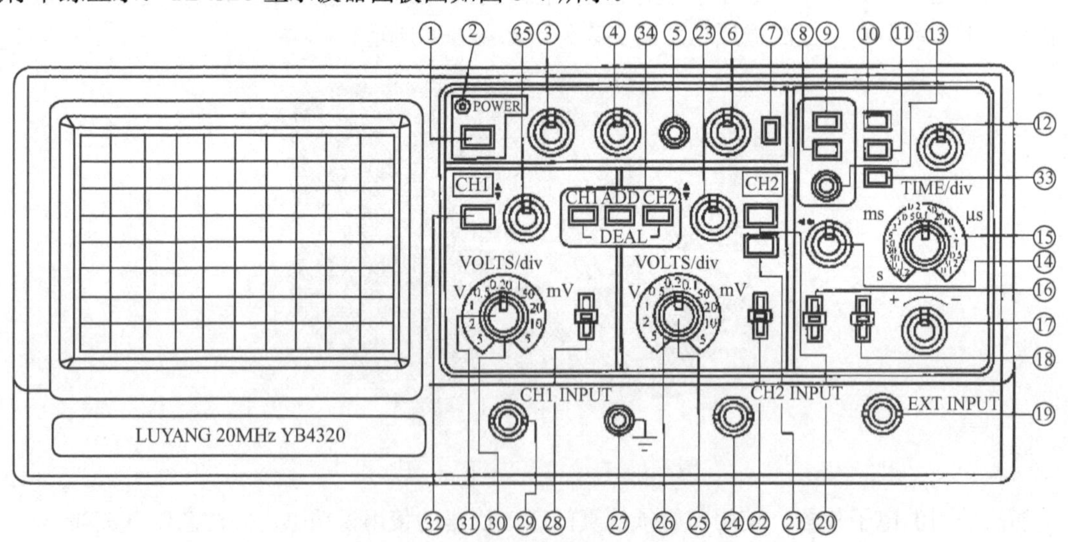

图 6-7 YB4320 型示波器面板图

（1）电源部分

1）电源开关（POWER）：标号为①，弹出为关，按入为开。

2）电源指示灯：标号为②，电源开关打开，指示灯亮。

3）亮度旋钮（INTENSITY）：标号为③，显示波形亮度。

4）聚焦旋钮（FOCUS）：标号为④，配合亮度旋钮显示波形清晰度。

5）光迹旋转旋钮（TRACEROTATION）：标号为⑤，用于调节光迹与水平刻度线平行。

6）刻度照明旋钮（SCALE ILLUM）：标号为⑥，用于调节屏幕刻度照明。

（2）垂直系统部分

1）通道1输入端（CH1 INPUT（X））：标号为㉙，用于垂直方向Y1的输入，在X-Y方式时作为X轴信号输入端。

2）通道2输入端（CH2 INPUT（Y））：标号为㉔，用于垂直方向Y2的输入，在X-Y方式时作为Y轴信号输入端。

3）垂直输入耦合选择（AC-GND-DC）：标号为㉒、㉘，选择垂直放大器的耦合方式。

- 交流（AC）：电容耦合，用于观测交流信号。
- 接地（GND）：输入端接地，在不需要断开被测信号的情况下，可为示波器提供接地参考电平。
- 直流（DC）：直接耦合，用于观测直流或观测频率变化慢的信号。

4）衰减器（VOLTS/div）：标号㉖，用于选择垂直偏转因数，如果使用10∶1的探头，计算时应将幅度“×10”。

5）垂直衰减器微调旋钮（VARIBLE）：标号为㉕、㉛，用于连续改变电压偏转灵敏度，正常情况下，应将此旋钮顺时针旋转到底。若将此旋钮逆时针旋转到底，则垂直方向的灵敏度下降40%以下。

6）CH1×5扩展、CH2×5扩展（CH1×5MAG、CH2×5MAG）：标号为⑳、㉜，按下此键垂直方向的信号扩大5倍，最高灵敏度变为1mV/div。

7）垂直位移（POSITION）：标号为㉓、㉟，分别调节CH2、CH1信号光迹在垂直方向的移动。

8）垂直通道选择按钮（VERTICAL MODE）：标号为㉞，共3个键，用来选择垂直方向的工作方式。

- 通道1选择（CH1）：按下CH1按钮，屏幕上仅显示CH1的信号Y1。
- 通道2选择（CH2）：按下CH2按钮，屏幕上仅显示CH2的信号Y2。
- 双踪选择（DUAL）：同时按下CH1和CH2按钮，屏幕上会出现双踪并自动以断续或交替方式同时显示CH1和CH2端输入的信号。
- 叠加（ADD）：按下ADD显示CH1和CH2端输入信号的代数和。

9）CH2极性选择（INVERT）：标号为㉑，按下此按钮时CH2显示反相电压值。

（3）水平系统部分

1）扫描时间因数选择开关（TIME/div）：标号为⑮，共20档，在0.1μs/div～0.2s/div范围选择扫描时间因数。

2）X-Y控制键：标号为⑪，选择X-Y工作方式，Y信号由CH2输入，X信号由CH1输入。

3）扫描微调控制键（VARIBLE）：标号为⑫，正常工作时，此旋钮顺时针旋到底处于校准位置，扫描由TIME/div开关指示。若将旋钮逆时针旋到底，则扫描减小40%以下。

4）水平移位（POSITION）：标号为⑭，用于调节光迹在水平方向的移动。

5）扩展控制键（MAG×5）：标号为⑳、㉜，按下此键，扫描因数“×5”扩展。扫描时间为TIME/div开关指示数值的1/5。将波形的尖端移到屏幕中心，按下此按钮，波形将部分扩展为5倍。

6）交替扩展（ALT-MAG）：标号为⑧，按下此键，工作在交替扫描方式。屏幕上交替显示输入信号及扩展部分，扩展以后的光迹可由光迹分离控制键⑬移位。同时使用垂直双踪方式和水平方式，可在屏幕上同时显示四条光迹。

（4）触发（TRIG）

1）触发源选择开关（SOURCE）：标号为⑱，选择触发信号，触发源的选择与被测信号源有关。

- 内触发（INT）：适用于需要利用 CH1 或 CH2 上的输入信号作为触发信号的情况。
- 通道触发（CH2）：适用于需要利用 CH2 上被测信号作为触发信号的情况，如比较两个信号的时间关系等用途。
- 电源触发（LINE）：电源成为触发信号，用于观测与电源频率有时间关系的信号。
- 外触发（EXT）：从标号为⑲的外触发输入端（EXT INPUT）输入的信号为触发信号，当被测信号不适于作触发信号等特殊情况，可用外触发。

2）交替触发（ALT TRIG）：标号为㉝，在双踪交替显示时，触发信号交替来自 CH1、CH2 两个通道，用于同时观测两路不相关信号。

3）触发电平旋钮（TRIG LEVEL）：标号为⑰，用于调节被测信号在某一电平触发同步。

4）触发极性选择（SLOPE）：标号为⑩，用于选择触发信号的上升沿或下降沿触发，分别称为“＋”极性或“－”极性触发。

5）触发方式选择（TRIG MODE）：标号为⑯，包括以下几种情况。

- 自动（AUTO）：扫描电路自动进行扫描。在无信号输入或输入信号没有被触发同步时，屏幕上仍可显示扫描基线。
- 常态（NORM）：有触发信号才有扫描；无触发信号，屏幕上无扫描基线。
- TV-H：用于观测电视信号中行信号波形。
- TV-V：用于观测电视信号中场信号波形。仅在触发信号为负同步信号时，TV-H 和 TV-V 同步。

6）校准信号（CAL）：标号为⑦，提供 1kHz、0.5V（p-p）的方波作为校准信号。

7）接地柱（⊥）：标号为㉗，接地端。

4．测量前的准备工作

1）检查电源电压，将电源线插入交流插座，设定下列控制键的位置。

- 电源（POWER）：弹出。
- 亮度旋钮（INTENSITY）：逆时针旋转到底。
- 聚焦（FOCUS）：中间。
- AC-GND-DC：接地（GND）。
- 〈×5〉扩展键：弹出。
- 垂直工作方式（VERTICAL MODE）：CH1。
- 触发方式（TRIG MODE）：自动（AUTO）。
- 触发源（SOURCE）：内触发（INT）。
- 触发电平（TRIG LEVEL）：中间。
- TIME/div：0.5ms/div。
- 水平位置：×5MAG、ALT-MAG 均弹出。

2）打开电源，调节亮度和聚焦旋钮，使扫描基线清晰度较好。

3）一般情况下，将垂直微调和扫描微调旋钮处于“校准”位置，以便读取 VOLTS/div 和 TIME/div 的数值。

4）调节 CH1 垂直移位，使扫描基线设定在屏幕的中间，若此光迹在水平方向略微倾斜，则调节光迹旋转旋钮使光迹与水平刻度线相平行。

5. 信号测量的步骤

1）将被测信号输入到示波器通道输入端。注意输入电压不可超过 400V。

① 使用探头测最大信号时，必须将探头衰减开关拨到×10 位置，此时输入信号缩小到原值的 1/10，实际的 VOLTS/div 值为显示值的 10 倍。如果 VOLTS/div 为 0.5V/div，那么实际值为 0.5V/div×10=5V/div。测量低频小信号时，可将探头衰减开关拨到×10 位置。

② 如果要测量波形的快速上升时间或高频信号，必须将探头的接地线接在被测量点附近，减少波形的失真。

2）按照被测信号参数的测量方法不同，选择各旋钮的位置，使信号正常显示在荧光屏上。测量时必须注意将 Y 轴增益微调和 X 轴增益微调旋钮旋至“校准”位置。

3）记下显示的数据并进行分析、运算和处理，得到测量结果。

6. 测量示例

1）直流电压测量。被测信号中如含有直流电平，可用仪器的地电位作为基准电位进行测量，步骤如下。

① 垂直系统的输入耦合选择开关置于“⊥”，触发电平电位器置于“自动”，使屏幕上出现一条扫描基线。按被测信号的幅度和频率，将 VOLTS/div 档开关和 TIME/div 扫描开关置于适当位置，然后调节垂直移位电位器，使扫描基线位于坐标上，图 6-8 为直流电压测量。

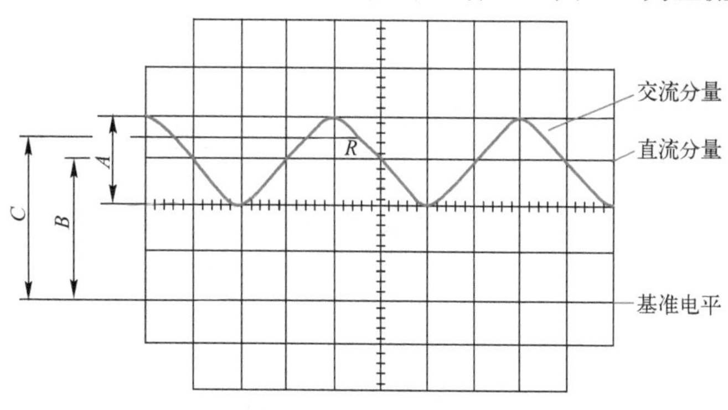

图 6-8　直流电压测量

② 输入耦合选择开关改换到“DC”位置。将被测信号直接或经 10∶1 衰减探头接入仪器的 Y 输入插座，调节触发“电平”使信号波形稳定。

③ 根据屏幕坐标刻度，分别读出信号波形交流分量的峰-峰值所占格数为 A（图 6-8 中 A=2div），直流分量的格数为 B（图 6-8 中 B=3div），被测信号某特定点 R 与参考基线间的瞬时电压值所占格数为 C（图 6-8 中 C=3.5div）。若仪器 VOLTS/div 档的标称值为 0.2V/div，同时 Y 轴输入端使用了 10∶1 衰减探头，则被测信号的各电压值分别如下。

被测信号交流分量：$U_{p\text{-}p}$=0.2V/div×2div×10=4V

被测信号直流分量：U=0.2V/div×3div×10=6V

被测 R 点瞬时值：U=0.2V/div×3.5div×10=7V

2）交流电压的测量。一般是测量交流分量的峰-峰值，测量时通常将被测量信号通过输入端的隔直电容，使信号中所含的直流分量被隔离，步骤如下。

① 垂直系统的输入耦合选择开关置于“AC”，VOLTS/div 开关和 TIME/div 扫描开关根据被测量信号的幅度和频率选择适当的档级，将被测信号直接或通过 10∶1 探头输入仪器的 Y 轴输入端，调节触发“电平”使波形稳定，交流电压测量如图 6-9 所示。

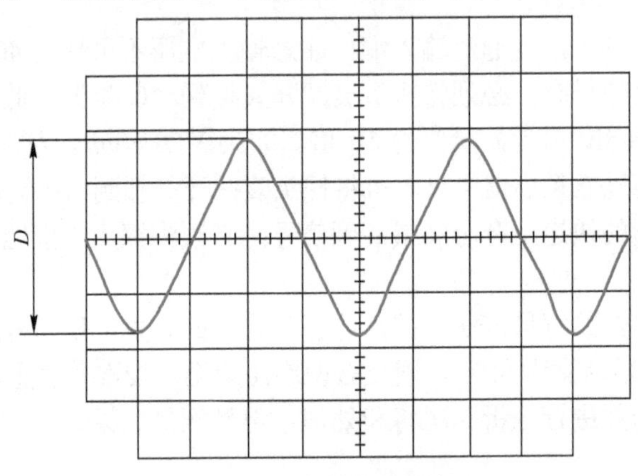

图 6-9　交流电压测量

② 根据屏幕坐标刻度，读出被测信号波形的峰-峰值所占格数为 D（图 6-9 中 D=3.6div）。若仪器 VOLTS/div 档标称值为 0.1V/div，且 Y 轴输入端使用了 10∶1 探头，则被测信号的峰-峰值应为

$$U_{p\text{-}p}=0.1\text{V/div}\times3.6\text{div}\times10=3.6\text{V}$$

3）时间测量。对仪器 TIME/div 校准后，可对被测信号波形上任意两点的时间参数进行定量测量，步骤如下。

① 按被测信号的重复频率或信号上两特定点 P 与 Q 的时间间隔，选择适当的 TIME/div 扫描档。务必使两特定点的距离在屏幕的有效工作面内达较大限度，以提高测量精度，时间测量如图 6-10 所示。

② 根据屏幕坐标上的刻度，读被测信号两特定点 P 与 Q 间所占格数为 D。如果 TIME/div 开关的标称值为 2ms/div，D=4.5div，则 P、Q 两点的时间间隔值 t 为

$$t=2\text{ms/div}\times4.5\text{div}=9\text{ms}$$

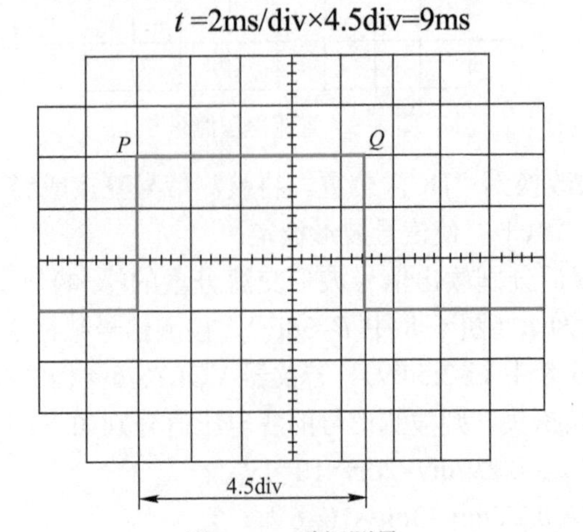

图 6-10　时间测量

4）频率测量。对于重复信号的频率测量，一般可按时间测量的步骤测出信号的周期，并按 $f=1/T$ 算出频率值。

6.3.3 任务训练 低频信号发生器的使用

1. 训练目的

1）熟悉低频信号发生器面板及功能。

2）掌握低频信号发生器的使用。

2. 训练器材

XD-2 型低频信号发生器一台。

3. XD-2 型低频信号发生器面板及功能

XD-2 型低频信号发生器能产生 1Hz～1MHz 连续可调、分为 6 个频段的正弦波电压；输出电压略大于 5V，连续可调；输出衰减在 80dB 内，误差在±1.5dB 内；输出衰减在 90dB 时，误差在±5dB 范围。XD-2 型低频信号发生器面板图如图 6-11 所示。

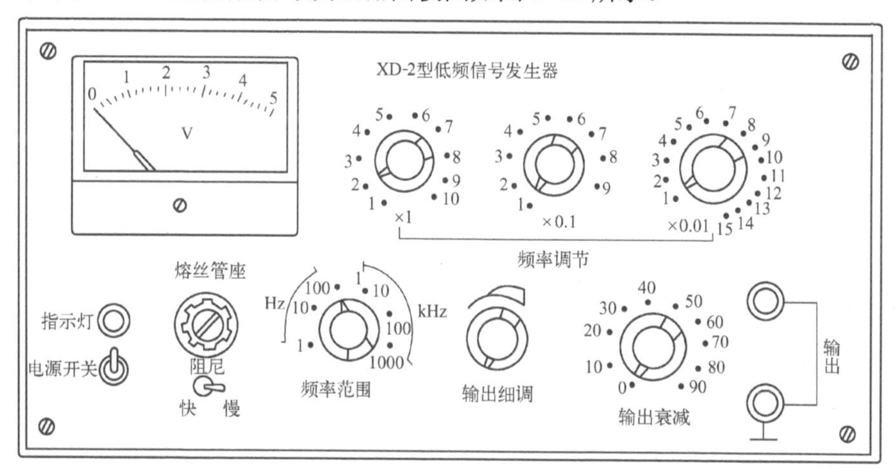

图 6-11 XD-2 型低频信号发生器面板图

1）频率范围开关。用于选择输出信号频率所在频段。

2）频率调节旋钮。共有 3 个：×1、×0.1、×0.01。当输出信号频段选定以后，调节频率调节旋钮，可获得所需的频率。

3）输出衰减开关。用于调节输出电压大小，按 10dB 间隔步进衰减，共计衰减量为 90dB。

4）输出细调旋钮。用于调节输出电压大小，可对输出信号幅值进行连续衰减。

5）输出接线柱。信号从这两接线柱输出。

6）阻尼开关。输出低频率信号时，该开关拨到慢位置，可克服电压表抖动现象。

7）电压输出指示表。显示仪器输出信号电压的大小，输出衰减开关位置不同，表头满刻度时所指示的输出电压值不同。

8）电源开关及指示灯。电源开关控制仪器的工作，接通后指示灯亮，说明仪器工作正常。

9）熔丝管座。拧开管座盖，把熔丝管置于插座内，防止仪器过电流损坏。熔丝管内熔丝熔断，交流电源断开。

4. 基本操作说明

1）仪器通电前，先将输出衰减细调旋钮逆时针方向旋转到最小位置，将仪器插头插入交流电源插座。电源开关闭合，电源指示灯亮，预热 10min。

2）根据所需频率，使用频率档位选择器选择所需频率档位，再调节频率细调旋钮。例如设定频率为 456kHz 的操作步骤如下。

① 把“频率范围”开关置于 100kHz。

② 把“频率调节”×1 旋钮置于“4”处，把“频率调节”×0.1 旋钮置于“5”处，把“频率调节”×0.01 旋钮置于“6”处即可。

3）输出信号从面板上的“输出”接线柱引出。当输出衰减置于“0”时，调节“输出细调”旋钮可得到 1～5V 的输出电压。当输出衰减量置于“0”以外位置时，输出电压小于 1。例如把“输出衰减”置于“20dB”（对应电压衰减为 1/10），若此时电压表读数为 5，则输出电压实际值为 0.5V＝500mV。

5. 使用注意事项

1）信号发生器使用前，应预热 10min。

2）使用过程中，输出的两根引线不能任意乱放，以免短接损坏仪器。

3）使用结束时，应将输出衰减置于最大档，输出细调旋钮置于零位，为下次使用做好准备。

6.3.4 任务训练 函数信号发生器的使用

1. 训练目的

1）熟悉函数信号发生器的面板及功能。

2）掌握函数信号发生器的使用。

2. 训练器材

YB1653 型函数信号发生器一台。

3. YB1653 型函数信号发生器面板及功能

YB1653 型函数信号发生器能产生连续信号、扫描信号、函数信号和脉冲信号，具有外部测量频率的功能。YB1653 型函数信号发生器的面板图如图 6-12 所示。

YB1653 型函数信号发生器的面板配置及功能如下。

① 电源开关（ON/OFF）：按键按下为“开”，弹出为“关”。

② 频率显示窗口：显示输出信号频率或被测信号频率。外测开关按下时显示外测信号频率。

③ 频率调节旋钮（FREQUENCY）：调节此旋钮可改变输出信号的频率，顺时针旋转，频率增大；逆时针旋转，频率减小。

④ 对称性开关（SYMMETRY）：把对称性开关按下，对称性指示灯亮，调节对称性旋钮，可改变输出信号的对称性。

⑤ 波形开关（WAVE FORM）：按下对应波形的某一键，即输出对应波形，若 3 个键均未按下，则无信号输出，输出为直流电平。

⑥ 衰减开关（ATTE）：电压输出衰减开关，两档的开关组合为 20dB、40dB、60dB。

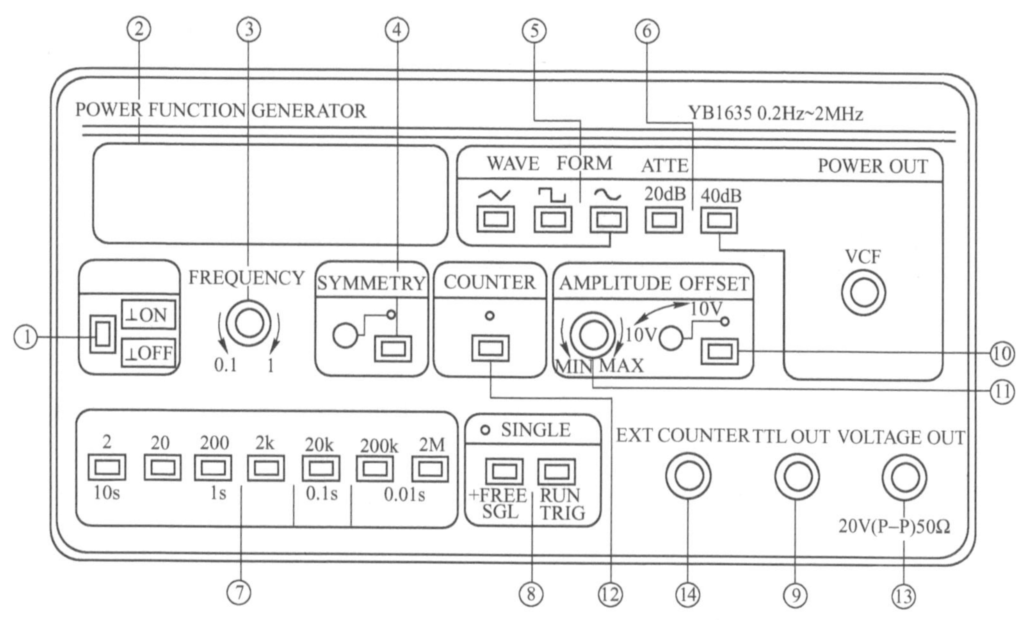

图 6-12　YB1653 型函数信号发生器的面板图

⑦ 频率范围选择开关（兼频率计数闸门开关）：根据所需频率，按下某一键。

⑧ 单次开关（SINGLE）：当“FREESGL”开关按下，单次指示灯亮，仪器处于单次状态，每按一次“RUNTRIG”键，电压输出端口输出一个单次波形。

⑨ TTL 输出端口（TTL OUT）：输出标准的 TTL 幅度的脉冲信号，输出阻抗为 600Ω。

⑩ 直流偏置开关（OFFSET）：按下直流偏置开关，直流偏置指示灯亮，调节直流偏置旋钮可改变直流电平。

⑪ 调节幅度旋钮（AMPLITUDE）：调节此旋钮，改变输出电压幅度。顺时针旋转，输出电压幅度增大；逆时针旋转，输出电压幅度减小。

⑫ 外测开关（COUNTER）：按下此键，频率显示窗口显示外测信号频率。外测信号由外测信号输入端口输入。

⑬ 电压输出端口（VOLTAGE OUT）：由此端口输出电压信号。

⑭ 外测信号输入端口（EXT COUNTER）：由此端口输入外测信号。

4. 使用方法及注意事项

1）仪器通电前，先检查输入电压与仪器输入额定电压是否相符。

2）根据所需波形，按下对应波形的按键，以得到所需波形。其中单次脉冲的选择仅对尖脉冲有效。

3）各种输出波形幅度可由面板上幅度调节旋钮连续调节。

4）在使用过程中，要避免连接线短路或信号线与地短路连接。

任务 6.4　电子产品的调试

电子产品装配完成后，进行各级电路的调整。首先是各级直流工作状态（静态）的调整，

测量电路各级直流工作点是否符合设计要求。检查静态工作点也是分析判断电路故障的一种常用方法。

6.4.1 静态调试

静态测试一般是指没有外加信号的条件下，测试电路的电压或电流，测出的数据与设计数据相比较，如超出设计规定范围，应分析原因并做适当调整。

1. 电子产品的静态测试

(1) 供电电源电压测试

电源电压是各级电路静态工作点是否正常的前提，电源电压偏高或偏低都不能测量出准确的静态工作点。对于电源电压可能有较大起伏的（如彩色电视机的开关电源），最好先不要接入电路，测量其空载和接入假负载时的电压，待电源电压输出正常后再接入电路。供电电源电压测试示意图如图 6-13 所示。

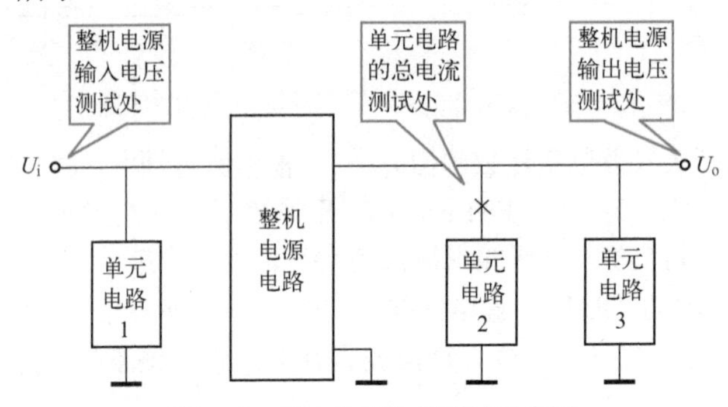

图 6-13 供电电源电压测试示意图

(2) 单元电路静态工作电流测试

测量各单元电路的静态工作电流，就可知道单元电路工作状态。若电流偏大，则说明电路有短路或漏电；若电流偏小，则电路可能没有工作。及时测量该电流，才能减少元器件损坏。

(3) 晶体管电压、电流测试

首先测量晶体管的基极、集电极、发射极的对地电压（U_b、U_c、U_e），或者测量发射结、集电结（U_{be}、U_{ce}）电压，判断晶体管的工作状态（放大、饱和、截止），该状态是否与设计相同，如果满足不了要求，仔细分析这些数据，并进行适当的调整。

其次，测量晶体管集电极静态电流可判别其工作状态，测量集电极静态电流有两种方法：①直接测量法：断开集电极，然后串入万用表，用电流档测量其电流；②间接测量法：通过测量晶体管集电极或发射极电阻器上的电压，然后根据欧姆定律 $I=U/R$，可计算出集电极静态电流。晶体管电压、电流测试示意图如图 6-14 所示。

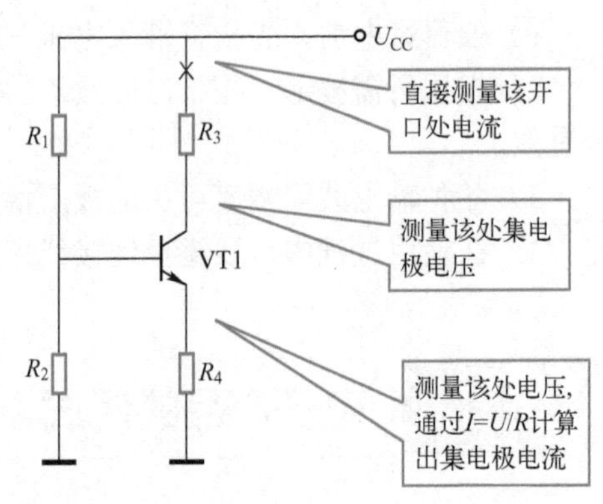

图 6-14 晶体管电压、电流测试示意图

(4) 集成电路静态工作点的测试

1) 集成电路各引脚静态电压的测量。集成电路

内的晶体管、电阻和电容都封装在一起，无法进行调整。一般情况下，集成电路的各引脚对地电压基本上反映了内部工作状态是否正常。在排除外围元器件损坏（或插错元器件、短路）的情况下，只要将所测得电压与正常电压进行比较，即可做出正确判断。

2）集成电路静态工作电流的测量。有时集成电路虽然正常工作，但发热严重，说明其功耗偏大，是静态工作电流不正常的表现，所以要测量其静态工作电流。测量时可断开集成电路供电引脚，串入万用表，使用电流档来测量。若是双电源供电（即正负电源），则要分别测量。

（5）数字电路逻辑电平的测量

数字电路一般只有两种电平。以 TTL 与非门电路为例，0.8V 以下为低电平，1.8V 以上为高电平。电压在 0.8～1.8V 之间电路状态是不稳定的，不允许出现。不同数字电路高低电平界限有所不同，但相差不远。

在测量数字电路的静态逻辑电平时，先在输入端加高电平或低电平，然后再测量各输出端的电压是高电平还是低电平，做好记录，测试完毕后，分析其状态，判断是否符合该数字电路的逻辑关系。若不符合，则要对电路进行详细检查，或者更换该集成电路。

2．电子产品电路的调整

测试电路时，可能要对某些元器件的参数进行调整，调整方法常用选择法和调节可调元器件法，两种方法在静态调整和动态调整中都适用。

（1）选择法

通过替换元器件来选择合适的电路参数（性能或技术指标）。电路原理图中，在这种元器件的参数旁边通常标注有“ * ”号，表示需要在调整中才能准确地选定。因为反复替换元器件很不方便，一般总是先接入可调元器件，待调整确定了合适的元器件参数后，再换上与选定参数值相同的固定元器件。

（2）调节可调元器件法

在电路中已经装有可调整元器件，如电位器、微调电容和微调电感等。其优点是调节方便，而且电路工作一段时间以后，如果状态发生变化，也可以随时调整，但可调元器件的可靠性差，体积也比固定元器件大。

静态测试与调整时内容较多，适用于产品研制阶段或初学者试制电路使用，在生产阶段调试，为了提高生产效率，往往只做简单针对性的调试，主要以调节可调元器件为主。对于不合格电路，也只做简单检查，如观察有没有短路或断路等。若不能发现故障，立即在底板上标明故障现象，再转向维修生产线上进行维修，这样才不会影响调试和生产线的运行。

6.4.2 动态调试

动态调试一般指在加入信号（或自身产生信号）后，测量晶体管、集成电路等的动态工作电压，以及有关的波形、频率、相位及电路放大倍数等，通过调整相应的可调元器件，使其多项指标符合设计要求。

1．电路动态工作电压测试

测试内容包括晶体管 b、e、c 极和集成电路各引脚对地的动态工作电压，动态电压与静态电压同样是判断电路是否正常工作的重要依据，例如有些振荡电路，当电路起振时测量 U_{be} 直流电压，万用表指针会出现反偏现象，利用这一点可以判断振荡电路是否起振。

2. 电路重要波形测试

无论是在调试还是在排除故障的过程中，波形的测试与调整都是一个相当重要的技术。各种整机电路中都可能有波形产生或波形处理变换的电路。为了判断电路各种过程是否正常，是否符合技术要求，常需要观测各被测电路的输入、输出波形，并加以分析。对不符合技术要求的，则要通过调整电路元器件的参数，使之达到预定的技术要求。在脉冲电路的波形变换中，这种测试更为重要。

大多数情况下观察的波形是电压波形，有时为了观察电流波形，可通过测量其限流电阻的电压，再转成电流的方法来测量。利用示波器对电路中的波形进行测试是调试或排除故障过程中广泛使用的方法。用示波器观测波形时，上限频率应高于测试波形的频率。对于脉冲波形，示波器的上升时间还必须满足要求。对电路测试点进行波形测试时可能会出现以下几种不正常的情况。

1）没有波形。这种情况应重点检查电源、静态工作点和测试电路的连线等。

2）波形失真。测量点波形失真或波形不符合设计要求，通过对其分析和采取相应的处理方法便可解决。解决的办法一般是：首先保证电路静态工作点正常，然后再检查交流通路方面。

现以功率放大器为例，功率放大器输出波形测试如图 6-15 所示，输出失真波形图如图 6-16 所示。

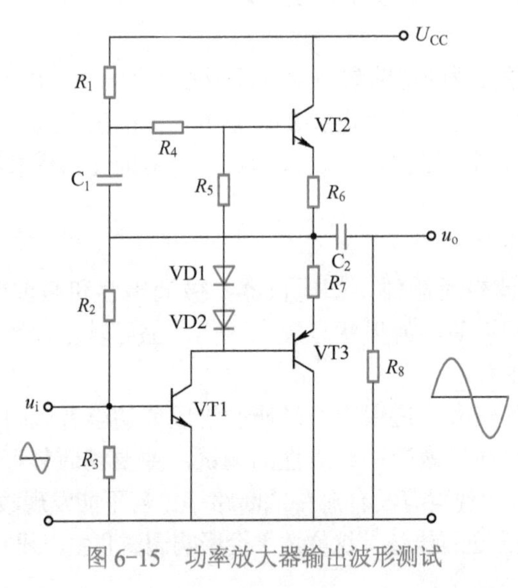

图 6-15　功率放大器输出波形测试

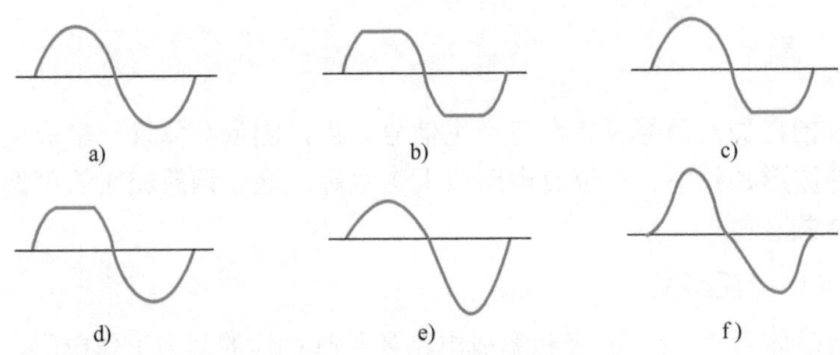

图 6-16　输出失真波形图

① 图 6-16a 的波形属于正常波形。

② 图6-16b的波形属于对称性削波失真。适当减少输入信号，即可测出其最大不失真输出电压，这就是该放大器的动态范围。

③ 图6-16c和图6-16d的波形是由互补输出级中点电位偏离引起的，所以检查并调整该放大器的中点电位使输出波形对称。

④ 图6-16e的波形主要是输出级互补管（VT2和VT3）特性差异过大所致。

⑤ 图6-16f的波形是输出级互补管静态工作电流太小所致，称为交越失真。

3）波形幅度过大或过小。主要与电路增益控制元器件有关，认真测量有关增益控制元器件即可排除故障。

4）电压波形频率不准确。与振荡电路的选频元器件有关，一般都设有可调电感或可调电容来改变其频率，只要做适当调整就能得到准确频率。

5）波形时有时无不稳定。可能是元器件或引线接触不良而引起的。如果是振荡电路，则可能电路处于临界状态，对此，通过其静态工作点或增加一些反馈元器件来排除故障。

6）有杂波混入。首先要排除外来的干扰，做好各项屏蔽措施。若仍未能排除，则可能是电路自激引起的，可通过加大消振电容的方法来排除故障，如加大电路的输入输出端对地电容、晶体管集电结间电容，集成电路消振电容（相位补偿电容）等。

3. 频率特性的测试与调整

频率特性是电子电路中的一项重要技术指标。所谓频率特性是指一个电路对于不同频率、相同幅度的输入信号（通常是电压）在输出端产生的响应。测试电路频率特性的方法一般有两种，即信号源与电压表测量法和扫频仪测量法。

（1）用信号源与电压表测量法

在电路输入端加入按一定频率间隔的等幅正弦波，每加入一个正弦波就测量一次输出电压。然后，根据频率—电压关系曲线得到幅频特性曲线。功率放大器常用这种方法测量其频率特性。

（2）用扫频仪测量法

把扫频仪输入端和输出端分别与被测电路的输出端和输入端连接，在扫频仪的显示屏上就可以看出电路对各点频率的响应幅度曲线。采用扫频仪测试频率特性，具有测试简便、迅速、直观和易于调整等特点，常用于各种中频特性调试、带通调试等。如收音机的AM465kHz和FM10.7MHz中频特性常使用扫频仪（或中频特性测试仪）来调试。

动态调试内容还有很多，如电路放大倍数、瞬态响应及相位特性等，而且不同电路要求动态调试项目也不相同。

6.4.3 整机性能测试与调整

整机调试是把所有经过动静态调试的各个部件组装在一起进行的有关测试，它的主要目的是使电子产品完全达到原设计的技术指标和要求。由于较多调试内容已在分块调试中完成了，整机调试只需检测整机技术指标是否达到原设计要求即可，若不能达到则再做适当调整。整机调试流程一般有以下几个步骤。

1. 整机外观检查

主要检查整机外观部件是否齐全，是否有损伤，外观调节部件和活动部件是否灵活等。

2. 整机内部结构的检查

主要检查整机内部连线的分布是否合理、整齐，内部传动部件是否灵活、可靠，各电源电路板或其他部件与机座是否紧固，以及它们之间的连接线、接插件有无漏插、错插等。

3. 对单元电路性能指标进行复检调试

该步骤主要是针对各电源电路连接后产生的相互影响而设置的，其主要目的是复检各单元电路性能指标是否改变。若有改变，则须调整有关元器件。

4. 整机技术指标的测试

对调整好的整机必须进行严格的技术测定，以判断它是否达到原设计的技术要求。如收音机的整机功耗、灵敏度和频率覆盖等技术指标的测定。不同类型的整机有各自的技术指标，并规定了相应的测试方法（按照国家对该类型电子产品规定的方法）。对于大批量生产的产品，整机调试也采用流水作业，要根据产品的情况，确定整机调试工位数，并制定每一工位的整机调试工艺文件。

5. 整机老化和环境试验

通常，电子产品在装配、调试完后还要对小部分整机进行老化测试和环境试验，这样可以提早发现电子产品中一些潜伏的故障，特别是可以发现带有共性的故障，从而对同类型产品能够及早通过修改电路进行补救，有利于提高电子产品的耐用性和可靠性。

一般的老化测试是对小部分电子产品进行长时间通电运行，并测量其无故障工作时间。分析总结这些电器的故障特点，找出它们的共性问题加以解决。

环境试验一般根据电子产品的工作环境而确定具体的试验内容，并按照国家规定的方法进行试验。环境试验一般只对小部分产品进行，常见环境试验内容和方法如下。

1）对供电电源适应能力试验。如使用交流 220V 供电的电子产品，一般要求输入交流电压在（220±22）V、频率在（50±4）Hz 之内，电子产品仍能正常工作。

2）温度试验。把电子产品放入温度试验箱内，进行额定使用的上下限工作温度的试验。

3）振动和冲击试验。把电子产品紧固在专门的振动台和冲击台上进行单一频率振动试验、可变频率振动试验和冲击试验。用木槌敲击电子产品也是冲击试验的一种。

4）运输试验。把电子产品安放在载重汽车上行走一段距离，进行运输试验。

6.4.4　任务训练　收音机的调试

1. 训练目的

1）熟悉收音机电路的基本原理。

2）能描述六管超外差式收音机电路组装与整机装配过程。

3）会熟练使用函数信号发生器。

4）会熟练调试六管超外差式收音机整机。

2. 训练器材

1）万用表　　　　1块

2）晶体管毫伏表　1台
3）无感螺钉旋具　1副
4）直流稳压电源　1台
5）示波器　1台
6）六管超外差式收音机套件　1套
7）函数信号发生器　1台

3. 收音机电路原理

调幅收音机按电路形式可分为直接放大式和超外差式两种。超外差式收音机具有灵敏度高、选择性好和工作稳定等许多特点。收音机电路原理框图如图 6-17 所示。从图中可以看出它由输入电路、变频器（混频器+本机振荡器）、中频放大器、检波器、前置放大器、功率放大器及扬声器组成。图 6-18 为六管超外差式收音机电路原理图，下面简单介绍各单元电路工作原理。

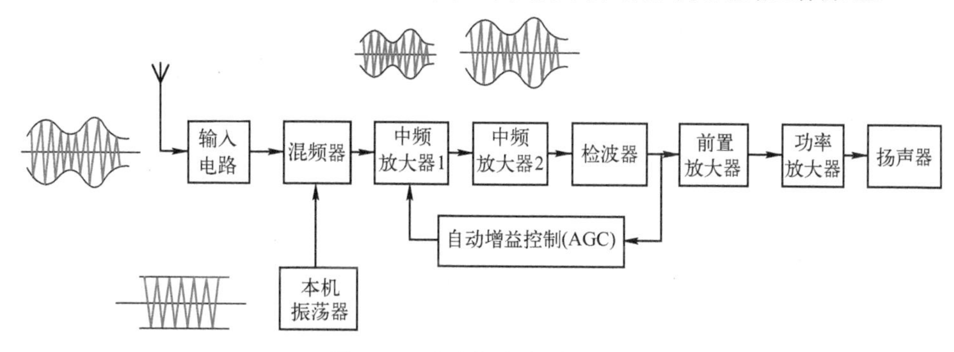

图 6-17　收音机电路原理框图

（1）输入电路

输入电路是指收音机从天线到变频管基极之间的电路。它的作用是从天线接收到的众多的无线电台信号中，经调谐回路调谐选出所需要的信号，同时把不需要的信号抑制掉，并且要能够覆盖住规定频率范围内的所有电台信号。

如图 6-18 所示，由 C_1-A、B1 的一次线圈等元器件组成输入回路，中波段调谐变压器 B1 的一次、二次线圈同绕在中波磁棒上。当 C_1-A 的容量从最大调到最小时，可使谐振频率在最低的 525kHz 到最高的 1605kHz 范围内连续变化。当空中的高频电台信号的某一频率与回路的调谐频率一致时，在 B1 的一次线圈两端这一电台频率的信号感应最强，这个电台信号再经 B1 的二次线圈耦合到本振电路，就达到选台目的。

（2）变频器

1）变频原理。变频器的作用是将输入回路送来的高频调幅载波转变为一个固定的中频（465kHz）信号，要求这个固定的中频信号仍为调幅波。在混频时，有两个信号输入，一个信号是由输入回路选出的电台高频信号，另一个是本机振荡产生的高频等幅信号，且本机振荡信号总是比输入电台信号高出一个中频频率，即 465kHz。由于晶体管的非线性作用，混频管输出端会产生有一定规律的新的频率成分，这就称为混频。混频器后面紧跟着的是中频变压器。中频变压器实际上是一个选频器，只有 465kHz 中频信号才能通过，其他的选频信号均被抑制掉。

本机振荡信号的频率应该和所要接收的电台信号频率始终保持 465 kHz 的差异。

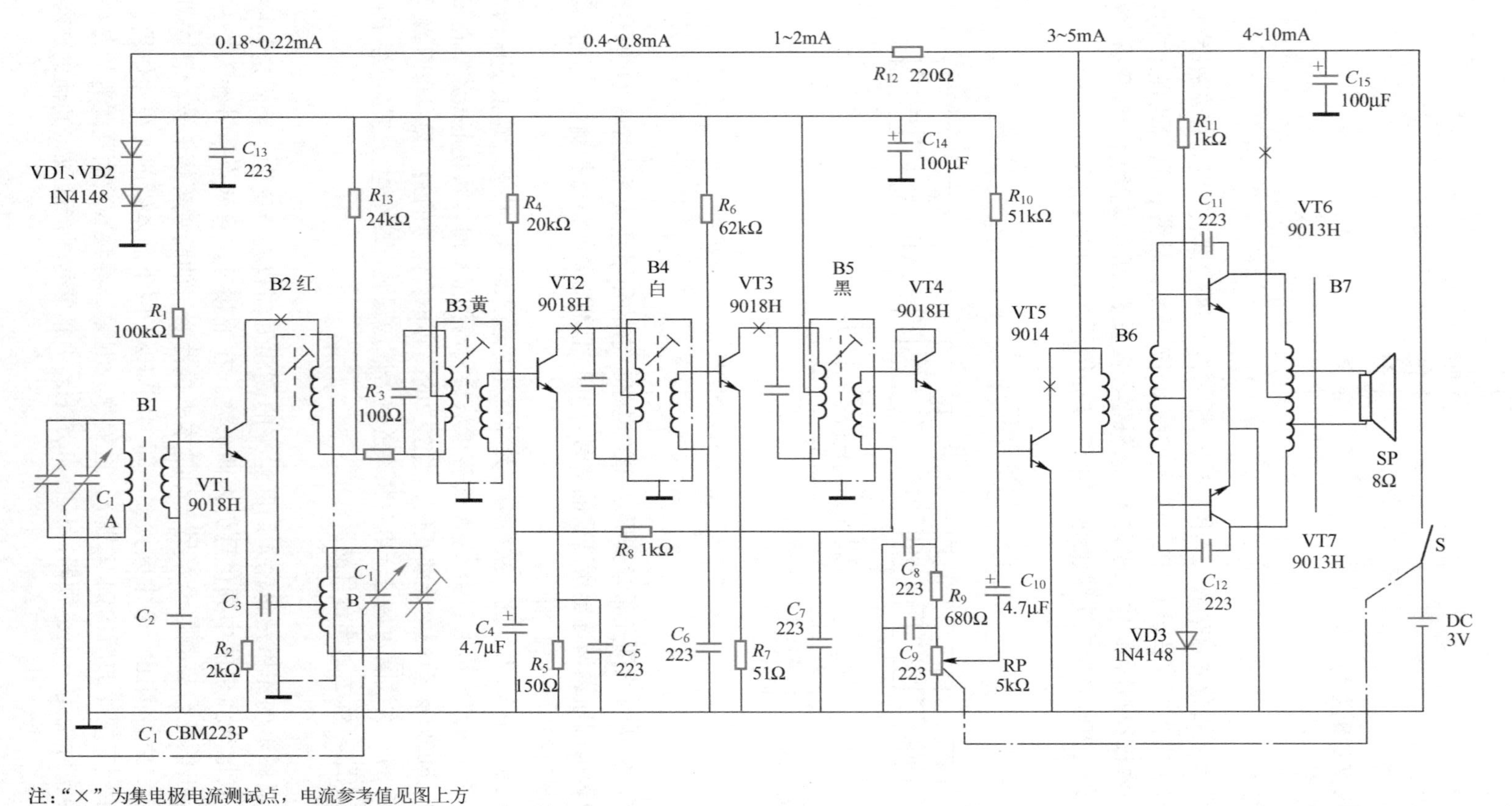

注：“×”为集电极电流测试点，电流参考值见图上方

图 6-18　六管超外差式收音机电路原理图

2）变频电路分析。在电路中，本机振荡频率和混频分别用两只晶体管承担，这种电路称为混频电路。若本机振荡和混频由同一个晶体管承担，这种电路称为变频电路。图 6-18 中，VT1 是变频管，承担振荡与混频双重任务。R_1 为 VT1 的直流偏置电阻，决定了 VT1 的静态工作点。C_2 为高频旁路电容，C_3 是本机振荡信号的耦合电容。C_1-A、C_1-B 各为双联可变电容中的一联，改变它的容量可改变振荡频率，是为了使频率能覆盖高端而设立的微调电容。B2 为本机振荡线圈，调整 B2 可使谐振在中频（465kHz）上，从而在混频产生的频率中选出中频。

对变频管的要求，应选择截止频率高、噪声小的晶体管，调整时，集电极电流不宜过大，一般应为 0.35～0.8mA。

（3）中频放大器

由于变频级的增益有限，因此在检波之前还需对变频后的中频信号进行放大，超外差式电路的增益主要由中放级提供。一般收音机的中放电路由多级组成，这样一方面是为了提高增益，同时由于层层地选频，有效地抑制了邻近信号的干扰，提高了选择性。除了考虑灵敏度和选择性外，中频放大器还要保证信号的边频得以通过。因此各级中频放大器所要求的侧重面也不尽相同。一般说来，第一级中频放大器带宽尽量窄些，以提高选择性和抑制干扰，而后几级带宽可适当宽些，以保证足够的通频带。

在图 6-18 中，收音机采用两级中频放大器，由三只中周作级间耦合，VT2、VT3 是中频放大管，R_4～R_7 分别为 VT2、VT3 的直流偏置电阻，调整 R_4、R_6 可改变两管的直流工作点。C_4、C_6 是中频信号的旁路电容。

（4）检波器

通常把从高频调幅波中取出音频信号的过程称为检波。检波器的作用是把所需要的音频信号从高频调幅波中“检出来”，送入低频放大器中进行放大，而把已完成运载信号任务的载波信号滤掉。在图 6-18 中，VT4 是检波管，由 C_8、R_9、C_9 组成“Π”形低通滤波器。

中频放大器级输出的 465kHz 中频信号耦合到 VT4 后，由于 VT4 的发射结具有单向导电性和非线性，经 VT4 后由双向交流信号变为单向脉动信号。由频谱分析可知，该信号含有三种分量：音频信号、中频等幅信号和直流信号。由于 C_8、C_9 很小，对音频信号来说容抗很大，从而使音频信号电流只能经 R_9 流过 RP 建立音频电压，再经 C_{10} 耦合到低频放大器级去。由于 C_{10} 隔直作用，直流分量没有送到下一级，而送到自动增益控制电路 AGC 中。

（5）自动增益控制（AGC）

自动增益控制电路的作用是：当接收到的信号较弱时，能自动地将收音机的增益提高，使音量变大；反之，当接收到的信号较强时，又自动降低增益使音量变小，提高了整机的稳定性。AGC 电路通常利用控制第 1 中频放大管的基极电流来实现，这是因为第 1 中频放大器的信号比较弱，受 AGC 电路控制后不会产生信号失真。控制信号一般取自检波器输出信号中的直流成分，这是因为检波输出直流电压正比于接收信号的载波振幅。

在图 6-18 电路中，R_8、C_4 构成 AGC 电路，当接收天线感应的信号较小时，经变频、中频放大器的信号较小，检波后在 C_4 的压降较小，所需 AGC 电压较小，不致使第 1 中频放大管（NPN）饱和而使音量较小。反之接收强信号时，则第 1 中频放大管饱和，使音量变低。由此可见，电路实际上是一个负反馈的工作过程。

（6）音频放大器

音频放大器包括前置放大器和功率放大器。

前置放大器一般在收音机的检波器与功率放大器之间，它的作用是把从检波器送来的低频信号进行放大，以便推动功率放大器，使收音机获得足够的功率输出。一般六管以上的收音机其前置放大器分两级：末前级（与功率放大器相连）和前置级（与检波器相连）。六管及六管以下的收音机只有末前级而无前置级。

功率放大器是收音机最后一级，它的作用是将前置放大器送来的低频信号做进一步放大，以提供足够的功率推动扬声器发声。目前最常用的是推挽功率放大器和 OTL 功率放大器。本机电路中由 VT5 构成前置放大电路，由 VT6、VT7 构成功率放大电路。

4．收音机的调试

六管超外差式收音机中共有 5 个单元电路能够做直流测试，它们分别为：由 VT1 构成的混频电路，由 VT2 构成的第 1 级中频放大电路，由 VT3 构成的第 2 级中频放大电路，由 VT5 构成的低频放大电路，由 VT6、VT7 构成的功率放大电路。

（1）直流电流测量与调试

将万用表置于直流电流档（1mA 或 10mA）。对收音机各级电路的直流电流进行测量。具体测试点以测量第 2 级中频放大器的电流为例；测量第 2 级中频放大器的电流如图 6-19 所示。如果测试的电流在规定的范围内，则应该将 PCB 与原理图 A、B 处相对应的开口连接起来。各单元电路都有一定的电流值，如该电流值不在规定的范围内，可改变相应的偏置电阻。

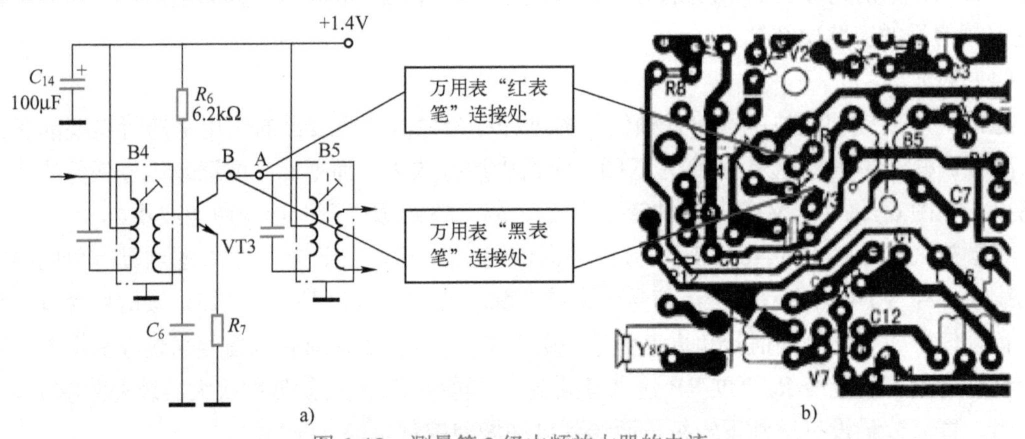

图 6-19　测量第 2 级中频放大器的电流

a) 万用表在电路图中的连接　b) 万用表在 PCB 中的连接

具体步骤如下。

1）首先将被测支路断开。

2）将万用表置于所需的直流电流档，且串联在断开的支路中。

3）测量时要注意万用表表笔的极性，否则，万用表的指针可能反偏。

4）将所测电流值与参考值进行比较，相差较大时，可对相应的偏置做一定的调整。

（2）直流电压测量与调试

将万用表置于直流电压档（1V 或 10V）。对收音机各级电路的直流电压进行测量。具体测量点（以测量第 2 级中频放大器的电压为例）如图 6-20 所示。

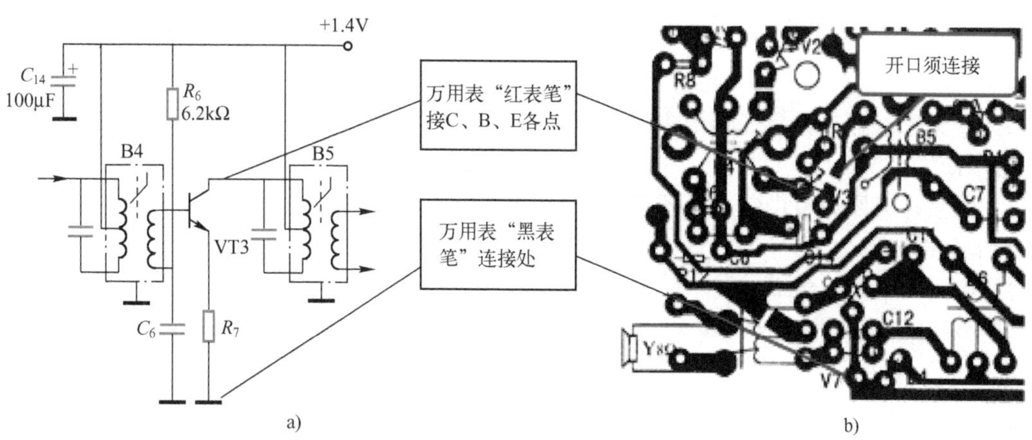

图6-20 测量第2级中频放大器的电压

a) 万用表在电路图中的连接 b) 万用表在PCB中的连接

具体步骤如下。

1）将万用表置于所需的直流电压档。

2）将万用表的表笔并联在被测电路的两端。

3）测量时要注意万用表表笔的极性，否则，万用表的指针可能反偏。

4）将所测电压值与参考值进行比较，相差较大时，可对相应的偏置做一定的调整。

（3）中频频率调整

中频频率调整时，将示波器、晶体管毫伏表和函数信号发生器等设备如图6-21所示进行连接。将所连接的设备调节到相应的量程。把收音部分本振电路短路，使电路停振，避去干扰。也可以把双联可变电容器置于无电台广播又无其他干扰的位置上。使函数信号发生器输出频率为465kHz、调制度为30%的调幅信号。

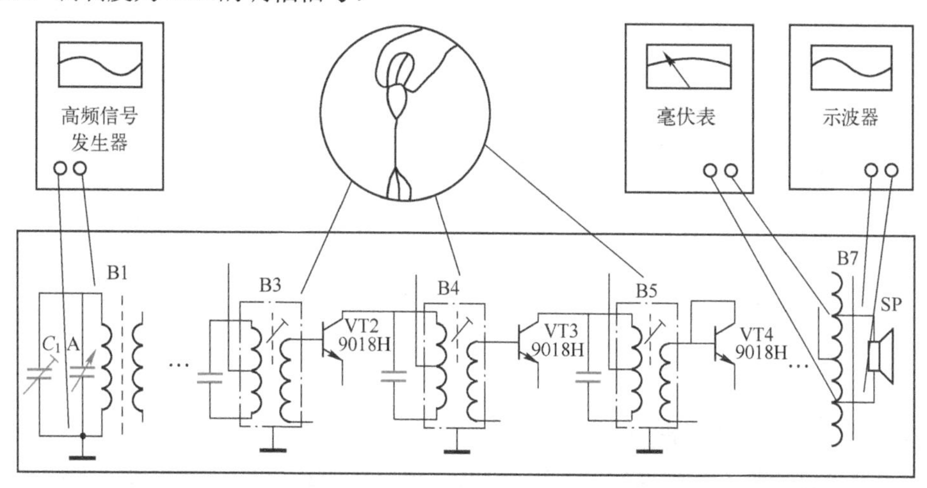

图6-21 中频频率调整与设备连接示意图

具体步骤如下。

1）将所连接的设备调节到相应的量程。

2）把收音部分本振电路短路，使电路停振，避去干扰。也可把双联可变电容器置于无电台广播又无其他干扰的位置上。

3）使函数信号发生器输出频率为465kHz、调制度为30%的调幅信号。

4）由小到大缓慢地改变函数信号发生器的输出幅度，使扬声器里能刚好听到信号的声音即可。

5）用无感螺钉旋具首先调节中频变压器B5，使听到信号的声音最大，晶体管毫伏表中的信号指示最大。

6）然后再分别调节中频变压器B4、B3，同样需使扬声器中发出的声音最大，晶体管毫伏表中的信号指示最大。

7）中频频率调试完毕。

若中频变压器谐振频率偏离较大，在465kHz的调幅信号输入后，扬声器里仍没有低频输出时可采取如下方法。

1）左右调节信号发生器的频率，使扬声器出现低频输出。

2）找出谐振点后，再把函数信号发生器的频率逐步地向465kHz位置靠近。

3）同时调整中频变压器的磁心，直到其频率调准在465kHz位置上。这样调整后，还要减小输入信号，再细调一遍。

对于中频变压器已调乱的中频频率的调整方法如下。

1）将465kHz的调幅信号由第2中频放大管的基极输入，调节中频变压器B5，使扬声器中发出的声音最大，晶体管毫伏表中的信号指示最大。

2）将465kHz的调幅信号由第1中频放大管的基极输入，调节中频变压器B4，使声音和信号指示都最大。

3）将465kHz的调幅信号由变频管的基极输入，调节中频变压器B3，同样使声音和信号指示都最大。

（4）频率覆盖调整

1）把函数信号发生器输出的调幅信号接入具有开缝屏蔽管的环形天线。

2）天线与被测收音机部分的天线磁棒距离为0.6m。收音机频率覆盖调整示意图如图6-22所示。

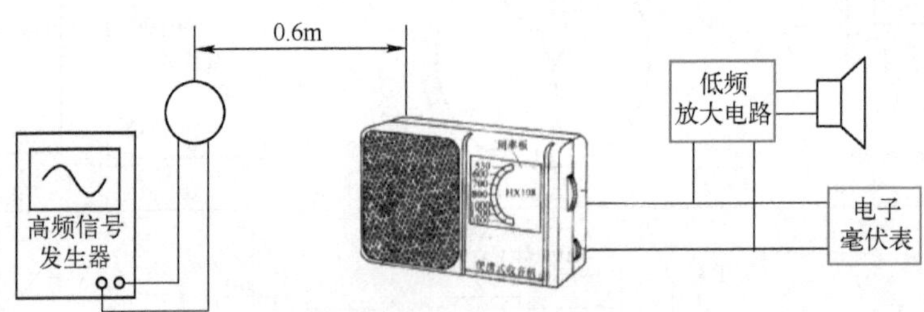

图6-22 收音机频率覆盖调整示意图

3）通电。

4）将函数信号发生器调为515kHz。

5）用无感螺钉旋具调整振荡线圈B2的磁心，使晶体管毫伏表的读数达到最大。

6）将函数信号发生器调为1640kHz，把双联电容器全部旋出。

7）用无感螺钉旋具调整并联在振荡线圈B2上的补偿电容，使晶体管毫伏表的读数达到最大。如果收音部分高频频率高于1640kHz，可增大补偿电容容量；反之则降低。

8）用上述方法由低端到高端反复调整几次，直到频率调准为止。调谐回路调整示意图如图6-23所示。

(5）收音机统调

1）调节函数信号发生器的频率，使环形天线送出 600 kHz 的高频信号。

2）将收音部分的双联可变电容器调到使指针指在刻度盘为 600kHz 的位置上。

3）改变磁棒上输入线圈的位置，使晶体管毫伏表读数最大。

4）再将函数信号发生器频率调为 1500kHz。

5）将双联可变电容器调到使指针指在刻度盘为 1500kHz 的位置上。

6）调节天线回路中的补偿电容，使晶体管毫伏表读数最大。

7）如此反复多次，直到两个统调点为 600kHz、1500kHz 调准为止。

8）天线调谐回路示意图如图 6-24 所示。

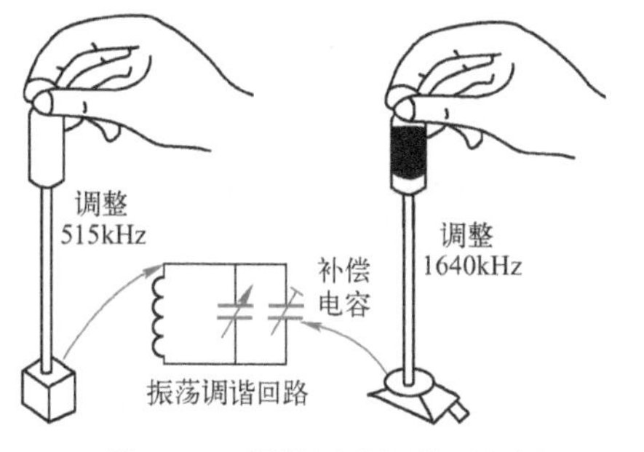

图 6-23　调谐回路调整示意图

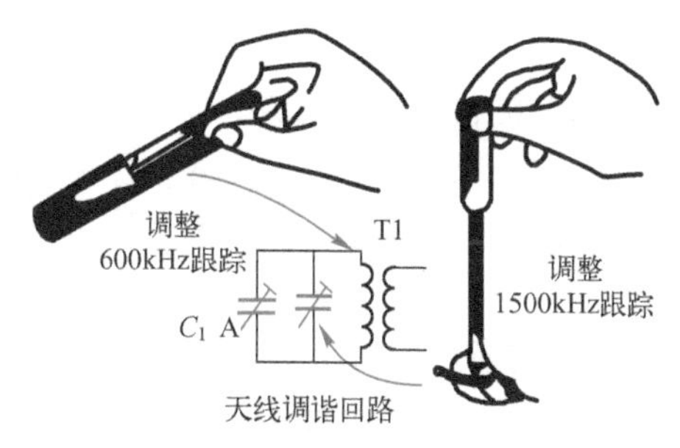

图 6-24　天线调谐回路示意图

任务 6.5　电子产品的质量检验与故障检测

6.5.1　质量检验的方法和程序

电子产品的质量检验是一项重要的工作，它贯穿于产品生产的全过程。产品质量检验工作要执行自检、互检和专职检验相结合的三级检验制度，一般程序是：先自检，再互检，最后由专职检验人员检验。

质量检验的作用表现在两个方面：一是检验产品的性能质量，判断产品是否达到产品合格标准，把好质量关；二是检验产品的性能指标是否符合设计要求，为产品的设计、开发及改进反馈基础数据。

1. 质量检验的方法

电子产品质量检验的方法有全数检验和抽样检验。

1）全数检验。产品制造全过程中，对全部单一成品、半成品的质量特性进行逐个检验。全数检验后的产品可靠性高。

2）抽样检验。根据数理统计的原则所预先制定的抽样方案，从交验的产品中抽出部分样品进行检验，根据部分样品的检验结果，判定整批产品的质量水平，得出整批产品是否合格的结论，并决定是接收还是拒收该批产品，或采取其他处理方式。抽样检验是目前生产中广泛采用的一种检验方法，抽样检验应在产品成熟、工艺规范、设备稳定及工装可靠的前提下进行。

2．质量检验的程序

企业在组织生产过程中，检验工作一般按以下的程序进行：首先进行元器件、材料及零部件等入库前检验，然后进行装配过程中的检验，最后进行整机检验。一般检验工艺流程与常用检验方法如图 6-25 所示。

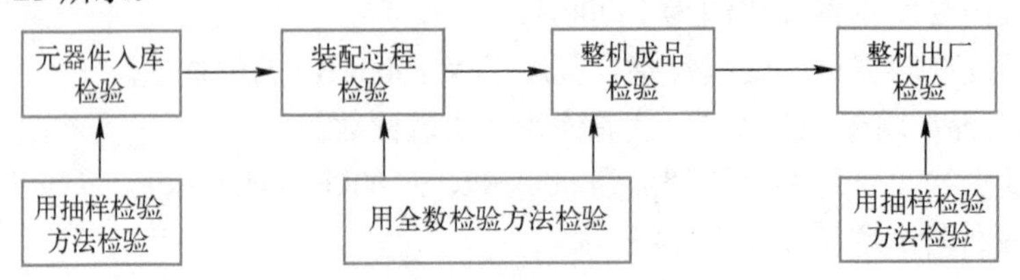

图 6-25　一般检验工艺流程与常用检验方法

1）入库前的检验。元器件、零部件和材料等在入库前要按产品技术条件或技术协议进行外观检验并测试有关性能指标，合格后方可入库。对管件和集成电路进行外观检验时，应注意下列各方面：玻璃管壳有无破裂，管壳与引脚有无生锈，引脚有无松动，有无裂缝等现象。对电阻器和电容器，应检查其结构、外形和尺寸是否符合产品标准规定。对电阻器还要进行实际阻值和绝缘电阻的测量，对电容器还应进行容量、耐压和漏电流的检测。对电线、电缆，应检查其绝缘表面是否平滑，有无机械损伤、杂质，有无显著的凹凸和竹节形，还要检测导线的绝缘电阻是否符合要求。

2）装配过程中的检验。装配过程中各阶段的检验内容及工艺要求在前几章中已有介绍，这里将其归纳于表 6-1 供参考。

表 6-1　装配过程中的检验

工　序		检 验 内 容
准备工序	元器件准备	① 元器件引线浸锡符合要求 ② 元器件标记字样清楚 ③ 准备件的制作符合图样要求 ④ 地线、裸线成形符合要求
	导线准备	① 导线尺寸、规格和型号符合图样规定 ② 导线端头处理符合要求
	线扎制作	① 排线合理整齐、尺寸符合规定 ② 绑扎牢固、扣距均匀，线扎松紧适当
	电缆加工	① 材料尺寸、制作方法符合图样规定 ② 插头座要进行绝缘试验
安装	紧固件的安装	① 紧固件选用符合图样要求 ② 螺钉凸出螺母的长度以 2～3 扣为宜 ③ 弹簧的垫圈应压平，无开裂，紧固力矩符合要求 ④ 紧固漆的用量和涂法符合要求
	铆装	① 铆钉的形状无变形，无开裂 ② 铆钉头的压形符合要求
	胶接	① 胶的选用符合规定、用量适当且均匀 ② 胶接面无缝隙，胶接后无变形
	其他	① 瓷件、胶木件无开裂、起泡、变形和掉块 ② 镀银件无变色发黑 ③ 接插件接触良好。插拔力矩符合要求 ④ 传动器件转动灵活、无卡住 ⑤ 电感排列符合图样规定，带屏蔽件达到屏蔽要求，磁帽、磁心无开裂、可调磁心符合要求 ⑥ 绝缘件达到绝缘要求，减振器起到减振作用
焊接	焊接正确性	无错焊、漏焊点
	焊接点质量	① 焊锡适量，焊点光滑 ② 无虚焊，无毛刺、砂眼和气孔等现象

3）整机检验。整机质量检验包括外观检验、电性能检验和周期性检验等几个方面。

① 外观检验。装配好的整机，应该有可靠的总体结构和牢固的机箱外壳。整机表面无损伤，涂层无划痕、脱落，金属结构无开裂、脱焊现象，导线无损伤，元器件固定牢固、无装错；无虚焊、漏焊；金属结构无开焊、开裂现象等。

② 电性能检验。电性能检验是整机检验的主要内容之一。检查产品的各装配件（如PCB、电气连接线等）是否安装正确，技术指标是否达到设计要求，通过检验确定产品是否达到国家、行业或企业技术标准。

③ 周期性检验。无论是独立批量的生产，还是连续大批量的生产，均需定期在检验合格的产品中随机抽样试验，考核产品的质量是否稳定。试验的项目一般有：环境试验、可靠性试验和安全性试验等。

环境试验：在低温、高温、湿热、冲击、碰撞、振动及低气压等不同模拟环境条件下，依据相应的环境试验标准，检验产品适应环境的能力。

可靠性试验：确定产品在一般情况下，在规定的条件和规定的时间内完成规定功能的能力。

安全性试验：安全性试验就是检验电子整机在使用安全等方面是否符合安全标准，主要检查绝缘电阻、绝缘强度和泄漏电流大小等。

6.5.2 电子产品故障检测方法

电子产品的调试和质量检验过程中，经常会发现各种故障现象，如元器件调整达不到设计要求，电路工作不正常等。因此，对电子产品进行故障检查、分析和处理是不可缺少的环节。查找故障的方法很多，下面介绍常用的几种。

1. 直观法

直观法就是通过眼看、鼻闻、耳听和手摸等直接感觉的方法查找故障。例如在打开机器外壳时，观察有无断线、脱焊、电阻烧坏、电解电容漏液、PCB 铜箔断裂、印制导线短路及机械损坏等。在安全的前提下可以用手触摸晶体管、变压器等，检查温升是否过高；可以嗅出有无电阻、变压器等烧焦的气味；可以听出是否有不正常的摩擦声、高压打火声和碰撞声等。也可通过轻轻敲击或扭动来判断虚焊、裂纹等故障。

2. 万用表测量法

万用表是查找判断故障时最常用的仪表，用万用表测量电路或元器件的电压、电流，将测得值与正常值进行比较，以判断故障发生的原因及部位。也常用万用表电阻档测量元器件或电路两点间电阻，判断故障。这种方法还能有效地检查电路的“通”“断”两种状态，如检查开关及铜箔电路的断路、短路等都比较方便，准确。

3. 替代法

替代法是利用性能良好的器件、部件（或利用同类型正常机器的相同器件、部件）来替代可能产生故障的部分，以确定产生故障部位的一种方法。如果替代后，工作正常了，说明故障就出在这部分。

4. 波形观测法

通过示波器观测被检查电路交流工作状态下各测量点的波形，以判断电路中各元器件是否损坏的方法，称为波形观测法。用这种方法需要将信号源的标准信号送入电路输入端（振荡电路除外），以观察各级波形的变化。

5．短路法

使电路在某一点短路，观察在该点前后故障现象的有无，或对故障电路影响的大小，从而判断故障的部位，这种方法通常称为短路法。这里必须注意：如果将要短接的两点之间存在直流电位差，就不能直接短路，必须用一只电容器跨接这两点，起交流短路作用。

6．比较法

使用同类型优质的产品，与被检修的机器做比较，找出故障的部位，这种方法称为比较法。检修时可将两者对应点进行比较，在比较中发现问题，找出故障所在。也可将有怀疑的元器件、部件插到正常机器中去，如果工作依然正常，说明这部分没问题。

7．分割法

当故障电路与其他电路所牵连的电路较多，相互影响较大的情况下，可以逐步分割有关的电路（断掉电路之间互相连接的元器件或导线的接点，或拔掉 PCB 的插件等），观察其故障现象的影响，以发现故障的所在，这种方法称为分割法。分割法对于检查短路、高压等有可能进一步烧坏元器件的故障，是比较好的一种方法。

8．信号寻迹法

注入某一频率的信号或利用电台节目以及人体感应信号做信号源，加在被测机器的输入端，用示波器或其他信号寻迹器，依次逐级观察各级电路的输入和输出端电压的波形或幅度，以判断故障的所在，这种方法称为信号寻迹法（也称为跟踪法）。

6.5.3 任务训练 收音机的故障检测

1．训练目的

1）了解收音机电路故障产生原因。

2）会判断收音机电路故障的部位。

3）掌握收音机故障常用的检测方法。

2．训练器材

1）组装的收音机整机。

2）低频信号发生器、万用表等仪器设备。

3）烙铁、焊锡等工具。

3．收音机电路故障原因分析

即使在组装前对元器件进行过认真地筛选与检测，也难保在组装过程中不会出现故障。为此，电子产品的检修也成了调试的一部分，为提高检修速度，加快调试过程，将组装过程中常见的问题列举如下。

1）焊接工艺不完善，焊点有虚焊现象。

2）有极性的元器件在插装时弄错了方向。

3）由于空气潮湿，导致元器件受潮、发霉，或绝缘性能降低甚至损坏。

4）元器件筛选检查不严格或由于使用不当、过载而失效。

5）开关或接插件接触不良。

6）可调元器件的调整端接触不良，造成开路或噪声增加。

7）连接导线接错、漏焊或由于机械损伤、化学腐蚀而断路。

8）元器件引脚相碰，焊接连接导线时剥皮过多或因热后缩，与其他元器件或机壳相碰。

9）因为某些原因造成产品原先调谐好的电路严重失调。

4. 故障部位判断方法

利用一定的检测方法或经验迅速判断故障部位，能有效提高检修效率。例如判断故障在低频放大器之前还是低频放大器之中（包括功率放大器）的方法：接通电源开关，将音量电位器开至最大，扬声器中没有任何响声，可以判定低放部分肯定有故障。

判断低放之前的电路工作是否正常，方法如下：将音量减小，万用表拨至直流电压档。档位选择为 0.5V，两表笔并联在音量电位器非中心端的两端上，一边从低端到高端拨动调谐盘，一边观看万用表指针，若发现指针摆动，且在正常播放时指针摆动次数约在数十次，即可断定低频放大器之前电路工作是正常的。若无摆动，则说明低频放大器之前的电路中也有故障，这时仍应先解决低频放大器中的问题，然后再解决低频放大器之前电路中的问题。

例如，完全无声故障的检修：将音量电位器开至最大，万用表直流电压档为 10V，黑表笔接地，红表笔分别触碰电位器的中心端和非接地端（相当于输入干扰信号），可能出现三种情况。

1）触碰非接地端扬声器中无“咯咯”声，触碰中心端时扬声器有声。这是由于电位器内部接触不良，可更换或修理排除故障。

2）触碰非接地端和中心端均无声，这时用万用表 $R\times10$ 档，两表笔并联触碰扬声器引线端，触碰时扬声器若有“咯咯”声，说明扬声器完好。然后将万用表拨至电阻档，触碰 B7 二次侧两端，扬声器中如无“咯咯”声，说明扬声器的导线已断；若有“咯咯”声，则把表笔接到 B7 一次侧两组线圈两端，这时若无“咯咯”声，就是 B7 一次侧有断路。

3）将 B6 一次侧中心抽头处断开，测量集电极电流，若电流正常，说明 VT6 和 VT7 工作正常，B6 二次侧无断路。

若电流为 0，则可能是 R_{11} 断路或阻值变大；VT7 短路；VT5 和 VT6 损坏。同时损坏情况较少。

若电流比正常情况大，则可能是 R_{11} 阻值变小，VT5、VT6 或 VT7 损坏；C_{11} 或 C_{12} 有漏电或短路。

4）用干扰法触碰电位器的中心端和非接地端，扬声器中均有声，则说明低频放大电路工作正常。

5. 收音机故障检测方法

（1）电压、电流测量方法

收音机通常使用干电池供电，电池电压不足时，会出现无声、音量轻、失真、灵敏度低、啃叫以及台少等故障，因此，遇到这类故障时，首先检查电池电压，如果电池电压正常，再检查整机电流。

整机电流测量的方法：将万用表拨至 250mA 直流电流档，两表笔跨接于电源开关的两端，此时开关应置于断开位置，可测量整机的总电流，正常总电流约为（10±2）mA。

用万用表测量各级放大管的工作电压以及各级放大管的集电极电流，是判断具体故障位置的基本方法。但测量放大管的集电极电流时需将电流表串联到集电极电路中，如电路板上没有集电极电路测量端口，就要在 PCB 铜箔或导线上断开，形成测量端口。可以用短路晶体管的基极到地，看整机电流减小的数量来估算各集电极电流的方法。

（2）信号注入法

收音机是一个信号捕捉、处理及放大系统，通过注入信号可以判定其故障位置。

用低频信号发生器来寻找低频部分故障，根据收音机测试条件中规定的频率，选择低频信号发生器的振荡频率，一般为 400～1000Hz。将低频信号注入低频某一级回路时，扬声器输出异常，则可判定故障发生在该级电路中。用高频信号发生器注入 465Hz 信号检测中放、检波级电路故障，注入 465～1640Hz 信号可检测输入、变频级电路故障。

没有信号发生器的情况下，也可用以下方法，选万用表 R×10 档，红表笔接电池负极（地），黑表笔触碰放大器输入端（一般为晶体管基极），此时扬声器可听到“咯咯”声。然后用手握螺钉旋具金属部分去碰放大器输入端，从扬声器听反应，此法简单易行，但相应信号微弱，不经晶体管放大则听不到声音。

思考与练习

1．电子产品调试工作一般有哪些要求？
2．电子产品调试方案的内容一般有哪些？
3．电子产品调试工作的一般程序是什么？
4．什么是静态调试？静态调试的内容是什么？
5．什么是动态调试？动态调试的内容是什么？
6．电子产品质量检验的方法有哪些？
7．简述电子产品质量检验的一般程序。
8．简述电子产品故障检测常用的方法。

项目 7　电子产品制作训练

学习目标

1）能理解制作的电子产品的电路原理。
2）能熟练完成电子产品的整机装配。
3）能熟练应用仪器设备对制作的电子产品进行调试。

素养目标

1）培养学生的探索、创新精神，提高学生的电子产品装配与调试技能。
2）培养学生的安全意识，养成遵守纪律、按照操作规程训练的习惯。
3）培养学生的敬业精神、团队意识和创新意识等，养成良好的职业素养。

本项目从“电子产品装配与调试”备赛训练项目中精选了几种新颖、实用和有趣的电子产品制作实例，难易适中，方便易行，作为课程综合训练题目，以便进一步理解、巩固已学过的知识，提高电子产品装配与调试技能，增强学生对课程的学习兴趣。

任务 7.1　串联型稳压电源的制作

任何电子设备都有一个共同的电路即电源电路，它能给电子设备提供持续稳定、满足负载要求的电能，本任务是制作一个串联型稳压电源，稳压电源也是电子制作和电子产品维修时的必备设备。

7.1.1　串联型稳压电源电路的装配

直流稳压电源能将交流电压转换为稳定的直流电压，其结构框图如图 7-1 所示。

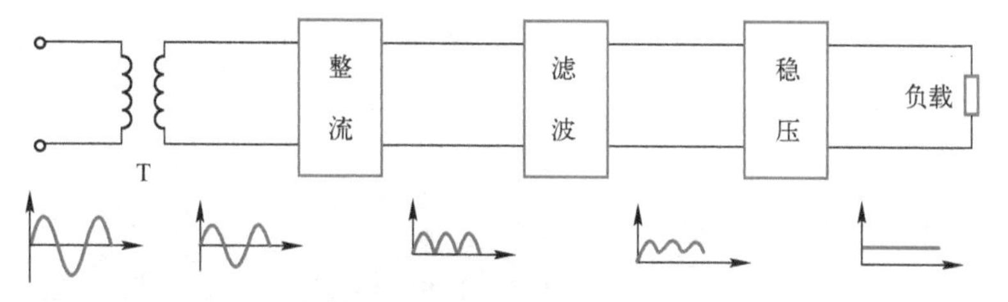

图 7-1　直流稳压电源结构框图

变压器将工频交流电降到合适的交流电压，经整流电路（桥式整流电路）整流后，得到单向脉动的直流电。滤波电路将整流后产生的单向脉动直流电中的脉动成分滤除，送到稳压管稳压电路进行稳压，在负载上将得到稳定的直流电压。

1. 串联型稳压电源电路组成

本任务制作的串联型稳压电源电路的变压器部分采用外接，电路板仅包括整流、滤波和稳压部分，电路如图 7-2 所示。整流滤波电路为单相桥式整流滤波。稳压电路由调整管、比较放大器、取样电路和基准电压 4 部分组成。比较放大器则将取样回来的电压与基准电压比较放大后，去控制调整管，由调整管调节输出电压，使其得到一个稳定的电压。取样电路的作用是将输出电压的变化取出，并反馈到比较放大器。

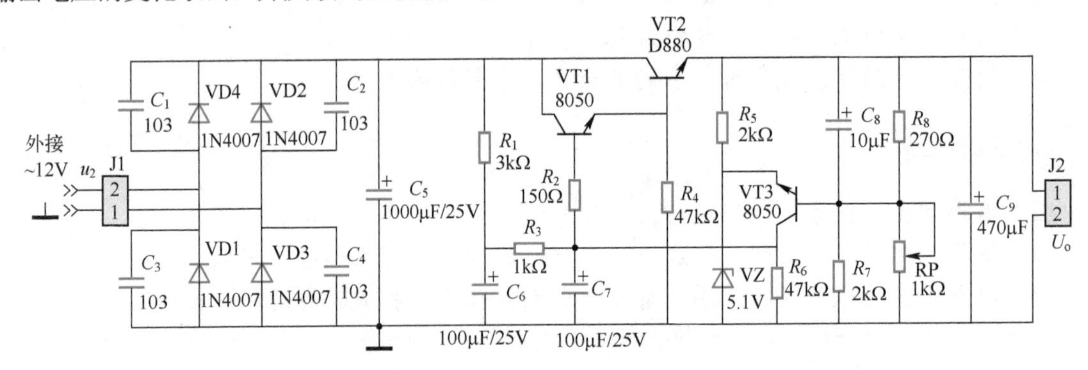

图 7-2 串联型稳压电源电路

在图 7-2 中，晶体管 VT1、VT2 构成复合调整管，VT2 与负载串联，用于调整输出电压。R_1、R_2、R_3 为复合管的偏置电阻，C_6、C_7 用于减小纹波电压，R_4 为复合管反相穿透电流提供通路，防止温度升高时失控，从而控制 VT1 的导通程度，C_8 为加速电容，用于误差电压滤波；RP、R_8 组成输出电压的取样电路，调节 RP 可调节输出电压的大小，其变化量的一部分送入比较放大管 VT3 的基极，供 VT3 进行比较放大；VZ 是基准电压部分，VZ 的稳定电压 U_Z 作为基准电压，加到 VT3 的发射极上。

12V 交流电经过整流二极管 VD1～VD4 整流，电容 C_5 滤波，获得直流电，输送到稳压电路部分。如果输出电压有减小的趋势，取样电路从输出电压 U_o 中取出一部分电压加到比较放大管 VT3 的基极。此时，VT3 基极对地电压减小，其基极电流减小，由 $I_C=\beta I_B$ 可知 VT3 集电极电流减小，集电极对地电压增大。由于 VT3 集电极接 VT1 的基极，也就是 VT1 的基极对地电压增大，这就使 VT1、VT2 构成的复合调整管导通加强，而整流滤波部分输出直流电压不变，VT1、VT2 构成的复合调整管压降（C-E 极间电压）减小，就会使电流输出增大，即抑制输出电压减小的趋势，从而维持输出电压不变。同样，如果输出电压有增大的趋势，通过 VT3 的作用又使复合调整管的管压降增大，就会使输出电压降低，即抑制输出电压增大的趋势，从而达到维持输出电压不变的目的。

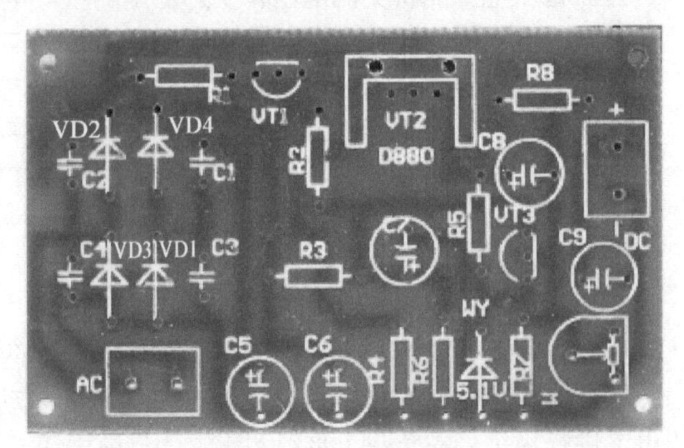

图 7-3 元器件安装图

2. 串联型稳压电源电路的安装

1）元器件安装图如图 7-3 所示。

2）串联型稳压电源电路的元器件见表 7-1。

表 7-1　串联型稳压电源电路的元器件

序号	标称	名称	规格	序号	标称	名称	规格
1	C1	电容	103	15	R6	电阻	47kΩ
2	C2	电容	103	16	R7	电阻	2kΩ
3	C3	电容	103	17	R8	电阻	270Ω
4	C4	电容	103	18	RP	可调电阻	1kΩ
5	C5	电解电容	1000μF/25V	19	VD1	整流二极管	1N4007
6	C6	电解电容	100μF/25V	20	VD2	整流二极管	1N4007
7	C7	电解电容	100μF/25V	21	VD3	整流二极管	1N4007
8	C8	电解电容	10μF	22	VD4	整流二极管	1N4007
9	C9	电解电容	470μF	23	VZ	稳压管	5.1V
10	R1	电阻	3kΩ	24	VT1	晶体管	8050
11	R2	电阻	150Ω	25	VT2	晶体管	D880
12	R3	电阻	1kΩ	26	VT3	晶体管	8050
13	R4	电阻	47kΩ	27	J1	接插座	2PIN
14	R5	电阻	2kΩ	28	J2	接插座	2PIN

3. 串联型稳压电源电路工艺要求

(1) 元器件的插装、焊接要求

根据图 7-2 可知，构成直流稳压电源的元器件主要有电阻、电容、整流二极管、电位器、晶体管和接插件等。各元器件在指定位置进行插装、焊接，具体要求如下。

1) 电阻插装焊接。电阻采用卧式安装，并紧贴电路板。电阻应排列整齐，电阻的色环方向应该一致，以便于检查和日后的维修。

2) 电位器插装焊接。电位器采用立式安装，应按照图样要求紧贴电路板安装焊接。

3) 电容器插装焊接。本电路中电容有涤纶电容和电解电容，涤纶电容与一般的瓷介电容的安装要求一致，采用直立式安装，并保证元件底面离电路板距离不大于 4mm；电解电容插到底安装，要注意其正负极性。

4) 二极管插装焊接。二极管采用卧式安装，二极管应在离电路板 3～5mm 处插装焊接，注意正负极不要装错。

5) 晶体管的成形、插装焊接。晶体管的安装采用立式安装，晶体管的引线成形只需用镊子将塑封管引线拉直即可，三个电极引线分别成一定角度，有时也可以根据需要将中间引线向前或向后弯曲成一定角度，应由印制电路板上的安装孔距来确定引线的尺寸，如图 7-3 所示。

插装焊接时要按要求将晶体管的三个引脚插入相应孔位，不要插错，焊接时应尽量缩短焊接时间，并可用镊子夹住引脚，以帮助散热。

焊接大功率晶体管，需要加装散热片，应将散热片的接触面加以平整，打磨光滑，涂上硅脂后再紧固，以加大接触面积。要注意，有的散热片与管壳间需要加绝缘垫片。引脚与印制电路板上的焊点需要进行导线连接时，应尽量采用绝缘导线。

6) 接线柱按照图样要求紧贴电路板安装焊接，注意接线孔应该朝外，方便接线，所有紧固件接线时必须旋紧。

(2) 元器件成形的工艺要求

元器件的引线要根据电路板上焊盘插孔和安装的具体要求弯折成所需要的形状。元器件成形有以下要求。

1）引线成形尺寸应符合安装要求。

2）凡是有标记的元器件，在引线成形后，其型号、规格和标志符号应该向上、向外，以便目视识别。

3）引线成形后，元器件不应产生破裂，表面封装不应损坏，引线弯曲部分不应出现压痕和裂纹。

4. 串联型稳压电源电路装配方法和步骤

（1）元器件检测

电路安装前，要对电路元器件进行识别、清点，在元器件数量准确无误后，用万用表对元器件进行检测，判断质量及好坏。

（2）元器件插装前预处理、成形

1）检查元器件引线的可焊性。元器件预加工处理主要包括引线的校直、表面清洁及搪锡三个步骤，若元器件引出端可焊性好，可省略预加工处理过程，元器件引线校直如图7-4所示。

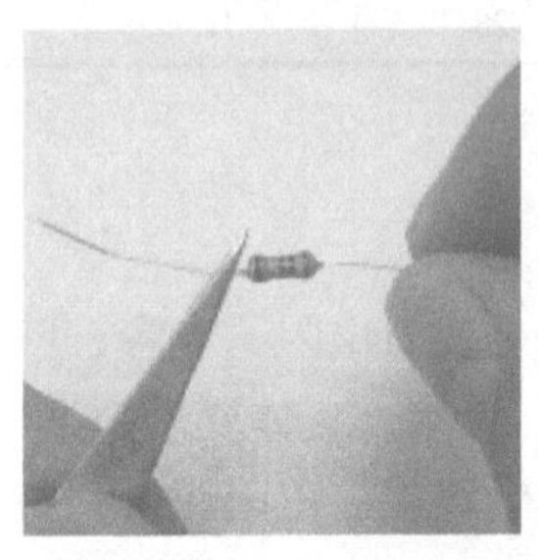 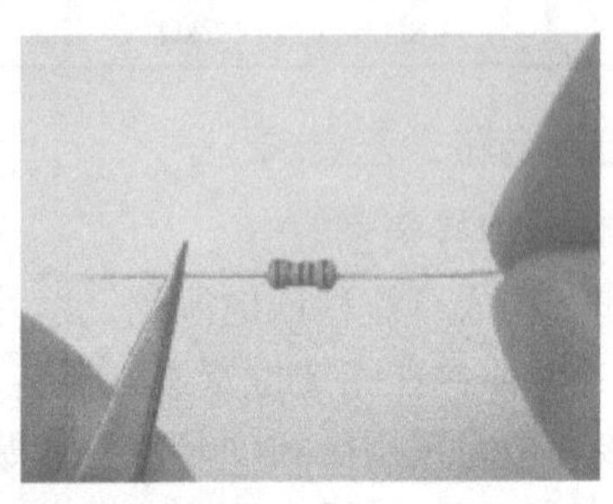

图7-4　元器件引线校直

2）元器件引线成形。元器件引线进行整形前，应先目测焊点插孔距离，然后再使用尖嘴钳或镊子等工具进行手工成形加工。在本电路中，只有电阻和整流二极管两种元件的引线需要进行成形，如图7-5和图7-6所示。其他元器件直接进行插装即可。

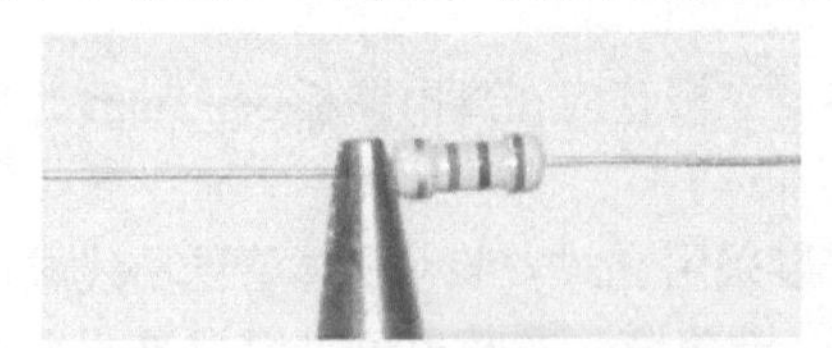 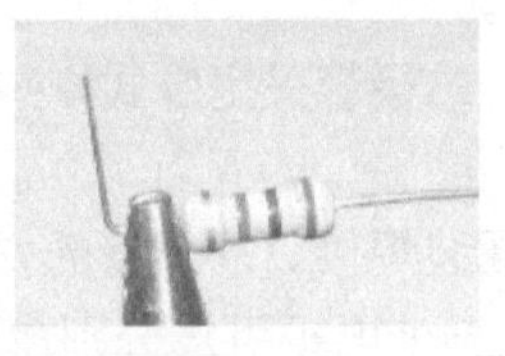 

图7-5　电阻引线成形

 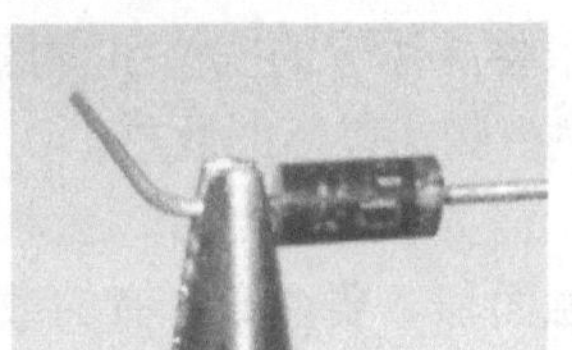 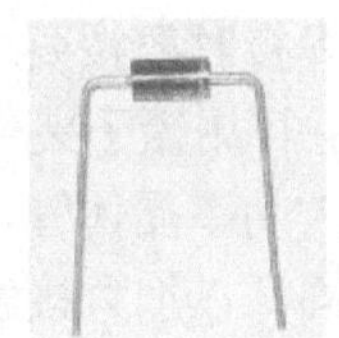

图7-6　二极管引线成形

（3）元器件的插装与焊接

按照串联型稳压电源电路插装、焊接的基本要求进行元器件的插装与焊接。焊接时按照焊接五步操作法完成焊点焊接。

（4）实物电路

焊接好后将伸出的长引线剪掉，焊接好的稳压电源电路如图 7-7 所示。

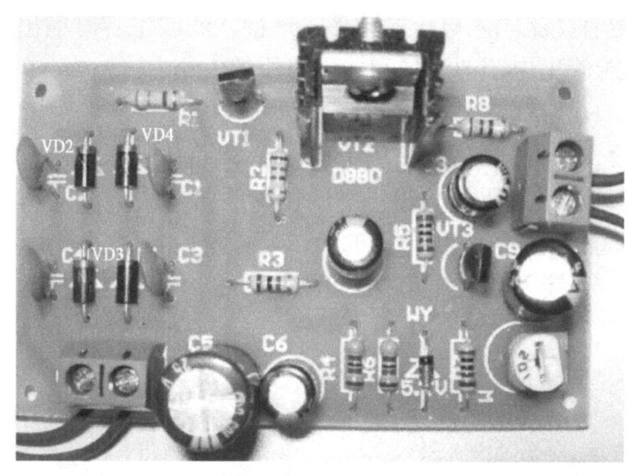

图 7-7 焊接好的稳压电源电路

5. 串联型稳压电源电路焊接质量检查

电路焊接质量检查可分为目视检查和手触检查两种。

（1）目视检查

目视检查就是从外观上检查焊接质量是否合格，有条件的情况下，建议用放大镜进行目检，目视检查的主要内容有：

1）是否有错焊、漏焊和虚焊。

2）是否有连焊，焊点是否有拉尖现象。

3）焊盘是否有脱落，焊点是否有裂纹。

4）焊点外形润湿是否良好，焊点表面是否光亮、圆润。

5）焊点周围是否有残留的焊剂。

6）焊接部位有无热损伤和机械损伤现象。

（2）手触检查

手触检查是指在外观检查中发现有可疑现象时，用手指触摸元器件，有无松动、焊接不牢的现象，也可以用镊子轻轻拨动焊接部位或夹住元器件引线，轻轻拉动观察有无松动现象。

7.1.2 串联型稳压电源电路调试

串联型稳压电源电路能完成整流、滤波和稳压功能，输入交流电压可为 12～17V，输出直流电压为 8～14V，调节 RP 可改变输出电压的大小。

1. 单相桥式整流滤波电路调试

单相桥式整流滤波电路由 4 个整流二极管 VD1～VD4（1N4007）构成桥式整流电路，电容 C_5 构成电容滤波电路，调试时外接负载电阻 R_L。

单相桥式整流滤波电路，将外接的 12V 交流电变成脉动的直流电；经由滤波电容 C_5 滤去部分交流成分（纹波电压）后，将脉动的直流电变得较为平滑输送给负载电阻 R_L，整流滤波电路可作为稳压电源的前级。

（1）要求测试的数据

1）输入交流电压的大小、输出电压的大小。

2）需要测试的信号有交流输入电压的波形，未接入滤波电容时输出电压的波形和输出电压的大小，接入滤波电容时输出电压的波形和输出电压的大小。

（2）数据的测量

1）正确选择仪器设备。根据被测试信号的特点和测量的要求选择仪器设备，这里要求测试的数据是交流输入电压的波形，以及输出电压的波形，需要知道波形的周期与幅度，选择示波器可以完成该测试；而输入电压、输出电压的测量可以使用万用表来实现。

2）整流电路测量。不接入滤波电容 C_5，测试前将电路板上的 C_1 和 R_8 用导线连接，如图 7-8 所示。

图 7-8 不接入滤波电容测试

① 输入电压、输出电压测量。用万用表的交流电压档测量输入交流电压，用直流档测量整流电路输出直流电压，记录测量数据。

② 输入电压、输出电压的波形。用示波器观察输入端交流电压和整流输出的脉动直流电压的波形并记录。

3）整流电容滤波电路测量。接入滤波电容 C_5 构成桥式整流电容滤波电路，如图 7-9 所示。

图 7-9 接入滤波电容测试

① 输入电压、输出电压测量。用万用表的交流电压档测量输入交流电压，用直流档测量整流电路输出直流电压，记录测量数据。

② 输入电压、输出电压的波形。用示波器观察输入端交流电压和整流输出的脉动直流电压的波形并记录。

2．稳压电路调试

（1）要求测试的数据

1）稳压电路参数的测量。如晶体管各级电压的测量，各级的输入电压、输出电压值及其波形等。

2）稳压电源输出直流电压可调范围的测量。

3）电路稳压性能的测量。

（2）数据测量

1）正确选择仪器设备。根据被测试数据，输入电压、输出电压的波形，选择示波器可以完成该测试；而输入电压、输出电压的测量可以使用万用表或交流毫伏表来实现。

2）稳压电路参数的测量。

① 用万用表电压档测量比较放大管 VT3 各电极电压，并判断晶体管工作状态。

② 测量复合调整管 VT1 和 VT2 各电极电压并判断工作状态。

③ 用万用表测得稳压管 VZ 的稳压值。

3）稳压电源输出直流电压可调范围的测量。

① 调节取样电位器 RP，用万用表电压档测量输出电压 U_o，并观察数据的变化。

② 当取样电位器逆时针旋到底，测量输出电压 U_o 的值。当电位器顺时针旋到底，再测输出电压 U_o 的值。

4）电路稳压性能的测量。

① 纹波电压 U_W 的测试。电路工作正常的情况下，用示波器观察输出纹波，用毫伏表测纹波电压。

② 使输入交流电压分别为 17V、15V、12V，分别测量输出电压 U_o。

③ 改变负载电阻阻值，测量输出电压。

任务 7.2　晶体管放大器的制作

在电子产品中，放大电路的用途是非常广泛的，它能够利用晶体管的放大作用把微弱的电信号放大为所需要的强度的电信号。例如，常见的音响放大器就是一个把微弱的声音变大的放大电路。本任务制作一个晶体管放大器电路。

7.2.1　晶体管放大器的装配

1．晶体管放大器的组成

晶体管放大器电路如图 7-10 所示，它采用 RP、R_1、R_2 分压固定晶体管 VT1 的基极电位，再利用发射极电阻 R_4 获得电流反馈信号，使基极电流发生相应的变化，从而稳定静态工作点。R_3 为集电极电阻，R_4 为发射极电阻，C_3 是射极电阻旁路电容，提供交流信号的通道，减小放大过程中的损耗，使交流信号不因 R_4 的存在而降低放大器的放大能力。C_1、C_4 为耦合电容，C_2 为消振电容，用于消除电路可能产生的自激。电路工作电压为 DC 6～12V。

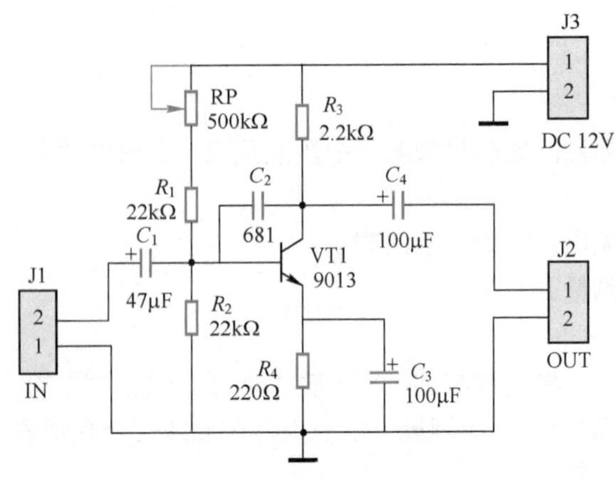

图 7-10　晶体管放大器电路

2. 晶体管放大器电路的装配

元器件安装如图 7-11 所示。

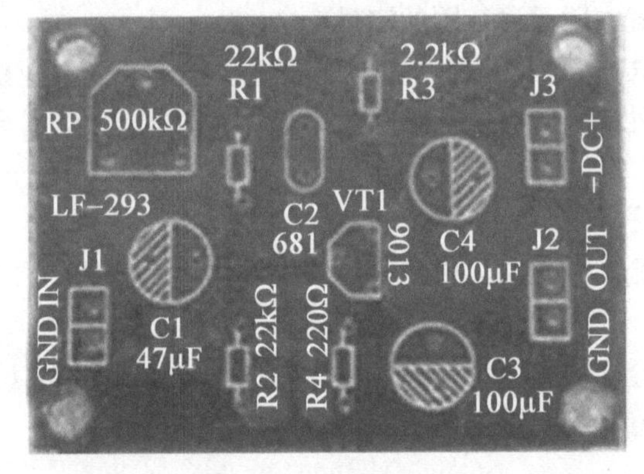

图 7-11　元器件安装

晶体管放大器电路的元器件见表 7-2。

表 7-2　晶体管放大器电路的元器件

序　号	标　称	名　称	规　格
1	C1	电解电容	47μF
2	C2	电容	681
3	C3	电解电容	100μF
4	C4	电解电容	100μF
5	R1	电阻	22kΩ
6	R2	电阻	22kΩ
7	R3	电阻	2.2kΩ
8	R4	电阻	220Ω
9	RP	电位器	500kΩ
10	VT1	晶体管	9013
11	J1、J2、J3	排针	2PIN

3. 晶体管放大器电路的工艺要求

构成晶体管放大器电路的元器件主要有电阻、电容、晶体管、电位器和接插件等。元器件插装和焊接的具体要求如下。

1）电阻插装焊接。电阻采用卧式安装，并紧贴电路板。电阻应排列整齐，电阻的色环方向应该一致。

2）电位器插装焊接。电位器采用立式安装，应按照图样要求紧贴电路板安装焊接。

3）电容器插装焊接。电路中电容有瓷介电容和电解电容，采用直立式安装，并保证元件底面离电路板距离不大于4mm；电解电容插到底安装，要注意其正负极性。

4）晶体管的成形、插装焊接。晶体管的安装采用立式安装，首先对晶体管引线成形，插装焊接时要按要求将晶体管的三个引脚插入相应孔位，不要插错。

4. 晶体管放大器电路的装配方法和步骤

1）电路安装前，要对电路元器件进行识别、清点，在元器件数量准确无误后，用万用表对元器件进行检测，判断质量及好坏。

2）元器件插装前预处理、成形。元器件的引线要根据焊盘插孔和安装的要求弯折成所需要的形状。

3）元器件的插装与焊接。按如图7-10所示的电路图和如图7-11所示的安装图进行焊接安装，各元器件按图样的指定位置、孔距进行插装、焊接。

4）实物电路。焊接好后对元器件的引线进行修剪，焊接安装后的晶体管放大器实物如图7-12所示。

图7-12　焊接安装后的晶体管放大器实物

5. 晶体管放大器焊接质量检查

（1）目视检查

目视检查就是从外观上检查焊接质量是否合格，目视检查的主要内容有：

1）是否有错焊、漏焊和虚焊。

2）有没有连焊，焊点是否有拉尖现象。

3）焊盘有没有脱落，焊点有没有裂纹。

4）焊点外形润湿应良好，焊点表面是不是光亮、圆润。

5）焊点周围是否有残留的焊剂。

6）焊接部位有无热损伤和机械损伤现象。

（2）手触检查

在外观检查中发现有可疑现象时，采用手触检查。主要是用手指触摸元器件有无松动、焊接不牢的现象，用镊子轻轻拨动焊接部位或夹住元器件引线，轻轻拉动观察有无松动现象。

7.2.2 晶体管放大器电路的调试

晶体管放大器电路常作为功率放大的前置放大电路。晶体管放大器电路能将微弱的电信号进行放大，电路由 12V 电源供电，调试时用信号发生器输出 1kHz、20mV（峰-峰值）的正弦波电压作为放大电路的输入信号 u_i，用双踪示波器观察 u_i、u_o 电压信号。

1. 要求测试的数据

1）晶体管放大器电路静态工作点的测试。

2）晶体管放大器电路电压放大倍数的测试。

3）观察静态工作点对电压放大倍数的影响。

2. 数据测量

（1）选择仪器设备

晶体管放大器电路的测试需要用到低频信号发生器、万用表、示波器和毫伏表等仪器设备，使用过程中要注意各种仪器的正确使用，选择正确的量程范围。

（2）正确连接仪器设备与测试点

1）直流稳压电源输出电压“+”端与电路板的 V_{CC} 端相连，“-”端与电路板的接地端相连。

2）信号发生器输出与电路板的输入端相连，双踪示波器与电路板连接，使用示波器 CH1 或 CH2 两个通道。

（3）测试静态工作点

用波形幅值最大而不失真法调整静态工作点，将频率为 1kHz、电压为 10mV（有效值，可用毫伏表进行测量）正弦信号从输入端送入，用示波器观察晶体管集电极输出波形，然后逐渐增大输入信号，若波形出现失真，调节 RP 使波形不失真，再增大输入信号重复上述步骤，使波形最大而不失真，此时电路的工作点为最佳工作点。

断开信号源，使 u_i=0（用短路线短接输入端），用万用表测量三个极电压 U_B、U_C、U_E 并计算 U_{CEQ} 和 I_{CQ}。

（4）测量电压放大倍数

在放大电路输入端输入频率为 1kHz 的正弦波信号，并调节低频信号发生器输出信号幅度旋钮，使 u_i 的有效值为 10mV，用示波器观察输出信号（u_o）波形。

（5）负载对放大倍数的影响

1）接入负载电阻 R_L=2kΩ，使输入正弦信号电压 u_i=10mV、f=1kHz，用交流毫伏表测量输出电压 U_o，计算出 A_u。

2）接入负载电阻 R_L=5.6kΩ，重复上面步骤。

3）总结负载对放大倍数的影响。

（6）观察电路的放大与失真

1）增大 RP，使静态工作点偏低，适当加大输入信号 U_i，观察输出波形的失真情况，用万用表测量 U_C 和 U_{CE}。

2）减小 RP，使静态工作点偏高，适当加大输入信号 U_i，观察输出波形的失真情况，用万用表测量 U_C 和 U_{CE}。

3）判断失真类型。

任务 7.3　OTL 功率放大电路的制作

功率放大电路通常作为多级放大电路的输出级。在很多电子设备中，要求放大电路的输出级能够带动某种负载，例如驱动仪表，使指针偏转；驱动扬声器，使之发声；或驱动自动控制系统中的执行机构等。总之，要求放大电路有足够大的输出功率。

7.3.1　OTL 功率放大电路的装配

1. OTL 功率放大电路组成

本任务制作一个 OTL 功率放大电路，原理图如图 7-13 所示。图中 VT1 为激励放大管（推动级），它给功率放大输出级足够的推动信号；R_1、RP2 是 VT1 的偏置电阻，RP2 与 VT2、VT3 的射极相连；调节电位器 RP2 可以改变“中点电压”（两功放管发射极的连接点 A，称为“中点”，该点直流电位约为电源电压的一半）。R_3、VD1、RP3 串联在 VT1 集电极上，为 VT2、VT3 设置合适的静态工作点，达到克服（或减小）交越失真的目的。C_3 为消振电容，用于消除电路可能产生的自激振荡；VT2、VT3 是互补对称推挽功率放大管，组成功率放大输出级；C_2、R_4 组成“自举电路”，其作用是改善输出波形。输入耦合电容 C_1 和输出耦合电容 C_5 起“隔直通交”的作用，C_5 两端由于充电而有直流电压 U_C（等于$+V_{CC}$ 的一半），且左端为正，右端为负，因此它还是 VT3 的直流电源。

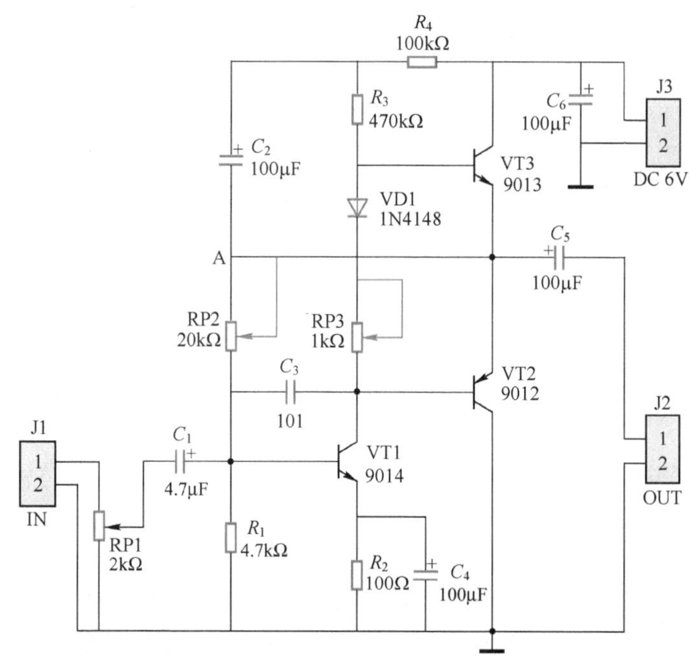

图 7-13　OTL 功率放大电路原理图

2. OTL 功率放大电路的装配

1）元器件安装图如图 7-14 所示。

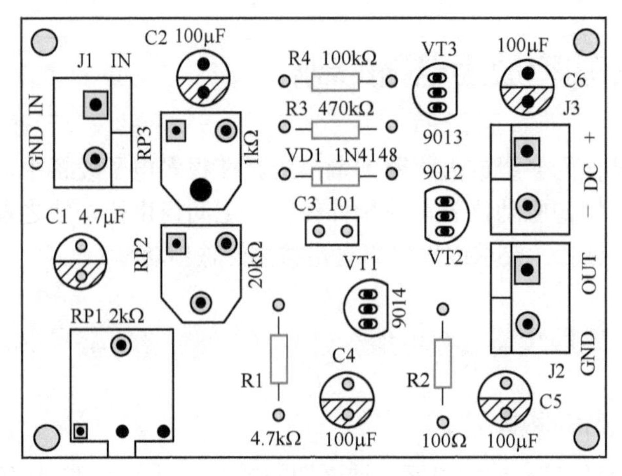

图 7-14 元器件安装图

2）OTL 功率放大电路的元器件见表 7-3。

表 7-3 OTL 功率放大电路的元器件

序 号	标 称	名 称	规 格	序 号	标 称	名 称	规 格
1	C1	电解电容	4.7μF	11	RP1	音量电位器	2kΩ
2	C2	电解电容	100μF	12	RP2	电位器	20kΩ
3	C3	电容	101	13	RP3	集成块	1kΩ
4	C4	电解电容	100μF	14	VD1	二极管	1N4148
5	C5	电解电容	100μF	15	VT1	晶体管	9014
6	C6	电解电容	100μF	16	VT2	晶体管	9012
7	R1	电阻	4.7kΩ	17	VT3	晶体管	9013
8	R2	电阻	100Ω	18	J1	接线座	IN
9	R3	电阻	470kΩ	19	J2	接线座	OUT
10	R4	电阻	100kΩ	20	J3	接线座	DC 6V

3．OTL 功率放大电路工艺要求

构成 OTL 功率放大电路的元器件主要有电阻、电容、二极管、晶体管、可调电阻和接插件等。元器件插装和焊接的具体要求如下。

1）电阻插装焊接。电阻采用卧式安装，并紧贴电路板。电阻应排列整齐，电阻的色环方向应该一致。

2）电位器插装焊接。电位器采用立式安装，应按照图样要求紧贴电路板安装焊接。

3）电容器插装焊接。本电路中电容有瓷介电容和电解电容，采用直立式安装，并保证元件底面离电路板距离不大于 4mm；电解电容插到底安装，要注意其正负极性。

4）晶体管的成形、插装焊接。晶体管的安装采用立式安装，装配前先进行引线成形，插装焊接时要按要求将晶体管的 e、b、c 三个引脚插入相应孔位，不要插错。焊接大功率晶体管，需要加装散热片，应将散热片的接触面加以平整，打磨光滑，涂上硅脂后再紧固，以加大接触面积。

4．OTL 功率放大电路焊接装配步骤

（1）元器件检测

1）电路安装前，要对电路元器件进行识别、清点，在元器件数量准确无误后，用万用表对元器件进行检测，判断质量及好坏。

2）元器件插装前预处理、成形。

（2）元器件的插装与焊接

按如图 7-13 所示的电路图和如图 7-14 所示的安装图进行焊接安装，各元器件按图样的指定位置、孔距进行插装、焊接。

（3）实物电路

焊接好后对元器件的引线进行修剪，焊接安装后的 OTL 功率放大电路实物如图 7-15 所示。

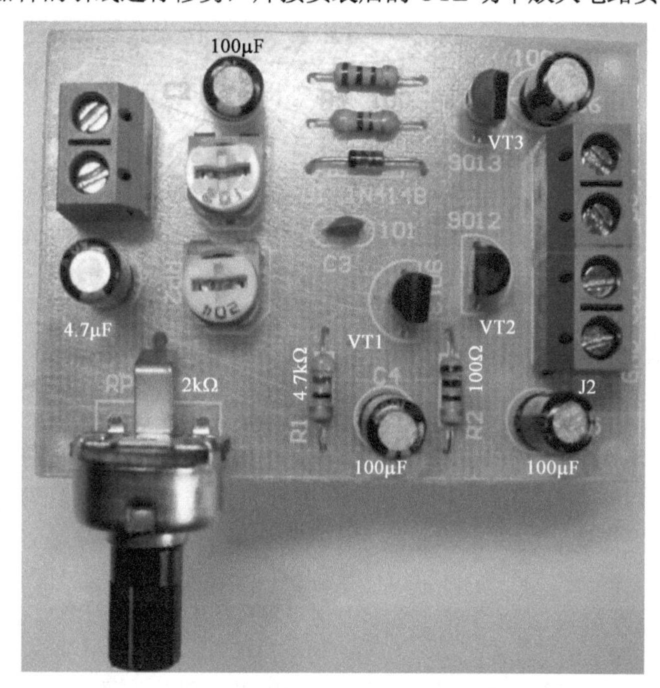

图 7-15　焊接安装后的 OTL 功率放大电路实物

5．OTL 功率放大电路焊接安装的检查

手工焊接的检查可分为目视检查和手触检查两种。目视检查就是从外观上检查焊接质量是否合格，在外观检查中发现有可疑现象时，采用手触检查。检查内容与前面任务中相关内容相同。

7.3.2　OTL 功率放大电路的调试

OTL 功率放大电路通常用于电子设备的最后一级，能提供足够大、不失真的信号以驱动功率型负载如扬声器等。

1．要求测试的数据（测试点波形的测试）

1）OTL 功率放大电路中点电压的测试。

2）OTL 功率放大电路静态工作点的测试。

3）OTL 功率放大电路电压放大倍数的测试。

4）自举电路作用的测试。

2．数据的测量

1）选择仪器设备。根据需要测试的数据选择合适的仪器设备，OTL 功率放大电路的测试需要用到低频信号发生器、万用表、示波器和毫伏表等仪器设备，使用过程中要注意各种仪器的正确使用，选择正确的量程范围。

2）中点电压的调整与测量：正确接上直流电源电压 V_{CC}，不接 u_i，测量 A 点直流电压值，调节电位器 RP2，使 A 点电位为 V_{CC} 的一半。

3）在直流电源正极进线串接万用表（或毫安表），音量电位器 RP1 开至最大，接入 1kHz 的正弦交流信号，用示波器观察检测输出信号 U_o 波形，若出现交越失真，缓慢调节 RP3，直至交越失真刚好消除。

4）逐渐提高输入正弦电压的幅值，使输出达最大值，但失真尽可能小。记录万用表电流读数 I_E，用毫伏表测出此时输入信号电压 U_i 和输出信号电压 U_o 数值，计算此时的最大输出功率 $P_{om}=\frac{U_o^2}{R_L}$、直流电源功率 $P_E=V_{CC}I_E$ 和效率 $\eta=\frac{P_{om}}{P_E}$。

5）自举电路作用测试。在不改变输入信号和示波器接法时（输入频率 f 为 1kHz，输出电压为最大不失真时），断开或接通自举电容 C_2，将观察到输出电压的幅度变化波形。

任务 7.4 音频功率放大电路的制作

音频功率放大器电路制作是在学习了前面项目的基础上进行的，它通过对音频功率放大器电路元器件的检测、焊接与安装，运用仪器仪表进行测量与调试，以及对音频功率放大器电路的检测与维护，全面提高读者的综合职业能力。

7.4.1 音频功率放大器电路的装配

音频功率放大器是常用的、典型的电子产品，由直流稳压电源、功放组件两部分组成。功放组件主要由前置放大器和功率放大器组成，其功能是用来对音频信号进行放大并实现各种操控功能，而直流稳压电源则为功放组件提供电能。

1. 电路组成

音频功率放大器电路组成如图 7-16 所示。

（1）电源电路

图 7-16a 为功率放大器电源部分，电路采用±12V 双电源供电，电源部分由二极管 VD1～VD4 构成的整流桥和滤波电容 C_{15}～C_{18} 组成。变压器 T1 将 220V 的交流电压变为直流电压，经桥式二极管整流桥和电容滤波后，得到±12V 电压作为 TDA2030A 功率放大器的供电电源。

（2）前置放大电路

图 7-16b 为前置放大器，前置放大器由 NE5532 集成双运放实现，音量控制用双联电位器 RP_{1L} 实现。集成运放 NE5532 是高性能低噪声运放，它具有较好的噪声性能、优良的输出驱动能力及相当高的小信号与电源带宽，采用 8 端双列卧式封装结构，它的引脚排列图如图 7-17 所示。

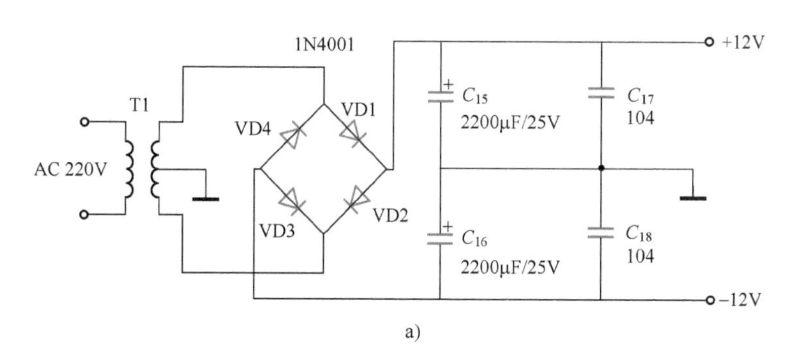

a)

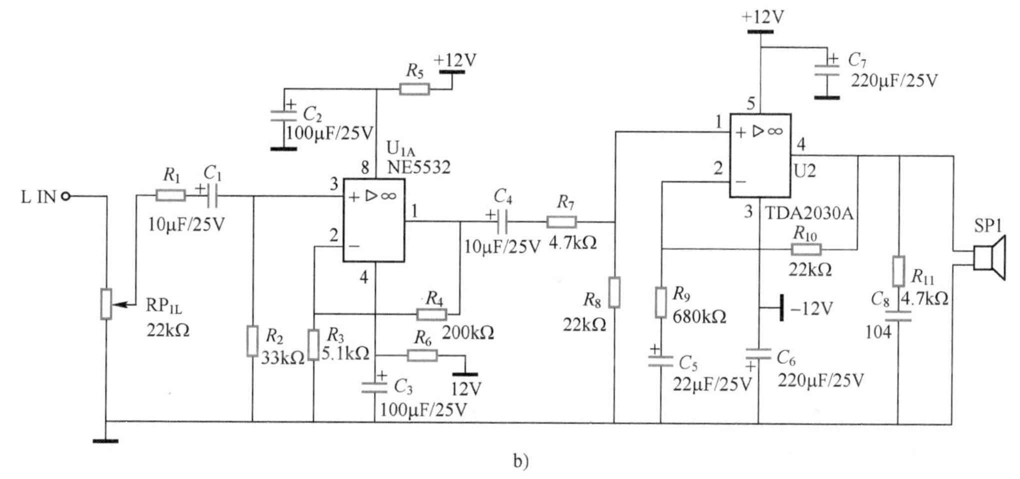

b)

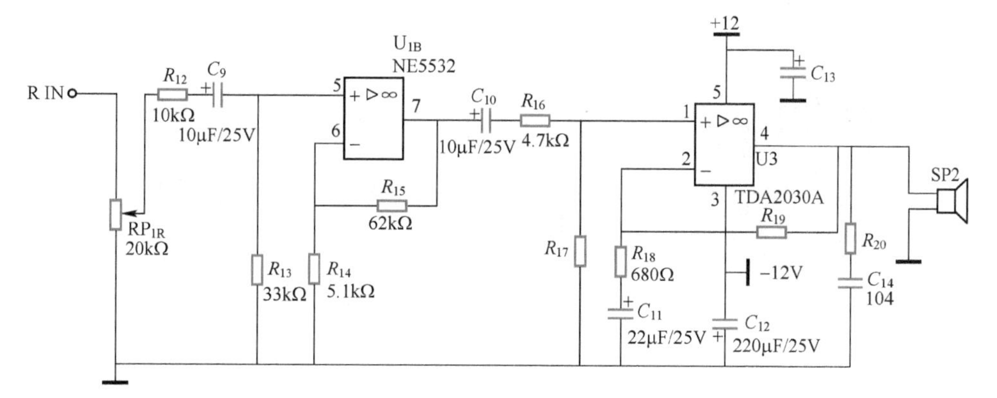

c)

图 7-16　音频功率放大器电路组成

a) 电源部分的电路　b) 前置放大部分电路　c) 功率放大部分电路

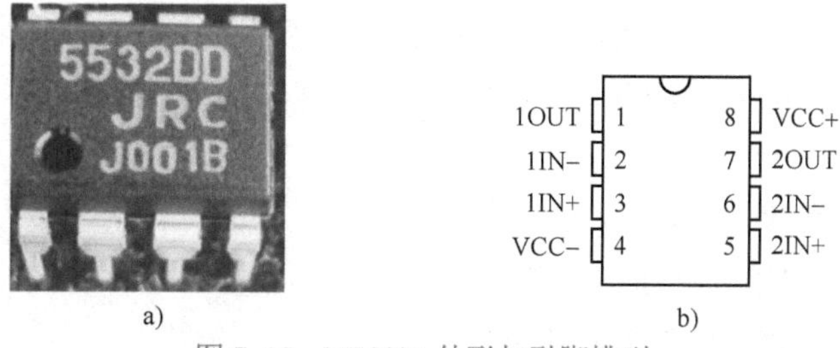

a)　　　　b)

图 7-17　NE5532 外形与引脚排列

a) 外形　b) 引脚排列

引脚1：1OUT，为运放1输出。
引脚2：1IN-，为运放1反相输入端。
引脚3：1IN+，为运放1同相输入端。
引脚4：VCC-，为负电压输入端。
引脚5：2IN+，为运放2同相输入端。
引脚6：2IN-，为运放2反相输入端。
引脚7：2OUT，为运放2输出。
引脚8：VCC+，为正电压输入端。

前置放大器电路为两个同相输入放大电路，通过分析可知，$U_{\mathrm{o}}=\left(1+\dfrac{R_4}{R_3}\right)U_{\mathrm{i}}$，电路的电压放大倍数约为13倍，分别对应两个声道。图7-16b中双联电位器RP_{1L}的作用是同时调节两个声道输出电压的大小，即两个声道音量的大小；200kΩ可变电阻的作用是保证两个声道增益相同；电源上电容的作用是消除纹波和高频噪声的影响，防止自激；输入、输出端的电容起到隔直流的作用。

（3）功率放大电路

图7-16c为功率放大器部分，功率放大功能主要由TDA2030A实现。TDA2030A是单声道音频功率放大集成电路，外形为单列直插式塑料封装结构。如图7-18所示，该集成电路具有体积小、输出功率大和失真小等特点，并具有内部保护电路。

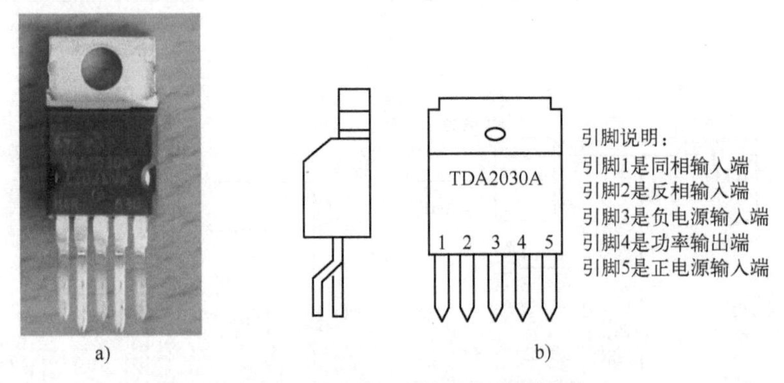

图7-18 TDA2030A外形及引脚排列

a) 外形 b) 引脚排列

下面以一个声道为例分析TDA2030A功率放大电路的工作过程。输入的音频信号经音量调节和前置放大后由C_4送到TDA2030A集成音频功率放大器进行功率放大。该电路工作于双电源（OCL）状态，经前置放大后的音频信号由TDA2030A的1脚（同相输入端）输入，经功率放大后的信号从4脚输出，其中R_9、C_5、R_{10}组成负反馈电路，它可以让电路工作稳定，R_{10}和R_9的比值决定了TDA2030A的交流放大倍数，R_{11}、C_8组成高频移相消振电路，以抑制可能出现的高频自激振荡。

2. 音频功率放大电路的装配

1）元器件安装图如图7-19所示。

2）音频功率放大电路元器件见表7-4。

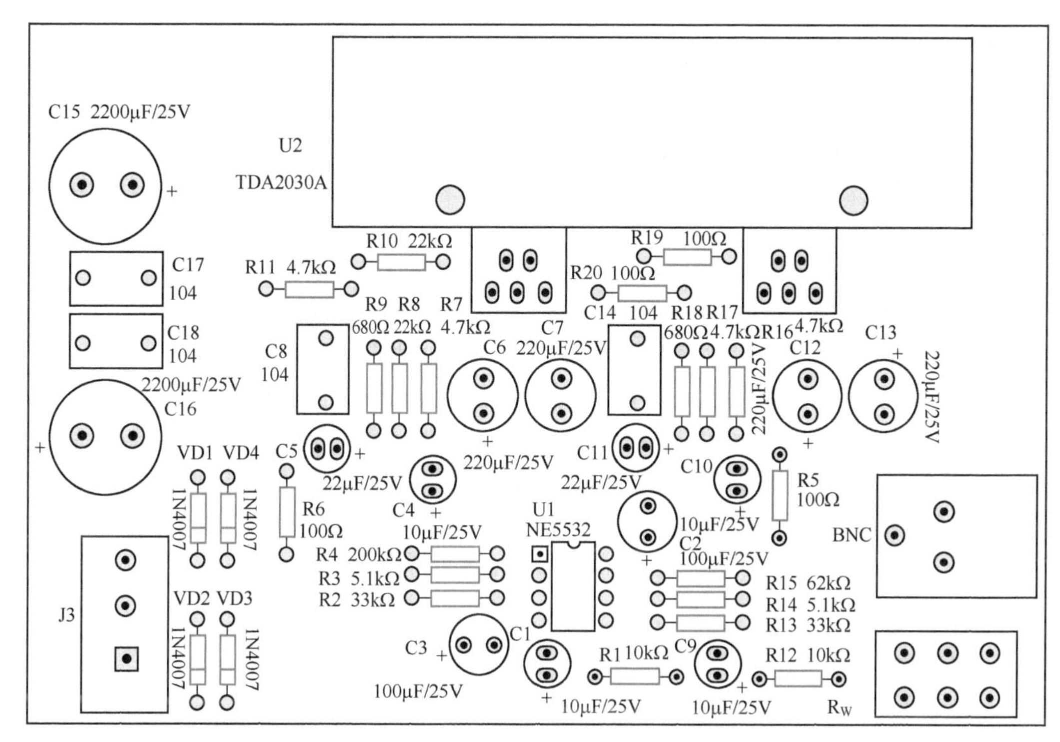

图 7-19 音频功率放大电路元器件安装图

表 7-4 音频功率放大电路元器件

序 号	标 称	名 称	规 格	序 号	标 称	名 称	规 格
1	C1	电解电容	10μF/25V	23	R5	电阻	100Ω
2	C2	电解电容	100μF/25V	24	R6	电阻	100Ω
3	C3	电解电容	100μF/25V	25	R7	电阻	4.7kΩ
4	C4	电解电容	10μF/25V	26	R8	电阻	22kΩ
5	C5	电解电容	22μF/25V	27	R9	电阻	680Ω
6	C6	电解电容	220μF/25V	28	R10	电阻	22kΩ
7	C7	电解电容	220μF/25V	29	R11	电阻	4.7kΩ
8	C8	电容	104	30	R12	电阻	10kΩ
9	C9	电解电容	10μF/25V	31	R13	电阻	33kΩ
10	C10	电解电容	10μF/25V	32	R14	电阻	5.1kΩ
11	C11	电解电容	22μF/25V	33	R15	电阻	62kΩ
12	C12	电解电容	220μF/25V	34	R16	电阻	4.7kΩ
13	C13	电解电容	220μF/25V	35	R17	电阻	4.7kΩ
14	C14	电容	104	36	R18	电阻	680Ω
15	C15	电解电容	2200μF/25V	37	R19、R20	电阻	100Ω
16	C16	电解电容	2200μF/25V	38	RP1	音量电位器	20kΩ
17	C17	电容	104	39	VD1～VD4	二极管	IN4007
18	C18	电容	104	40	T1	变压器	—
19	R1	电阻	10kΩ	41	U1	集成运放	NE5532
20	R2	电阻	33kΩ	42	U2	集成功放	TDA2030A
21	R3	电阻	5.1kΩ	43	U3	集成功放	TDA2030A
22	R4	电位器	200kΩ	44	SP1	音频输入端子	—

3．音频功率放大电路工艺要求

构成音频功率放大电路的元器件主要有电阻、电容、二极管、晶体管、集成电路、可调电阻和接插件等。元器件插装和焊接的具体要求如下。

1）电阻插装焊接。电阻采用卧式安装，并紧贴电路板。电阻应排列整齐，电阻的色环方向应该一致。

2）电位器插装焊接。电位器采用立式安装，应按照图样要求紧贴电路板安装焊接。

3）电容器插装焊接。本电路中电容有瓷介电容和电解电容，采用直立式安装，并保证元件底面离电路板距离不大于4mm；电解电容插到底安装，要注意其正负极性。

4）晶体管的成形、插装焊接。晶体管的安装采用立式安装，装配前先进行引线成形，插装焊接时要按要求将晶体管的三个引脚插入相应孔位，不要插错。焊接大功率晶体管，需要加装散热片，应将散热片的接触面加以平整，打磨光滑，涂上硅脂后再紧固，以加大接触面积。

5）功放集成电路等需要散热的元器件，要预先做好散热片的装配准备工作，元器件和散热器接触面要清洁平整，保证接触良好，必要时可以在接触面上加硅脂。

4．音频功率放大电路焊接装配步骤

（1）元器件检测及预处理

1）电路安装前，要对电路元器件进行识别、清点，在元器件数量准确无误后，用万用表对元器件进行检测，判断质量及好坏。

2）元器件插装前预处理、成形。

（2）元器件的插装与焊接

按如图 7-18 所示的电路图和如图 7-19 所示的安装图进行焊接安装，各元器件按图样的指定位置、孔距进行插装、焊接。

（3）实物电路

焊接好后对元器件的引线进行修剪，焊接安装后的音频功率放大电路实物如图 7-20 所示。

图 7-20 焊接安装后的音频功率放大电路实物

5．音频功率放大电路焊接安装的检查

手工焊接的检查可分为目视检查和手触检查两种。目视检查就是从外观上检查焊接质量是否合格，在外观检查中发现有可疑现象时，采用手触检查。检查内容与前面任务中相关内容相同。

7.4.2 音频功率放大电路的调试

本任务制作的功率放大电路，具有体积小、输出功率大和失真小等特点。电源电压在±12V，当负载为 8Ω 阻抗时能够输出 16W 的有效功率，装配调试成功后可以作为计算机、MP4 等电子设备的外接音箱使用。

1．要求测试的数据

1）音频功率放大电路静态测试。

2）音频功率放大电路动态测试。

2．电路调试

（1）选择仪器设备

根据需要测试的数据选择合适的仪器设备，音频功率放大电路的测试需要用到低频信号发生器、万用表、示波器和毫伏表等仪器设备，使用过程中要注意各种仪器的正确使用，选择正确的量程范围。

（2）静态测试

1）电源部分。

① 测量变压器二次半绕组的电压（交流）。

② 测量+12V 电源电压（C_{15} 正极）。

③ 测量−12V 电源电压（C_{16} 负极）。

2）功放部分。

① 测量功放集成块 TDA2030A 的供电电压，引脚 3、5 的电压。

② 测量功放集成块 TDA2030A 的输出脚电压引脚 4 的电压。

3）前置放大电路部分。

① 测量前置集成块 NE5532 的供电电压。

② 测量 NE5532 其他各引脚的电压。

（3）动态调试

1）前置放大器的测量与调试。

① 两个通道输入端输入相同的交流小信号（u_i=10mV，f=1kHz），测量两个声道的输出端电压，观察输出电压变化范围。

② 调节电位器 R_4，用示波器观察左、右两声道输出端的电压波形，使两个输出端的输出电压相等，测量此时 R_4 两端的阻值，然后用固定电阻代替电位器 R_4。

2）整机动态测量。按照如图 7-21 所示整机动态测试连接示意图，将电路与相关的仪器设备进行连接，连线检查无误后接通电源。

① 测量最大不失真输出电压。电路输出端接上 8Ω 假负载，示波器与毫伏表接在输出端，音量电位器 RP1 旋到中间位置。在电路输入端接入信号频率为 1kHz、幅度为 0.77V 有效值，旋转音量电位器 RP1 使输出波形达到最大不失真，用交流毫伏表测量此时电路的输出电压 U_o。

② 用毫伏表接在电位器的动点，即测量输入电压 u_i。

③ 计算输出功率 $P_o=\dfrac{U_o^2}{R_L}$。

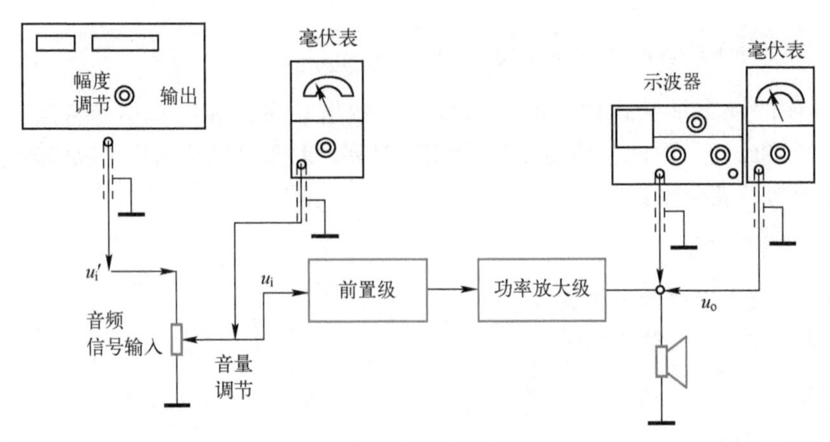

图 7-21 整机动态测试连接示意图

④ 测量频响曲线。保持 1kHz 时的最大不失真输出的输入信号大小不变，调节信号发生器的频率见表 7-5，依次测出对应的输出电压值，并记录下来，据此画出频响特性曲线如图 7-22 所示。

表 7-5 调节信号发生器的频率

左声道	输入信号频率/Hz	20	50	100	500	1k	3k	5k	10k	15k	20k
	U_o/V										
右声道	输入信号频率/Hz	20	50	100	500	1k	3k	5k	10k	15k	20k
	U_o/V										

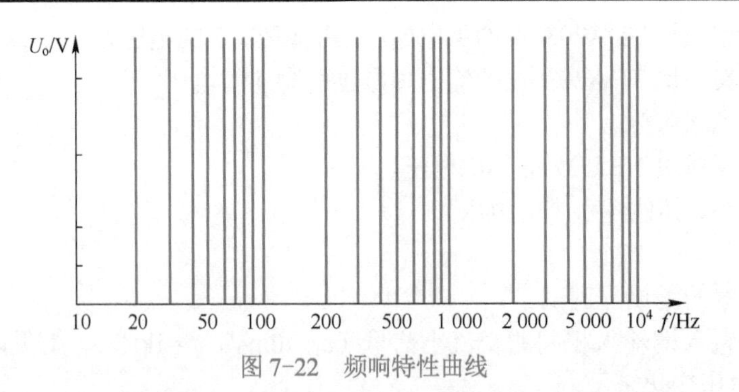

图 7-22 频响特性曲线

⑤ 测量噪声电压。输入端不接信号（将输入端短接），用毫伏表接输出端，测量其输出电压（即噪声电压）。

3. 试音

1）连接好输入输出接线。输入端接音源，输出端接扬声器。将音量电位器 RP1 逆时针旋转到尽头，即音量关到最小。

2）接通电源，将音量电位器 RP1 顺时针逐渐增大至适当位置，此时听放音效果。

参考文献

[1] 廖芳. 电子产品生产工艺与管理[M]. 2 版. 北京：电子工业出版社，2007.

[2] 胡斌，胡松. 电子工程师必备：元器件应用宝典[M]. 3 版. 北京：人民邮电出版社，2019.

[3] 夏西泉，刘良华. 电子工艺与技能实训教程[M]. 北京：机械工业出版社，2011.

[4] 张金. 电子设计与制作 100 例[M]. 3 版. 北京：电子工业出版社，2017.

[5] 孙惠康，冯增水. 电子工艺实训教程[M]. 3 版. 北京：机械工业出版社，2011.

[6] 何丽梅. SMT 基础与工艺[M]. 北京：机械工业出版社，2011.

[7] 陈兆梅. Protel DXP 2004 SP2 印制电路板设计实用教程[M]. 3 版. 北京：机械工业出版社，2016.

[8] 王永红，刘慧. 电子产品安装与调试综合实训教程[M]. 2 版. 北京：中国电力出版社，2020.